近世海難史の研究

段木一行著

吉川弘文館

はじめに

太平洋上に浮かぶ伊豆諸島は、日本列島とほぼ九〇度の角度で、北から南へと一直線に点在している。富士火山帯列島で、北部（大島・利島・新島・式根島・神津島）・中部（三宅島・御蔵島）・南部（八丈島・小島・青ヶ島・鳥島）の三群島に分けられる。黒潮の本流「黒瀬川」(1)は、中部群島と南部群島を割って北上している。このため、島々の海岸は厳しい岸壁となり、太古から休むことなく削り取られ続けてきた。

どの島にも黒潮が運んできて島の海岸に打ち上げた漂流物がある。帆を千切られ、櫂を失った船も同様である。しかし、潮流はこれら漂流物を押し流しながら、島を避けて流れ去る。漂流する船のほとんどは、これら小さな島々を横に見て、大海の彼方へ杳として消えるだけである。ゴマ粒のような島々に漂着することは有り得ないほどの僥倖としなければならない。古文書として現在に残る記録はさらに少なく、いわば九牛の一毛にすぎない。

次に掲げる史料は、伊豆諸島の一つ新島に現存する古文書の中から任意に抽出した記録である。

『宝暦二—十年　新島役所日記』(2)

宝暦四年（一七五四）十二月廿七日

一　真間下浦七尋計おれはしら壱本上り、拾主新町七間町才右衛門、外ニ同町惣右衛門断有之候

宝暦十年四月六日

一　真々下伐折はしら壱本、拾主新町次郎三郎

『文政五年（一八二二）　新島役所日記』[3]

十二月七日未　同（大風）　日和

一　前浜江寄り来候品　大檣ふさ身縄付

『文政六年　新島役所日記』[4]

一月廿二日辰　同（北風）　曇

一　去暮あじやへ寄り候帆掛檣

『天保四年（一八三三）　新島役所日記』[5]

八月廿七日丑　北風　日和

一　羽伏浦神戸江檣流着致居、仁右衛門・ふく、其外之者ども見当り候ニ付、浅右衛門を以届参候故、早速人足
　召連レ、役人罷越ス

八月廿八日寅

一　右場所（羽伏浦神戸）江家別惣人足、尤役人差添、但女計り

九月三日午　同（北風）　曇

一　羽伏西之浦江流着物有之、追々届ケ参る

これらと同様の記録は、ほかにも多く見られる。ここに引用した『新島役所日記』は、江戸時代中期以降ほぼ毎年一冊ずつ作成されたらしい。現存するのは五三冊で、すべて活字化を達成したところである。解読作業で無尽蔵といえるほどの情報を秘めた古文書であることを実感している。[6] なお、この『新島役所日記』を直接執筆した書役は「流人」で、個人名も明らかになっている。[7]

さて、ここに引用した記録は、新島という絶海の孤島に漂着した船の残骸である。おそらく荒れ狂う大海原で、乗ってきた船は破砕し、その船乗りたちは、生きようとして懸命に働いた甲斐もなく、杳として暗黒の海に消えたことであろう。文字記録には残ってはいないが、かつて懸命に生きていたことは確かであって、それを否定するわけにはいかないのである。海での遭難、すなわち「海難事故」の多くは、船の残骸だけを荒磯に打ち上げて、海に生きた多くの人たちの証しを消し去ってしまったといえる。

文政十一年（一八二八）十二月二十二日、百姓太兵衛は無人の艀一艘が海岸に漂着しているのを見つけた。彼は島役所へその旨を届け出ると、村役人が現場に行き、確認している。新島役所から伊豆代官田口五郎左衛門役所へ、艀のつくりは惣杉造り・長さ四尋四尺・船張杉・あはら楢・櫓けせう（化粧）板楠で、建造から五、六年経過していると思われると報告があった。若干の傷みのある艀だと立ち会った村役人は判断している。この小さな艀に乗っていたであろう人間の記述はない。

太兵衛が見つけたのは朝の五ツ時（午前八時頃）で、「風ト浜方へ出□流来□波ニ而、前浜之内小和田与申所へ（太兵衛が）相揚申」すと、詳細に記している。前浜は村の西側にある海岸で、船揚げ場になっている。

翌年七月「右船見付候もの江可為取旨」と奉行内藤隼人正から伊豆代官所へ下知があったと、代官所より新島役所へ伝達されている。発見してから六ヵ月が経過したので、艀を太兵衛に与えると記している。[8]

このような所有者不明の拾得物は六ヵ月の間、発見現場と浦賀御番所に、一時期は伊豆代官所下田出張所にも立札し、所有者が申し出ない場合は、発見者に与えるという規定があった。現行法規の「遺失物法」は近世の法令を踏襲していることが分かる。

伊豆諸島に漂着する船の多くは、遠州灘で遭難している。季節的には冬期が多い。今でいうシベリア寒気団から吹き出す寒風が、関ヶ原の低地溝帯を抜けて伊勢湾から太平洋に出る。ここで太平洋高気圧に行く手を阻まれ、無理に東へとねじ曲げられて吹き抜ける。この海域が遠州灘である。当時の船乗りたちにとっては「魔の海域」であった。江戸時代当時の木造船は損傷を受けて漂流し、伊豆諸島方面へと流される。伊豆諸島のどこかの島に漂着したいと切実に祈り、自由を失った船を操り、必死に働くのだが、高波・激流にもてあそばれる船を、ゴマ粒のような島に着けるのは至難の業である。遭難船にとって、伊豆諸島は最後の望みの「糸」なのであった。しかし、そのほとんどは島影を見ながら、西からの強風と黒潮の激流に押されて、広々漠々とした奈落の太平洋にただ消えるのみである。

中には「魔の海域」で砕け散った船の残骸にしがみつき、心身喪失の状態で、新島沖を流れていくのを、たまたま島民に見つけられて、救助された水主もいた。また、幾人かで同じ船板に乗って漂流し、次々と激浪に打ち落とされ、最後に一人だけ救助された水主もいた。

封建社会の桎梏の中で、資本主義の萌芽期といえる近世においては、この「魔の海域」を通る海上の道は、上方と江戸を結ぶ物資流通の大動脈であった。馬の背に振り分けて物を運ぶ山道より、数百倍もの荷を一艘の船は運ぶことができた。陸路と海路では比較し得ない差があった。一獲千金を狙う者にとって、それだけに危険は覚悟の上である。多くの「物語」が創られる所以である。

伊豆諸島に漂着した船の中には、北からのものもあった。親潮の海流と、風を巧みに利用しての船も多かった。幕府の命令によって、江戸の豪商河村瑞賢は、奥州から江戸への太平洋航路を開発している。親潮は房総半島沖で黒潮と激突する。その海域はわが国有数の漁場でもあるが、物流目的の船にとっては、ここもまた「魔の海域」であった。これを避けるため、かつては銚子付近で利根川を利用して江戸に入るルートがあったが、川舟に荷を積み替える効率の悪さで、商業ベースに乗らないとして、利用されなくなった。

秋広平六が幕府に献策して造った伊豆大島の波浮湊は、この北からの船の避難港として造成されたものである。平六は上総国の生まれで、波浮湊の造成工事は、主として上総国の人たちがあたった。完成後彼らはそこに居着いて、湊を中心に村を造った。平六は幕府から波浮湊の維持管理を命ぜられ、請負人（村名主格）となり、その職を世襲している。

注

（1）八丈島と三宅島の間を流れる黒潮の本流。泡立つ激流は八丈島流人にとっては「格子なき牢獄」で、島抜けを阻んで来たと伝えられている。植物の南限・北限を如実に示すラインになっている。
（2）新島村役場所蔵文書　整理番号A２―１。
（3）新島村役場所蔵文書　整理番号A２―８。
（4）新島村役場所蔵文書　整理番号A２―17。
（5）新島村役場所蔵文書　整理番号A２―24。
（6）段木「総合解題　伊豆新島の『役所日記』と『御用留帳』」（『新島村史』資料編8、二〇一三年）。
（7）段木「伊豆国新島の流人書役―幕臣矢部鉄太郎と同大嶋又左衛門―」（日本古文書学会『古文書研究』七〇号、吉川弘文館、二〇一〇年）。
（8）『文政十二年　新島御用書物控』（新島村役場所蔵文書　整理番号A２―37）の文政十二丑年三月付「御請」・同年九月十五日付「差上申一札之事」。

目　次

序章　中世末期伊豆諸島の漂着船

一　九州船と紀州船

『八丈嶋年代記』[1]によると、文明六年（一四七四）に青ヶ島船が、八丈島から帰島する際に、八丈島の有力者である中之郷の将監入道なる人物がこれに便乗した。「十月廿日（一本廿四日）出船、其夜風替テ行衛不知」になったとある。この海難に続いて、翌七・十一・十六・十七・十八年と、八丈島では前後六回もの海難事故が起きたと伝えられている[2]。

文明十六年の海難事故は伊豆国神名川の領主で、伊豆諸島の統治者であった奥山宗林（宗円）の代官、奥山八郎五郎が所有の一二反帆の廻船であった。同十八年の海難事故は、奥山八郎五郎が八丈島の廻島に、嫡子新五郎を派遣したところ、大風に遭い帆柱を折られたが、幸いにも八丈島にたどり着くことができた。

明応四年（一四九五）に奥山新五郎が病死したため、翌年長戸路七郎左衛門が代官に任命された。その年に長戸路が八丈島へ渡海の途中、新島に立ち寄った時に、「津波上リ、舟・荷物トモニ浪ニ取ラル、水主一人死ス」とある。「此津波ハ伊豆国江大ニ上ル、人多ク取ル（ラ脱カ）、由」とも見える。以上は信憑性がきわめて低い史料によるものであるが、別の現存資料によって、裏付けられる部分もあり、一概に切り捨てるには忍び難いものがある。

たとえば『八丈嶋年代記』第三項に、「神名川ノ領主奥山宗林、八丈嶋ヲ支配スル亊六十余年、其後伊勢新九郎ト云仁、関東ニ下リ、威勢漸ク振フ」とある。北条早雲の前の守護は上杉氏であるから、奥山宗林は上杉氏の家臣で、伊豆諸島の代官と推定される。宗林を「地頭」と呼んでいる箇所もあり、伊豆国神名川（金川）に基盤を持つ国人領主層の一人とも推定される。宗林が六十余年の長期にわたって代官であったという点は、いささか不自然のきらいはあるが、八丈島大賀郷大里にある、優婆夷宝明神の木造女神像[3]の膝裏に、「旦那宗麟」の銘が確認される。優婆夷宝明神は式内社で、八丈島総鎮守社である。女神優婆夷神は、事代主命の后八十八姫で、八丈島の開拓神とされている。像高三九・五㌢、室町時代の制作で、奥山宗麟（宗林）はその寄進者であり、実在の人物である。彼は八丈島に深くかかわりのある人物であったことが裏付けられる。

また、『八丈嶋年代記』には、八丈島が飢饉に襲われた年に、最後の食糧がなくなると、「牛山ニ出ル」とか、「牛山ニ上ル」という記事が見られる。また、「牛ヲ切ル」とか、「牛食者」という文字もある。八丈島には農山業に使役する「家牛」「里牛」がいる。余剰になった牛を山に放牧し、「山牛」と呼んでいる。「山牛」は飢饉の年の救慌食糧にあてることもあり、近世初期の飢饉年にも記録上見られる。このため、全面的に破棄するには忍び難いものがある。

欠年文書ではあるが、漂着船に関する「北条氏康書状」が、『新編武蔵風土記稿』巻之二五四にある。

態以使申候、如先日申候松山普請、当月不致而者、秋末者敵方遣候も可有之候間、不図存立候、三日之内当地を可打立候、随分堅固に可致候条、可御心易候、幷高松筋へ散動之事、藤田色々令懇望候間、一動申付可打散存候、御人数之事御大儀候共、御用意肝要候、就中、去月下旬、伊豆奥号御蔵島小島へ付、筑紫薩摩船流寄候、破損無紛候間、荷物為取之、前後無之様に候間、分国中大社御修理之方に過半加之候、六所えも致寄進候、以日記岩本隼人申付進之、神主本願に被相談、彼荷物をは別而可然人躰に被預置、一方之御修理に罷成候様に可被仰付候、次に雖軽微候、唐物候間、唐紙百紙、竹布五端進之、恐惶謹言

七月廿一日　　　　　　　　　　　　　　氏康（花押）

謹上　真月斎

右の書状は内容的に前段と後段に分けて考える必要がある。後段が海難事故にかかわる部分である。真月斎は武州滝山城(4)の城将大石定久で、北条氏康の次男氏照の養父にあたる人物である。右文書に出てくる岩本隼人の子孫がこの古文書を所蔵していた。『新編武蔵風土記稿』では秩父郡横瀬村の旧家孫左衛門がこれであるという。なお、この書状は欠年文書ではあるが、永禄五年（一五六二）であろうと考えられている(5)。

御蔵島にかかわる部分の内容は、先月（六月）下旬のこと、九州船が伊豆奥の御蔵島に漂着した。破損し漂着したのは確かであるから、慣例に従って御蔵島の支配者である北条氏に処分権がある。そこで船荷を差し押さえ、領国内の大社修復の費用として大半をあてる。武州六所明神（現在の東京都府中市にある大国魂神社）に寄進するから岩本隼人に申し付けて、神主と相談の上、適当な人物に預け置き、修理費用にあてるよう命ぜられたい。なお、わずかではあるが、貴殿（大石定久）には積荷のうち唐物があるので、唐紙一〇〇枚と竹布五端を進呈しようというものである。この真月斎に宛てた書状からだけでは、当時誰が伊豆諸島の代官であったかは読み取ることはできない。

御蔵島漂着事件の五年前と考えられる弘治三年（一五五七）十二月に、八丈島で紀州船の漂着があった。この海難事故にかかわる記録として、次に掲げる「北条氏康印判状」が養真軒に発給されている。

流寄于八丈島紀州船乗衆卅八人、以養真軒手柄召連、上荷物等首尾無相違納之条為御感、彼寄舟被遣候、令修理於致商買処(者)、不可有諸役之旨被仰出候状、如件

弘治三年丁巳

極月廿八日　　（虎印判）

　　　　養真軒

この史料は、伊豆国加茂郡修福寺文書(6)である。この「北条氏康印判状」によると、三八人乗りの紀州船が八丈島に漂着し、養真軒なる人物が、この事故の処理を差配したらしいことが読み取れる。彼はこの漂着船を修復して、商行為に利用したい旨を氏康に申し出た。氏康はこれを許可している。養真軒については今後明らかにしていきたいが、伊豆国加茂郡（伊豆諸島もこれに含まれている）の国人領主で、現在の段階では、北条氏の重臣であろうと推定するに留めたい。

戦国大名は重臣層のこれら国人領主らが行う、分国領域を越える商業活動を抑圧することはなく、むしろ奨励していたと見ることができよう。分国の範囲を越えての商業活動は、各地の都市を結ぶとする佐々木銀弥の説(7)に注目したい。

ここで問題になることは、漂着した船には三八人が乗っていたにもかかわらず、「上荷物等首尾無相違納之条」で、養真軒を功労者として、この船を与えていることである。新城常三は「実例としては、北条氏康が弘治三年八丈島漂着の紀州船を手に収めた(8)」と見ているように、北条氏によって没収されている。そこで次の三点に絞って考察してみたい。

（1）守護の系譜にある戦国大名による、漂着船の没収権は何に拠っているのか。
（2）積荷を分国内寺社の修復にあてる、法的根拠についてはどうか。
（3）有人・無人漂着船の取り扱いの根拠は何か。

戦国時代の分国法は鎌倉幕府の式目を根拠にしているとする考えを意識しながら、検討する必要がある。

二　漂着船処置の根拠

鎌倉幕府が編纂した『吾妻鏡』の寛喜三年（一二三一）六月六日条に、「海路往反船事(9)」が見える。この記事は次に

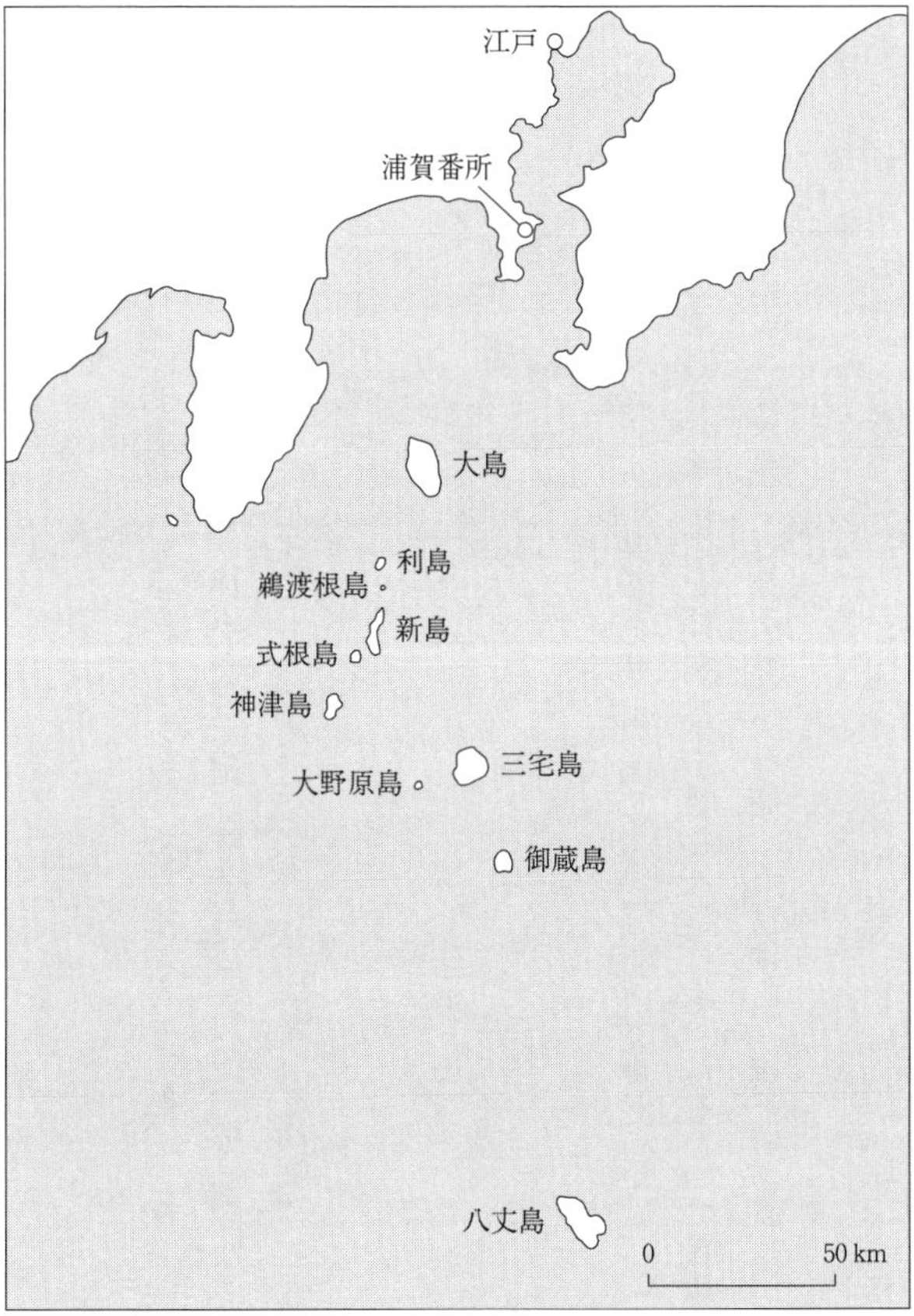

図1　伊豆諸島概念図

引用する式目追加を根拠にしている。

一　海路往反船事

右、或及漂倒、或遭難風、自然吹寄之処、折々地頭等号寄船、無左右押領之由有其聞、所行之企、太以無道也、縦雖為先例、諸人之歎也、何以非拠可備証跡哉、自今以後、慥随聞及、且令停止彼押領、且可被糺返損物也、若尚遁事於左右、不拘制法者、可被注進交名之状、依鎌倉殿仰執達如件

寛喜三年六月六日　　武蔵守（泰時）判

相模守（時房）判

駿河守（重時）殿

掃部助（時盛）殿

これは人道に反する地頭の所業を禁止したものである。漂着船について、その地の地頭が、左右なくとあるところから、権力にものを言わせて、船を押領していることは、まったくもって無道の処置である。前例があると申し立てるが、今後はこのような横暴な行為を停め、横領した物は所有者に引き渡し、今後このような行為は禁ずると命じている。

『高知県史』古代・中世史料集に収録されている「土佐国蠹簡集拾集」(10)に、貞応二年（一二二三）三月十六日付の「廻船大法巻物写」がある。その第一条は次の通りである。

一　寄船・流船者、其所之神社仏閣之可為修理事、若船主於有之者、可為進退事

とあり、『日本海事史研究』(11)に写真掲載の「廻船大法巻物写」には、

一　寄舟・流船者、其所之神社仏寺之可為造営事、若其舟ニ水主壱人ニ而モ残於在之ハ、可為其者次第事

と、ここでは漂着船を二つに区分している。無人の場合はその地の神社・仏寺の修理造営費にあてること、有人の場合はその者の進退（判断）に委ねるというものである。写本の伝来に相違があるので、文体に若干異なるところがある。

この「廻船大法」には、さしたる信憑性はない。鎌倉幕府式目追加の「海路往反船事」は寛喜三年に出されており、「廻船大法」はそれよりも九年前にあたり、式目追加より詳細な記述がある。そこが偽文書とされるところであり、史料的価値は低い。「廻船大法」がいつ作られたか、誰がどのような理由で作成したのか、など不明な点が多い。

鎌倉幕府法を踏襲するとされる、戦国時代の分国法の代表的な「今川仮名目録」の二六条は次のようになっている。

一 駿遠両国浦々寄船之事、不及違乱船主に返へし、若船主なくハ、其時にあたりて、及大破寺社の修理によすへき也[12]

今川氏は鎌倉幕府の式目追加より、「廻船大法」に近い処置を行っている。[13]このことから「廻船大法」は、鎌倉幕府の式目よりも後代に作られたと見なければ、矛盾することになる。室町時代には成立し、戦国大名にとって強力な法的根拠になっていたことは確かである。

三 漂着船処置の歴史的意義

紀州船が八丈島に漂着した年から約二〇年前の天文二年（一五三三）には、中村又次郎なる者が伊豆国加茂郡の代官であった。彼は奥山八郎五郎を手代として、八丈島を差配させている。天正年間（一五七三～九二）の早い頃には、伊豆諸島代官は曽根孫兵衛で、八丈島では奥山縫之助が手代であったらしい。この間約四〇年は『八丈嶋年代記』の記述がないので詳らかなことは分からない。

これらのことを踏まえて、御蔵島の漂着船を見る。「筑紫薩摩船」と記述される九州船の積荷の「唐物」は、唐紙と竹布である。いわゆる中国産や琉球産であり、当時の日本国の領域を越えている。船は西国から東国へ向かう廻船と思われ、目的地は「江戸」の確立が高い。江戸城には太田道灌がおり、西国からの物流に力を入れている。道灌の時代には品川湊や平川湊が賑わっていた。著名な戸倉商人であった鈴木道印などの豪商が活躍していた。戦国の動乱を避けて、京都の文人墨客が太田道灌を頼って東下していることは、すでに常識になっている。

龍統の『江亭記』に、

城之東畔有河、其流曲折南入海、商旅大小風帆、漁猟来去之夜篝、隠見出没於竹樹雲之際、到高橋下、繫続閣櫂、鱗集蚊合、日日成市、則房之米、常之茶、信之銅、越之竹箭、相之旗騎卒、泉之珠犀異香、至塩魚漆枲、巵茜筋膠薬餌之衆、無不彙聚区列者、人之所領也

とある。全国各地からの物資が、江戸湾に集まる様子が記されているが、かなり大仰な書き方で、いささか引用するには気が引ける。この中に「泉之珠犀異香」がある。和泉国にはこのような産物があったとは考え難い。西国屈指の港湾都市に外国から輸入された物資が、そこを経由して江戸に来ていることは理解できる。すなわち、東国屈指の港湾を抱える江戸は、すでに東アジア交易圏内に含まれていた[14]と見ることができよう。

注

（1）　元禄年間に菊池武信が編纂したものとされている。これを一与哲心が書写したものを、近藤富蔵が『八丈実記』（東京都公文書館所蔵）に収録した。段木「『八丈嶋年代記』について」（『歴史手帳』九巻六号、名著出版、一九八一年）、同『中世

村落構造の研究』（吉川弘文館、一九八六年）。

（2）『八丈嶋年代記』による。

文明七年

本嶋（八丈島）ヨリ青ヶ嶋エ（将監入道）尋船渡ル、翌丙申年嶋へ入サマニ国へ流レ出ル、舟方半分嶋へ戻ル

文明十一年

青ヶ嶋へ出サマニ国へ流テ、国ヨリ嶋へ渡ル時、三宅嶋ノ渡リニテ虚空ニ失ル

文明十六年

御蔵役、嶋へ入ル、日暮ニヨリテカケ候処ニ夜シケテ、来リ船荷物共ニ流失ス

文明十七年

青ヶ嶋へ渡ル舟、帰帆ノ節、中之郷コヤアドガサキニ走カケテ、舟荷物共ニ失ル

文明十八年

新五郎入嶋ノ節、海上大風ニ合、帆柱ヲ折ル、然モ舟ハ着岸ス

（3）東京都指定有形文化財（彫刻）「木造女神坐像」。

（4）史跡「滝山城跡」東京都八王子市滝山。児玉幸多他編『日本城郭大系』第五巻、滝山城の項は段木が執筆（新人物往来社、一九七九年）。

（5）小田原北条氏の研究者下山治久氏のご教示による。

（6）『静岡県史料』第一巻、九二頁所収（静岡県編、一九九四年）。

（7）佐々木銀弥『中世商品流通史の研究』（法政大学出版局、一九七二年）、同『荘園の商業』（吉川弘文館、一九六四年）。

（8）新城常三「中世の海難—寄船考再論—」三〇一頁（森克己博士古稀記念会編『対外関係と政治文化』二、吉川弘文館、一九七四年）。

（9）佐藤進一他編『中世法制史料集』第一巻、七七頁（岩波書店、一九五五年）。

（10）内閣文庫所蔵。

（11）長沼賢海『日本海事史研究』（九州大学出版会、一九七九年）。
（12）佐藤進一他編『中世法制史料集』第三巻、一二一頁（岩波書店、一九六五年）。
（13）久保田昌希「戦国大名今川氏の海事政策―『仮名目録』を中心に―」（毎日新聞社『図説人物物語の日本史』月報第六号、一九七九年）。ほかに、新城常三「中世の海難とその処理」（『海事研究』二四号、一九七五年）、同「沿海荘園年貢の海上輸送」（『海事研究』二九号、一九七七）、同「荘園年貢の海上輸送」（『日本歴史』三四四号、一九七七年）、長沼賢海『日本海事史研究』（九州大学出版会、一九七六年）、段木「戦国大名の伊豆諸島支配について」（萩原龍夫『関東戦国史の研究』名著出版、一九七六年）、同「伊豆諸島における漂着船の処置」（東京都教育委員会『学芸研究紀要』四集、一九八七年）。
（14）豊田武『増訂　中世日本商業発達史の研究』（岩波書店、一九六九年）、田中健夫『中世対外関係史』（東京大学出版会、一九七五年）、脇田晴子「東アジア交易圏と中世後期の日本」（永原慶二編『日本史を学ぶ』2中世、有斐閣、一九七五年）。

第一章　天領年貢米輸送船の遭難

一　文化七年美濃国御用大坂船

(1) 記録

文化七年（一八一〇）十二月に、美濃国天領米を江戸へ向けて積送りしていた大坂横堀の伝兵衛船が、新島持ち式根島で遭難した。この海難事故に関する史料が、新島に現存している。それが次の二点である。

①文化七年年三月付　乍恐以書附御請奉申上候(1)

新島持ち式根島に、廻船一艘が漂着した。この海難事故について、新島役所から代官滝川小右衛門役所宛に提出された報告書。

②文化七午年四月付　差上申一札之事(2)

漂着船の積荷である天領年貢米の処置について、新島役所から代官滝川小右衛門役所宛に提出した報告書。後年に整理のため付されたと思われる表紙には、「文化七年午四月御代官三河口太忠様御支配美濃国村々御年貢米難船米・籾嶋方引請一札写（後筆）」とある。

この年の『新島役所日記』や、『新島御用書物控』などがないので、この二点だけが関係史料ということになる。

（2）漂着

美濃国内の天領には、代官三河口太忠が支配する村々があった。その村々から徴収した、文化六年（一八〇九）分の年貢米・籾を積んで、大坂横堀の伝兵衛船が、江戸へ向かっていた。船には沖船頭久兵衛をはじめ、水主・炊と上乗（警護武士）の計七人が乗っていた。伝兵衛船が式根島に漂着したのが、文化六年十二月九日のことであった。船は「沈船ニ相成候ニ付、早速嶋方漁船人足」を派遣して、積荷陸揚げの作業を行っている。

積荷の米・籾は汐濡れしていたので、新島の島民たちが分担して干立てている。濡米については、「保方等精々手当いたし」、干立てが終わって陣屋に集めた。江戸へ「為注進、船頭・舵取・上乗、右三人」が、干立てた「御米・籾位訳」としての「手本」米を持参し、島役人が付き添って出府している。江戸での判定（江戸回送か現地売却か）に必要な資料を持参しての上である。代官三河口太忠役所で検討の結果、「無難幷腐薄キ沢手之儀[3]」は「再積廻し」になった。「大沢手幷濡乱俵等者、痛御米・籾」については「嶋方御払」として、現地で新島役所に売却し、代金は年賦払とすることに決定した。すなわち、被害の少なかった米穀は江戸へ回送し、大きな被害を受けたものは、現地新島で売却することになった。

売却が決定するまでの間、紆余曲折があった。新島からは、売却分について、「持参差出候入札三枚」を三河口代官所へ提出し、その場で「開札」しているが、落札金額について、「迚も御直段下直ニ付、増方」を求められている。島方では大量の石数であり、「増方」（落札金額の上乗せ）については、この場で引き受けられず、帰島し「重立候嶋役人」と相談の上、改めて返答を申し上げたいと言っている。ただし、「再入札望之者無之」く、再度の入札はできかねるとも言い加えている。

ともあれ、夫食少ない新島にとっては、いかに汐濡れによって劣化した米とはいえ、「食用ニ仕候得者、嶋方一統夫食之□足仕」りたい思いがあり、再度の入札をしては、長期間にわたって放置されると、濡米はさらに劣化することになり、落札金額の上乗せはとてもできそうにないとして、「買請御免相願候外無御座候」と、新島の開き直りに近い必死の様子が、文面に滲み出ている。しかし、結局はお上には逆らえず、持ち帰って相談の上、後日急ぎ返答することになった。

米の濡れ具合には上・中・下などの区別があって、程度の良いものは江戸へ運搬し、程度の宜しくないものは、現地新島で入札売却することになった。問題の天領年貢米については、表1のように分割された。

現地新島での売却分についての内容は、次のようになった。

一　御米千百三拾壱俵　　嶋方御払被仰付候分

　此石四百□拾弐石七斗壱升

　外米九石六斗八升　　乱俵取上海中捨

　此代金六拾七両永八拾文三歩

　　内永弐百七拾九文弐歩　　御吟味ニ付増

現地新島での売却分は一一三一俵で、代金は六七両永八〇文三歩と決定した。現地での売却分は、程度の宜しくないもので、表2のように大沢手・濡・中濡・大濡・濡乱などに区分されている。

表1　回収米の処分

区分	米	籾
江戸回送分	二六九俵	五九俵
現地売却分	一一三一俵	二九一俵

なお、区分別に表示すると一俵の誤差が出ている。「乱俵取上海中捨」による減少によるものとも考えられるが、正確には分からない。籾についても同様の区分がなされている（表3）。

かくして、新島が買い取った米・籾の合計金額は、金七九両一分永八三文四歩と

表2　現地処分米

区分	俵数	石数	代金	一両につき
大沢手	一三三俵	五三石二斗	金一八両二分ト永一四七文一歩	三石四斗
濡	二二四俵	八九石六斗	金一四両	六石四斗
中濡	二九四俵	一一八石	金一四両二分ト永一一九文七歩	七石一斗
大濡	四二二俵	一六八石八斗	金一九両一分ト永六三文五歩	八石七斗四升
濡乱	五七俵	一三石一斗一升	金一両一分	

表3　現地処分籾

区分	俵数	石数	代金	一両につき
大沢手	四一俵	二〇石五斗	金三両ト一七八文三歩	六石四斗五升
濡	五二俵	二六石	金二両一分ト永一二六文八歩	一〇石九斗六升
中濡	六二俵	三二石五斗	金二両一分ト永二一九文六歩	一三石一斗六升
大濡	一二一俵	六〇石五斗	金四両ト永二五文三歩	一五石三升
濡乱	一二俵	三石一斗二升	永二〇七文六歩	一五石三升

なる。このほかに三〇分の一は水船から陸揚げしたことの御定法により、別途金二両二分永一四四文四歩が新島役所に納められている。「分一」[4]法による得分率が「三〇分一」とあるところから、米は若干の海中投棄を除き、座礁した船からの回収分がほとんどだったと推定される。

問題になったのは、現地新島での入札による売却価格であった。当初落札金額が安値すぎるというので、再度の入札とプラスアルファが代官所から要求された。新島では再度の入札などしていたら、汐濡れ米はさらに品質が下落するし、島にとっては損失が嵩むと否定的ではあったが、お上には逆らえず、代官所の要求を飲まざるを得なかった。プラスアルファは「増」として記載されており、金一分永二文四歩であった。金額的には少額に止まった理由は詳らかではないが、美濃国天領代官三河口太忠の存在があったと思われる。

代官三河口太忠は寛政七年（一七九五）から、同十年までの間、伊豆諸島の代官であった人物で、島嶼民の生活安定のために積立金制度を設立した良吏であった。新島役所としても彼が美濃国天領代官の職にあったことが幸いしたと考えられる。美濃国天領年貢米を江戸へ輸送し、式根島で遭難した大坂船の船頭・舵取および上乗警護武士の三人を伴い、三河口太忠代官所へ出頭し、折衝にあたったのは、新島年寄役の市右衛門であった。彼は干立米の見本米を持参し折衝にあたった。島民が分担して天日干しした干立米は、新島陣屋で管理していた。

水船になった大坂廻船については、船内から積荷を陸揚げし軽くなったので、船は浮き上がったらしい。修復すれば航行可能ということが見込まれた。かくして浸水箇所を修復した船は、江戸まで航行することになった。新島では船手心得のある者が選ばれ、乗り組むことを陣屋から命ぜられたが、「浪ノ道場所等相改候処[5]、一旦浪留メ仕候得共、手入方未タ行不届」ず、「其儘ニ而者海上無覚束申立候ニ付」として、さらに浸水防止の手当を施した。ようやく応急処置も終了した。そこで海上が穏やかになるのを見計らい、江戸までの自信はないが、「豆州下田江相廻し」たいと提案している。ただ江戸廻しすることになった米・籾三〇〇俵余の積み入れには耐えられないので、それは新島の大吉船で運ぶことにし、大坂船は空船で下田へ回送することにしたらしい。

現存する史料はここまでで終わっている。

二　文化八年越後国天領米御用船

(1) 島方記録

『文化八年(一八一一)新島役所日記[6]』の九月と十月に次のような記事がある。

同(九月)廿九日辰　快晴　西風

一　昨廿八日夕方、越後国大岡源右衛門様御代官所御廻米積船、早嶋沖合ニ而沈船ニ相成、伝馬ニ而乗組拾九人陸揚ケいたし候ニ付、今日呼出、滞在中掟書申渡、一札取之候事

九月晦日巳　曇天　西風

一　沖船頭清兵衛外四人呼出し、一件相尋候事

同（十月）九日寅　快晴　少し西風　夜大西風

一　今日、漂着人口書・爪印取之候事

　但、二日ニ下書認置候ニ付、日附者二日与認候事

十月廿日丑　快晴　ならい

一　観音丸出船、漂着人拾九人出嶋候事

これらの記事によると、文化八年九月二十八日の夕方、越後国の天領年貢米を積んだ船が新島の南端から約五〇〇㍍の位置にある早島と呼ぶ岩礁の沖合で沈没した。乗組んでいた一九人は伝馬船で上陸した。この船の船頭は清兵衛といい、彼らは二〇日間新島に滞在した。十月二十日に新島廻船の観音丸で島役人に伴われて、江戸へ向かって新島を離れた。

この御城米（天領年貢米）を積んだ御用船は、大坂の河内屋長左衛門船で、越後国今町湊（現在の新潟県上越市直江津）で船積みされた。この天領年貢米は、代官大岡源左衛門支配地の年貢米と、同じ天領代官羽倉左門支配地の年貢米二口を併せて積み込んで、江戸へ向かって長い航海をし、最終段階に達していた。

羽倉左門は羽倉外記（簡堂）の父秘救（やすひら）である。外記は天保三年（一八三二）から同十一年の八年間、伊豆代官になった人物で、同九年三月には幕命により、海防対策の一環として、伊豆諸島を巡島し、新島にも滞在することになる。(7)

『新島役所日記』にはこれだけで、これ以上のことは分からない。しかし幸いなことに、沖船頭清兵衛が所持していた記録の写が、新島に一件記録として現存されている。その表紙には「文化八未年九月廿八日　大坂河内屋長左衛

門船　御城米積破船漂流　船頭所持之諸書物写」とあり、沖船頭清兵衛が提示した記録を書写したものである。現在では整理され、新島村役場に所蔵されている。(8)

なお、前掲の『文化八年　新島役所日記』は、正月一日から八月五日までが欠失しており、八月六日から十二月三十日までの五ヵ月を記録したものである。(9)しかし、この五ヵ月の間にも海難事故があった。十一月十七日の夜に尾張国の野間栄助船（菱垣廻船）が、新島持ち式根島で遭難している。乗組員一一人のうち、船頭栄助を含む六人が溺死、一人が重傷を負った。大坂河内屋船の乗組員一九人が江戸へ向かって新島を離れてから、わずか半月後のことであった。尾張船で重傷を負った水主松蔵は、島民らの介護の甲斐あって回復した。かくして、新島の年寄役利左衛門の差添いで、十二月二十四日には、仲間とともに江戸へ無事に送られ、新島を離れていった。溺死した六人は十一月二十九日、新島の長栄寺に手厚く埋葬されている。積荷は島民が総力を挙げて回収し、修復した船で江戸へと搬送されている。

(2) 船頭清兵衛所持の一件史料

文化八年（一八一一）大坂河内屋船遭難一件綴の表紙は次の通りである。

> 文化八未年
> 大坂河内屋長左衛門船
> 御城米積破船漂流
> 　　船頭所持之諸書物写
> 九月廿八日

表紙を開き最初の項目には、次のようにある。

一　文化八未年九月廿八日、当嶋附早嶋沖ニ而、大坂江之子嶋河内屋長左衛門船沈船ニ付、沖船頭清兵衛所持之諸書物

新島に現存するこの古文書は、表紙に「写」とあるように、沖船頭清兵衛が所持していた記録の写しである。「御城米」とは天領の年貢米のことで、これを積んだ御用船が遭難したということである。まず、この史料のあらましを述べる。

①羽倉左門　浦触

越後国天領代官羽倉左門発給の浦触。この船の積荷は大岡源右衛門と羽倉左門の支配諸村の年貢米であり、自然災害が生じた場合には、事故のあった土地の役人に対して、御用船を救助することを命じている。

②浦賀切手

幕府が江戸湾入口に設置した、船改め浦賀御番所通行許可申請書（手形）。

③船中御条目

船中定で、船中心得として三ヵ条から構成されている。寛文十三年（一六七三）二月の「定」を踏襲している。代官大岡源右衛門発給。

④船中申渡書

船中御条目の補完的なもので、七ヵ条構成。大岡源右衛門配下の越後国今町湊出役平山茂右衛門の発給。

⑤御城米送状

「越後国去午御年貢、未春西海廻江戸御城米送状之事」とある。年貢米は一二八七石余。今町湊出役平山茂右衛門発給。

⑥覚

今町湊出役平山茂右衛門発給で、内容は「浦触」とほぼ同じ。

⑦異変之節注進場所書付

今町湊出役平山茂右衛門の発給。

⑧大坂御廻米廻船差配広嶋屋平四郎ゟ差出候御廻米請負方仕法帳写

文化八年閏二月付。

⑨日帳

航海日誌。乱丁・欠失が多い。

⑩下ケ札

志摩国安乗浦の御蔵役人三橋安兵衛代人三橋文四郎の手になる下ケ札。

さて、この最初の項目に、越後国天領代官の一人、羽倉左門の浦触がある。これによると、前年の文化七年（一八一〇）の年貢米を江戸へ回送するので、越後今町湊から江戸品川までの天領・私領にかかわらず、津々浦々の村役（名主、年寄等）に対して、「何れ之浦々ニても」難風に遭い、御用船が難儀した場合には、直ちに助船を出し、「御米不濡様相囲」むことを厳命している。また御用船が難破した場合は、最寄りの代官所・陣屋・各藩役所へ注進することを命じ、御用船の安全運航を図っている。日付は文化八年六月である。

江戸湾の入口に設置されている、幕府直轄の船御番所である浦賀番所通行の「切手」がある。遭難して漂着すると、伊豆諸島の地役人は、まず「浦賀切手」の提示を求める。船頭が命をかけて守らなければならない、最重要の書類である。浦賀切手は特に包紙に包まれ、大切な書類とされていた。次に引用する。

（包紙表書）
浦賀切手　壱通　　大坂河内屋長左衛門船
　　　　　　　　　　沖船頭　清兵衛

（本文）
大岡源右衛門殿
羽倉左門殿　　御代官所
　御米千弐百八拾七石余積
　　大坂河内屋長左衛門船
　　　　沖船頭　清兵衛
右御廻米、広嶋屋平四郎差配、廻船常乗組拾七人、此度御城米積請申候、但乗組之内病死・溺死等ニ而人数相減候ハヽ、浦役人又者江戸船問屋共ゟ証文差出可申候間、右之趣を以御改之上、其御番所、入津・出帆共、早速通船被仰付可被下候、以上
　文化八未年閏二月　　大坂船割御役所
　　　　　木村周蔵手代　大熊八郎　印
　　　　　大岡久之亟手代　近藤与四郎印
相州浦賀

御番所
御当番中

これは大坂船割役所から浦賀御番所宛のものである。大坂河内屋長左衛門船を広嶋屋平四郎が差配し、この廻船には船頭清兵衛以下一七人が乗組んでいる。御米は一二八七石余で、御番所通行の許可申請書である。回送の御米は越後国内の天領代官大岡源右衛門と、同じく羽倉左門が当分預かりの天領年貢米の二口であった。

積荷は「越後国去午御年貢、未春西海廻江戸御城米送状之事」によると、米俵には朱印が押され、「上巻三重俵」とあり、厳重な俵仕立てになっている。船頭・水主・炊の一七人のほかに、上乗（警護役）として、大岡源左衛門代官所の頸城郡下曽根村組頭安右衛門・小猿屋村組頭兵右衛門と、羽倉左門当分預所の頸城郡横川村庄屋定之助・飯宝村彦四朗・石上村三右衛門・石上村専助に、廻船問屋差配広嶋屋平四郎の代人八平ら六人が同乗している。

主な船具として、碇は八頭で、一〇〇貫目・九五貫目・九〇貫目・八五貫目・八〇貫目・七五貫目・七〇貫目・六五貫目である。綱は一二房で、苧綱三房、箇綱四房、檜綱五房。帆柱は杉、楫は白樅、帆は二八反である。

書類には、

船中御条目　一通
同申渡書　一通
浦触　一通
御用状　一封
朱丸御船印　一本

と記されている。

A．船中御条目―「御米大切可相守」規則である。

・船の転覆を防ぐため、海中へ積荷を刎捨てなければならない時、沢手米などが出た場合、御米少々たりといえども、隠し取りしたことが後日判明した場合は、船頭以下品により「諸親類迄悉被行罪科事」と実に厳しい。[10]

・船具等完備し、「船足改」を受けた後は、私用荷物の持ち込みを禁じている。日和待ちが長引いて食糧不足が生じた場合は、滞船中の浦で補充し、その所の役人から証文を必ず受け取ること。商売米の積み入れは曲事であり禁ずる。

・難風に遭い、やむを得ず打米（刎捨て米）をする場合には、まず自分らの食糧米を先にすること、もし、その逆をした場合は、糧米（船中賄米）から徴収する。

・沢手米が生じた場合は、入念に天日干しをすること。船具が不足した場合は、着船の湊で補充すること。

・到着地の江戸で御米を引き渡すまでは、無断で船中賄いの食糧米を陸揚げしてはならない。

以上のように厳しく定めている。もしこれに違反した場合、たとえ同罪の者でも、申し出たらその罪を許し、褒美を与える。同類が仇をなすことがないよう対処する。もし他から露見したら、悉く罪科に処する。

この「船中御条目」は寛文十三年（一六七三）二月に制定されたもので、一三八年後の文化八年の時点でも、これを適用している。

B．船中申渡書―「船中御条目」の補完的性格の文書といえる。

・江戸に到着しても、御米の陸揚げ前に上陸してはならない。不断に船中を見回り、御米の濡れ・沢手・鼠害などを点検し、大切に取り扱うこと。船頭・水主ともに御米を粗略に扱ってはならない。申し立てたいことがあれば、江戸到着後に申し出ること。

・何にせよ、船中不必要の品は一切船積みしてはならない。男女遊興がましき者を船中に呼び入れることは厳禁とする。船頭・水主どもが停泊中にやむを得ず上陸する場合は、その筋の許可を受けなければならない。
・停泊中いかなる軽き品たりとも、船中に運び入れることなどをしてはならない。
・船中火の用心。垢の道(11)のできぬよう常時気を配り、船具などの傷みがあれば、交換・修復すること。
・御用船の威光をもって無理難題をしてはならない。また軽き品たりとも青物(12)などを受け取ってはならない。
・水濡れや沢手米が生じた場合、早急に干立てること。難風に遭い、打米をしなければならない場合は、まず、自分たちの荷物から刎捨て、御米は大切に守らなければならない。尤も難破した場合は、その場所をしっかりと覚えておき、あやふやにしてはならない。もちろん、その地の役人へも正確な場所を申し出て、吟味を受け、書付(浦証文)を受け取り、それを提出すること。濡米を江戸まで輸送できない場合は、その地の役人が立ち会いの上で相改め、最寄りの代官所・陣屋の指図を受けること。その場合、濡米(13)・沢手米や正米(14)の仕分けをし、紛れることのないよう印札を付けること。
・不時の怪我が生じた場合は、最寄りの役人へ直ちに注進すること。
以上を厳重に順守し、かつ油断なく昼夜共に御米大切に守り、少しも損失なきよう心がけること。御米を決して粗略にしてはならないことを、厳しく申し付ける。
C.「浦触」については前述したので省略する。
D.「御用状(15)」は「一封」とあり、封書形式らしい。内容については不明。おそらく新島役所でも開封は遠慮したものと思われる。
E. 朱丸の御船印(16)の図はないが、「御用」の文字を朱墨で丸く囲った旗であろうかと思われる。

以上、大坂から空船で越後国へ向かった時点で交付されたものと、「船中申渡書」のように、御城米を積み込んで、今町湊で交付された五点の重要書類等がある。「送状」は越後国今町湊で、御用米を積み入れた時点で交付されている。今町湊では「御送り状奉請取、出帆」とか、「表書之石数於同国今町湊積立之」ともあるところから、重要書類は大坂と今町湊の二ヵ所で船頭に手渡されたことが分かる。

（3）大坂から越後への航路

越後国天領の年貢米は今町湊に集積されており、その地から江戸までの輸送は入札によって行われ、大坂の広嶋屋平四郎が落札し、大坂の河内屋長左衛門船を雇い上げたものと推定される。その廻船の沖船頭が清兵衛で、清兵衛以下水主が一七人であった。

沖船頭清兵衛が綴った「日帳」の写が新島村役場に現存している。いわゆる「船中日記」[17]で、御用船の入出港等の記録である。表紙は「文化八年未閏二月　空船出帆　御米積着迄　往返日帳　紙数拾五枚　大坂河内屋長左衛門　沖船頭清兵衛」とある。空船で大坂から越後国今町湊まで行き、そこで天領年貢米を積み込んで、江戸まで輸送する予定であった。ただし、この「日帳写」は後に数度の修復を行った際に、乱丁や落丁をしたらしい。第一紙が「右之通相違無御座候、以上　同国同郡福浦湊組合頭刀弥」から始まっている始末で、順序を正し、整理をしながら解読を進めなければならず、著しく困難を伴っている。

ともあれ、「日帳」には表紙に閏二月とあるから、それを目安にすることにした。まず、長左衛門船は空船で大坂を出帆していることが判明した。

一　未閏二月晦日、御送状奉請取候処、西風ニ而滞船、同朔日右同断、同二日天気能大坂川口出帆候

右之通相違無御座候、以上　　大坂問屋

河内屋　長左衛門　印

右の引用記事から始まるものと思われるが、瀬戸内海とはいえ、向かい風の西風だったので、最初から閏二月三十日の出帆を見合わせている。月が改まった三月二日になって、ようやく大坂川口を出港している。予定より三日遅れの出帆である。次に向かった寄港地は、

一　未三月十日、芸州領椋之浦江入津仕候

とあり、九日後の三月十日に安芸国椋之浦（現在の広島県尾道市因島）に到着した。

一　同十一日、西風ニ付滞船、同十二日右同断、同十三日右同断、同十四日雨天ニ付滞船、同十五日天気能当浦出帆仕候

三月十日に安芸国因島椋之浦へ入津した長左衛門船は、十一日から十四日まで西風のため出帆できず、滞船風待ちをしている。ようやく、十五日になって天気が穏やかになり、椋之浦を出港した。そして、船は三日後の十八日に、瀬戸内海最後の湊である、長州赤間関（現在の山口県下関市）に入津している。

右大坂河内屋長左衛門船、沖船頭清兵衛、三月十八日、長州赤間関下着、同日辰ノ刻出帆

赤間関に入津した時刻は不明だが、早くも入港したその日の辰ノ刻（午前八時頃）には出帆しているところから、夜明け前に入港したものと推定される。このわずかな時間内に、次のような船改めが行われている。

御城米船改役　河野籐右衛門　印

於長州赤間関、空船幷乗組人数相改候処、相違無御座候、以上

三月十八日

大坂　広嶋屋平四郎代　八平　印

赤間関で船改めを受けた後、船はその日の朝八時には同所を出帆し、いよいよ荒海の日本海に乗り出している。年

貢米搬送の請負人である広嶋屋平四郎店からは八平（番頭または手代ヵ）が同乗していることが窺える。

三月十八日に赤間関を出帆した船は、七日後の三月二十五日に能登国大念寺浦（現在地は不明）へ到着した。ここで二三日間の滞船を強いられている。ようやくのこと、四月十八日になって出帆したものの、「同日未ノ刻（午後二時頃）、北風強安倍屋浦（現在地は不明）外潤ニ船懸」かりしている。この際に船は損傷を受けたようである。

次に史料上に出てくるのは四月二十二日である。

一　四月廿二日午刻、当湊江入津　修復取掛り
一　同廿三日修復、同廿四日同断、同廿五日同断
一　同廿六日修復皆出来仕候
　右之通相違無御座候、以上
同国同郡福浦湊組合頭　刀弥　印

福浦（現在の石川県羽咋郡志賀町、有名な名勝地能登金剛の南に位置する）には四月二十二日の正午頃に入津し、二十六日まで船の修復をしている。修復を終えて二十六日に、船はようやくここを出港している。福浦は、当時の西廻り航路の重要な港湾の一つであった。

正確な航路は詳らかではないが、能登大念寺浦を出て、福浦湊に入津するまでの、中間地点の安倍屋浦沖合で船がかりし、修復を必要とする程の損傷を被ったようだ。修復と点検には三日を要し、四月二十六日には検査を終了している。

　右之通修復皆出来ニ付致見分、其外船具等迄逸々相改候処、相違無御座候、以上
未四月廿六日
田口五郎左衛門　元手附

内田金兵衛　印

さて、福浦湊を出帆した日付は不明だが、五月三日からの記録はある。

一　未五月三日戊ノ刻、能州福浦湊へ出戻り入津
一　同四日西風滞船、同五日雨西風滞船
一　同六日西風滞船、同七日雨西風滞船
一　同八日雨西風滞船、同九日雨西風滞船
一　同十日北風滞船、同十一日北風滞船
一　同十二日酉刻出帆
右之通相違無御座候
同国同郡福浦組合頭　刀弥　印

船は四月二十六日以降に福浦を出帆したと推定するが、五月三日に福浦湊へ出戻っていることが、福浦組合頭刀弥の記述から読み取れる。五月三日から十二日までの九日間、能登福浦で天候の回復を待って、十二日にそこを出港することができた。次に向かった所は佐渡国の小木（現在の新潟県佐渡市小木）である。

未五月十三日申ノ上刻、佐州小木浜江入津仕候、
小木御番所附問屋　信濃屋市兵衛　印
同十四日南風滞船
同十五日右同断　十六日右同断
同十七日右同　十八日右同断
此ニ折紙ニ而出戻り与有之

同十九日右同断　廿日右同断
同廿一日右同断　廿二日右同断
同廿三日右同断　廿四日右同断
同廿五日右同断　廿六日卯ノ刻出帆
　右之通相違無御座候、以上

能登の福浦湊を五月十二日酉ノ刻（午後六時頃）に出帆した船は、翌十三日申ノ刻（午後四時頃）に、佐渡の小木浜に到着している。それまで各地で幾日も風待ち滞船を余儀なくされていた長左衛門船は、遅れを挽回するかのように一気呵成に行動し、わずか一〇時間で、能登の福浦から佐渡の小木まで走り抜けている。当時の帆船でも、順風を得ればかなりの速度が出ることが分かる。

しかし、目的地を目の前にした小木浜で、船は五日間もそこで風待ちを余儀なくされている。十八日に出帆したものの、その日のうちに出戻り、八日後の二十六日卯ノ刻（午前六時頃）に再び出港した。二日間の航海の後、目的地である越後国今町湊に到着することができた。五月二十八日未ノ刻（午後の一〜二時頃）であった。

（4）越後から江戸への航海

空船で大坂から越後にやっとの思いで到着した長左衛門船は、今町湊で天領年貢米を積み込むことになる。

一　未五月廿八日未ノ上刻、今町湊へ入津仕候
一　同廿九日空船御見分、西風強滞船
一　六月朔日、西風強滞船
一　同二日御米積掛り、右同断

一　同三日御米御積立相済、船足御見分之上、同日未之上刻、御送り状奉請取、出帆仕候、以上

越後国今町湊　御米宿　伊藤屋　印

五月二十八日の午後早くに今町湊に到着した船は、翌二十九日に船内検査を受けている。翌日には月が改まって六月一日になったが、西風が強く作業は中止になった。二日に米の積み込み作業を開始している。船足見分の上、翌三日未ノ刻（午後一時頃）に今町湊を出港した。この時に船頭清兵衛は御米（御城米）送状を受け取っている。その内容は次の通りであった。(18)

一　米千弐拾八石九斗七升　但本年貢米四斗入
　此俵弐千五百七拾弐俵壱斗七升
　是者大岡源右衛門支配所之分
一　米弐百五拾八石八升五合　但右同断
　此俵六百四拾七俵八升五合
　是者羽倉左門支配所之分

右者、大岡源右衛門・羽倉左門御代官所、当分御預所、越後国去午御年貢、当未春江戸御廻米、書面之石数於同国今町湊積立之、今三日未ノ刻出帆申付候、以上

未六月三日

越後国今町湊積所出役
大岡源右衛門手附　平山茂右衛門印
羽倉左門手代　杉浦丈四郎　印

天領の年貢米一二八七石八斗余を積んだ御用船は、文化八年六月三日未ノ刻（午後二時頃）に、越後国今町湊を出

帆し、江戸までの長い航海を始めた。

佐渡国小木湊には六月十四日卯ノ刻（午前六時頃）に到着している。なぜか一六日間もかかっている。行きは二日間の航海であったのと比較すると、かなりの日数がかかっている。理由は分からないが、行きは空船であったが、今回は幕府御用米を積んでの航海ということもあってか、相当慎重に航海したものと思われる。西風に流されて、途中柏崎などで風待ち避難したのではないかと推定されるところである。

一　六月十四日卯ノ刻、佐州小木湊江入津、
　同十五日西風滞船
　同十六日右同断　　同十七日右同断
　同十八日右同断　　同十九日右同断
　同廿日卯ノ刻出帆
　　右之通相違無御座候、以上

小木御番所附問屋　信濃屋市兵衛　印

佐渡ヶ島の小木湊では、西風のために六日間風待ち滞船している。そして六月二十日の朝六時頃に出港、三日後の二十三日に能登半島を廻って輪島[19]（現在の石川県輪島市）に到着した。

一　未六月廿三日未刻、能州輪島へ入津仕候ニ付、手船拾六艘・水主弐拾八人為乗引入申候
　同廿四日波風強滞船
　右御船、同廿五日辰ノ刻、日和能出船仕候ニ付、手船拾艘・水主八拾人乗引出候、
以上

能州輪島村肝煎　間兵衛　印

同　九兵衛　印

同所組合頭　太左衛門　印

同　八郎右衛門印

庄屋　武左衛門　印

越後へ向かう時には福浦湊に停泊したが、今回は手前の輪島浦に入港した。その輪島での風待ちは短く、二日後の六月二十五日辰ノ刻（午前八当時頃）にはここを出港し、因幡国嶋後宇屋町湊（現在の島根県隠岐郡隠岐の島町、島後西郷湾）に入港している。当時の西廻り航路の重要寄港地の一つであった。

一　未六月廿九日巳刻、隠州嶋後宇屋町湊江入津、

一　同晦日南風滞船

一　七月朔日右同断　同二日右同断

一　同三日辰刻、天気能当湊出帆

右之通御座候、以上

この嶋後宇屋町湊では三日間、風待ち滞船をしている。次に向かったのは出雲国神門郡鷺浦（現在の島根県出雲市鷺浦）であった。

右御城米船、未七月六日午刻、雲州神門郡鷺浦江入津ニ付、御法之通相改候処、別条無御座候ニ付、同七日西風滞船、同八日右同断、同九日右同断、同十日右同断、同十一日右同断、同十二日右同断、同十三日右同断、同十四日雨風滞船、同十五日西風滞船、同十六日右同断、同十七日雨西風滞船、同十八日右同断、同十九日西風滞船、同廿日卯ノ刻日和能候ニ付、当湊出船

右之通相違無御座候、以上

雲州神門郡鷺浦

庄屋　為三郎　印

庄屋　源兵衛　印

鷺浦に入津したのは三日後の七月六日午刻（正午頃）であった。ここでも西風に祟られて出帆できず、風待ち滞船は半月に及んでいる。次の寄港地である長州赤間関に向かって、二十日卯刻（午前六時頃）に鷺浦を出た。

右大坂河内屋長左衛門船、沖船頭清兵衛、七月廿二日長州赤間関入津、同廿三日巳ノ刻出帆

御城米船改役　河野籐右衛門　印

赤間関に入ったのは三日後の七月二十二日で、御用船は日本海を乗り切って下関に入ることができた。ここからは瀬戸内海の航路になり、入津した翌日の二十三日巳ノ刻（午前十時頃）には出帆している。

一　未七月廿七日午刻、当浦入津

一　同廿八日東飛南風ニ而滞船

一　同廿九日右同断

一　同晦日卯刻、天気能当浦出帆

右之通相違無御座候、以上

未七月晦日

周防国大嶋郡関浦

年寄　有津久右衛門　印

周防国大嶋関浦（現在の山口県大島郡周防大島町、あるいは熊毛郡上関町）の入津は七月二十七日正午頃であった。「東飛風」とは東からの突風であろうか。ここでは三日間滞在して、三十日卯ノ刻（午前六時頃）に次の塩飽へ向かった

が、その間に小さな湊に寄港しているようである。

一　未八月十三日申ノ刻、当浦江入津、同十四日卯之刻天気能、当浦出帆仕候、右之通相違無御座候、以上

讃州塩飽与嶋　庄屋　平吉　印

塩飽諸島のうち、与嶋（現在の香川県坂出市与島で、瀬戸大橋のPAがある）に八月十三日に入港して、翌十四日には早くも離れている。ここからもいくつかの港に立ち寄って、十九日卯ノ刻（午前六時頃）に紀州牟婁郡品田袋浦（現在の和歌山県田辺市ヵ）に入港している。

一　未八月十九日卯刻、当浦江入津仕候ニ付、御条目之通相改、相違無御座候、以上

紀州牟婁郡品田袋浦　庄屋　喜才次　印

一　同廿日高波ニ付、滞船

一　同廿一日卯刻出帆仕候

一　八月廿五日辰刻、当浦へ入津

一　同廿六日東風、滞船

一　同廿七日天気能、辰刻出帆仕候

右之通相違無御座候、以上

品田袋浦での滞船は八日間であった。次は同じ郡でも太平洋の外海に面した大嶋浦であるため、その準備と心構えが必要だったのだろうか。この記事には若干の検討が必要である。理由は三項目と四項目との間に四日間の欠落がある。二十一日には出帆しており、二十五日には入津とある。これは沖船頭清兵衛が所持していた「日帳」を新島役所で書写したものであり、史料批判を十分に行わないと、矛盾が生じる危険性がある。ここでは四項目の八月二十五日

以降は混乱しており、次の寄港地である大嶋浦（現在の和歌山県牟婁郡串本町）の記事であろうと考えている。

紀州牟婁郡大嶋浦　　庄屋　善三郎　印

一　同廿八日午刻、出戻滞船
一　同廿九日東風、滞船
一　九月朔日右同断、滞船
一　二日右同断、滞船
一　三日右同断、滞船
一　四日右同断、滞船
一　五日右同断、滞船
一　六日右同断、滞船
一　七日右同断、滞船
一　八日右同断、滞船
一　九日右同断、滞船
一　十日天気能、午刻出帆
　右之通相違無御座候、以上

大嶋浦では八月二十五日から九月十日まで半月滞在したと思われる。この辺りから船は東へ向かって航海することになり、順風を待っての風待ち滞船である。九月十日の正午頃にここを出帆した御用船は、五日後の九月十五日には伊勢国度会郡田丸の贄浦（現在の三重県度会郡南伊勢町）に入津している。

一　未九月十五日午刻、当浦へ入津
一　同十六日東雨風ニ而滞船
一　同十七日北風ニ而滞船
一　同十八日右同断
一　同十九日天気能卯刻、出帆
　右之通相違無御座候、以上

紀州下
　伊勢国度会郡田丸領
　　贄浦庄屋　兵蔵　印

現在の三重県である。贄浦を九月十九日卯ノ刻（午前六時頃）に出港した船は、大王崎を廻って、翌二十日酉ノ刻（午後六時頃）には志摩国安乗浦（現在の三重県志摩市的矢湾南岸）に到着した。

一　未九月廿日酉刻、志摩安乗浦江入津仕候ニ付、船足極印幷人数・船具、御送状ニ引合、相改候処、相違無御座候、以上

御城米役人　三橋安兵衛
　同家　文四郎　印

御城米役人の三橋安兵衛は、この時に別件の御用があったらしく不在であった。そこで同家の文四郎なる者が御用を代行し、「下ケ札」を付箋している。その日に船は的屋浦（現在の三重県志摩市的矢湾内北岸）に入津している。

一　未九月廿日酉刻、志州的屋浦入津

一　同廿一日東南風ニ而、滞船
一　同廿二日右同断、同断
一　同廿三日北風ニ而、同断
一　同廿四日東南風ニ而、同断
一　同廿五日東風ニ而、同断
一　同廿六日申ノ下刻出帆見合、同断
一　同廿七日辰刻、当浦出帆
右之通相違無御座候

志州的屋浦　庄屋　兵吉　印

大坂河内屋長左衛門船の沖船頭清兵衛は、文化八年九月二十七日辰ノ刻（午前八時頃）志摩国的屋湊を出帆し、一路江戸へと向かった。文化八年三月二日に大坂を出発し、日本海の越後国今町湊で、御用米を積み込み、引き返すようにそこを出帆した。全行程約八ヵ月を経て、いよいよ最終航路の段階に入ったのである。

一　文化八未年九月廿八日、当嶋（新島）附早嶋沖ニ而、大坂江之子嶋河内屋長左衛門船沈船

という記事[20]がある。御用船が志摩国的屋湊を九月二十七日に出帆した翌日のことである。最終目的地江戸を目前にして、八ヵ月もの長い航海をして来た大坂河内屋長左衛門船は、伊豆国新島の南端神渡鼻のわずか五〇〇㍍沖に浮かぶ、長径五〇〇㍍・短径三〇〇㍍の岩礁早島近くで沈没したのである。乗船者一九人は伝馬船で上陸したとある。この船は長左衛門船に常備されている艀ではなく伝馬船と記されているところから、若干の疑義は残るが、新島の漁船であろうと推定している。積荷の「御用米」がどうなったかは不明のままである。多分海底の藻屑になり、最も大切な御

用米を失なった。彼らに残されたものは自分たちの身一つだけであった。

（5）西廻り海運

江戸時代の日本海海運といえば、すぐ「北前船」が頭に浮かぶ。最初は「北前船」というと、特定の船形船をいったが、やがて北国地方の廻船を総称するようになった。

井上鋭夫は、江戸時代の日本海海運について、越後国を中心に、次のように時代区分をしている。[21]

前期（一七世紀前半から一八世紀前半）―西廻り航路成立期

中期（一八世紀前半から一九世紀前半）―大坂商人の活躍期

後期（一九世紀前半以降）―越後商人の活躍期

文化八年の大坂河内屋長左衛門船の遭難は、井上がいう中期に相当する。いわば日本海海運史の典型的な事例といえる。

寛文十二年（一六七二）に幕府は河村瑞賢に、西廻り航路、特に越後から下関の日本海航路の航海安全策の立案を命じた。それ以前は船荷は小浜で陸揚げし、琵琶湖を経由して京・大坂へと運ばれたが、陸揚げの繁雑さがあった。これを解消するのが目的だったのである。幕府が意図するところは、天領年貢米の輸送を安全に実施することであった。天領米は今町湊に集積された。物資集積および積出港としての今町湊は、一七世紀中期頃から発展した。

遭難した大坂船は今町湊で天領米を積み入れている。上乗衆は大岡源右衛門代官所の下曽根村・小猿村、羽倉左門代官所の横川村・飯宝村・石上村の村役人であった。これらはすべて越後国頸城郡内の村である。現在の上越地方で、糸魚川市・上越市・新井市に相当する。

今町湊を出た大坂船は、日本海の荒波に耐えて下関に到着した。ホッとした気持ちで波静かな瀬戸内海に入り、島々を抜けて紀伊半島を廻る。茫洋とした太平洋を走り、最後の難関である遠州灘を抜けると目的地江戸は近い。しかし、江戸を目前にして遭難した。積荷ばかりでなく、船そのものも海の藻屑と化したのである。彼らは何ひとつ持たずに江戸へ送られた。厳しい自然の猛威を骨の髄まで実感したことであろうと思う。

三　弘化二年代官松平和之進と都筑金三郎の年貢米船

(1) 天領代官松平和之進

弘化二年（一八四五）九月十日の夕刻、新島枝村の若郷村から、本村にある陣屋に注進があった。村使走者は流人から選ばれるので、この時も流人であったろうと思う。知らせを受けた陣屋から、奥旦那（地役人を引退した隠居）・年寄善兵衛・同三郎右衛門と書役直三郎が現地へ急行した。

ここに出てくる書役は流人でありながら、村役の一人でもある。直三郎は流人杉浦直三郎という幕臣である。彼は天保九年（一八三八）九月新島に流罪になっている。小普請組後藤佐渡守組の杉浦勝太郎の養父で、隠居の身であった。流刑に処された時点で、「家」を守るために、隠居させられたものと思われる。彼が新島に流された年にはまだ四二歳で、働き盛りであり、普通ならば隠居にはならない年齢であった。彼について『新島流人帳』[22]には次のような記載がある。

此者儀、異国船渡来之風聞承り、右防禦筋致付候儀、内々浅草茅町書賈伊八方へ差贈候段不埒ニ付、安政六年六月小野小太郎召連れ出府致し、入牢被仰付居候処、御為之儀可申立仕成候ニ付、御咎之御沙汰無、且去ル午年御養父君の仰出候御祝儀ニ依而御赦被仰付、出牢ニ相成候段、今般御達有之候ニ付、記置もの也、文久三亥年六月

元来、流人は配流された村から出ることは厳禁されているが、書役として島役人に随行したものと思われる。彼は別に罪を犯したのではなく、異国船の対応にかかわる原稿の出版を計画したことが、内容的に幕府当局の国策に抵触したことによる流刑であったようだ。いわば言論統制によるものと推定されるところである。

奥旦那一行四人は若郷村へは船で出役した。本村の前浜から出て新島の西海岸に沿って北上し、若郷村の前浜に入る正常なコースであった。その途中に「あじや浦」と呼ぶ荒磯を過ぎた頃に雨が降り出し、若郷村に到着したのが夜の五ツ時（午後九時頃）になった。高齢の奥旦那を名主宅でも休ませて、善兵衛ら三人は直ちに現場である若郷村の裏側東海岸の「淡井交ノ浦」を実見している。

若郷村からの注進内容は、「淡井交ノ浦」に天領代官松平和之進の支配地諸村（所在地の記録はない）からの御城米を積んだ船が、江戸へ向かう途中に漂着したということであった。

当日はすでに夜間になっており、十分な現地調査ができなかった。翌十一日に改めて現場の調査を行っている。十二日には百姓頭・漁船頭が、漁船三艘・人足三〇人を引き連れて本村から来ている。十三日にも五人組一人宛の人足を、本村から動員して、若郷村民を援助し、船から御城米の荷揚げ作業をしている。

漂着した御用船の乗組は一五人（警護役人・船頭・水主ら）で、狭い枝村では彼らに十分な介護ができないので、陣屋のある本村へ連れて行き介抱している。たとえば「家別いも取立相渡ス」（九月十五日・二十八日・十一月四日・十二月十八日）などというように、各戸から食糧を持ち寄っている。

村人が総力を挙げて陸揚げした「御城米」は計り立てて、「御蔵詰」めしている。そして「両町（本村は原町・新町の二町で構成されている）昼夜番付」をし、厳重に警護している（十月七日）。

陣屋では、漂着人らから事情を聞き取り、海難の経緯を記した「浦証文」の作成をしている。また「御米手形」の確認を行い、その間に江戸の代官所へ注進している。江戸からの「御用状到来」は十二月九日であった。御用状は江戸からの指令書で、江戸へ回送するには耐え得ないほどの被害を受けたと判断されたらしく、「濡御米」は現地新島で入札にかけて、現地で売却している（十二月十日）。売却した分量や落札金額などの記録はないので、これ以上は詳らかではない。

処理が完了した段階で、漂着人一五人は江戸まで送られることになった。その差添役として、年寄善兵衛が指名されて「盃出ル」（十二月十二日）。航海安全の祈願である。十二月二十五日には、船頭に新島役所からの発給の「浦証文」が手渡された。浦証文は事情聴取などによって作成される遭難証明書というところである。

（2）天領代官都筑金三郎

年が改まって弘化三年（一八四六）正月五日に、一五人を江戸へと送り出し、一件落着したのも束の間、翌月の二月二十四日の払暁のことであった。またもや天領年貢米を江戸へ廻送中の大津代官都筑金三郎支配地の、河内国内天領年貢米を積んで、江戸へ向かっていた一六人乗りの船が、羽伏浦（新島の東海岸）に漂着した。幸いなことに一人の怪我人もなく、全員が上陸できた。積荷の「御城米」は、前浜（西海岸＝新島の表側にあたる）へ廻して陸揚げしている。漂着した羽伏浦にも四人の百姓代が交替で見張り番として立っている。

前浜には「御米囲置、水主不残見張」とあり、陣屋からも村役人・夜回り者を見張り番に立てている（二月二十四日）。羽伏浦の砂地に乗り上げた船は、積荷を陸揚げして軽くした上で、船は若者組によって式根島かぶり根に曳航され、修理することにした（二月二十五日）。前浜に囲置いた「御城米」は一二二俵で、御蔵と社務御蔵に納めた（二月二十五日）。

式根島に曳航した船内にも御城米があった。これも陸揚げする必要があるが、雨で順延になっている。ここにも見張り番を立てている（二月二十六日）。

　漂着した人たちの食糧として、各戸から「漂着之者江郷一統　甘薯あつめ渡ス」（二月二十七日）と見える。甘薯は島民にとっては重要な食糧である。伊豆諸島では新島が最初に甘薯の移植を成功させている。

　三月に入って、式根島に係留した船から、御城米を陸揚げするために、漁船一〇艘が動員されている。しかし、「昼後西風烈敷相成」り、三艘は荷を積めずに引き返している（三月一日）。式根島の御城米も汐濡れ状態で、これも現地売却を願い出ている。入札にかけたのが三月三日だが、どの程度入札にかけたかは詳らかではない。四日も式根島から天日干しのため、本島へ米の移送は続いている。輸送するために無人島である式根島で、道普請が行われている（三月十三日）。

　汐濡れ米は「小前壱俵ツヽ」を割り当てて天日干しをし、終わったものから陣屋の御蔵に納めている（三月十五日）。若者組にも天日干しを割り当てている。つまりは島の総力を挙げての作業であった。

　式根島へ曳航した船は、結局修復できずに沈船した。船頭から「解船ニて入札ニいたし申度旨願」いが出されている。そこで陣屋では、若者組頭に対して解船作業を依頼した（三月十七日）。若者組は検討した結果、「若者共より御免之願」いが出て断っている（三月二十二日）。そこで、「漂流船丸船之まヽ式根嶋ニ於て入札」し、新町の卯兵衛が落札している。帆柱は吉六が落札した（三月二十八日）。

　島役所は漂着船の上乗（警護）・船頭・水主・炊の全員を陣屋に呼び、事情聴取し「口書証文」を作成した。また預かっていた書類を取り揃えて船頭に渡したのが四月八日である。かくして、四月十九日に「浦証文」を船頭に発給している。そして新島の廻船弁天丸で、年寄役長三郎が付き添って、漂着人一五人全員を江戸へと送った。彼らは新島を離れたのである。

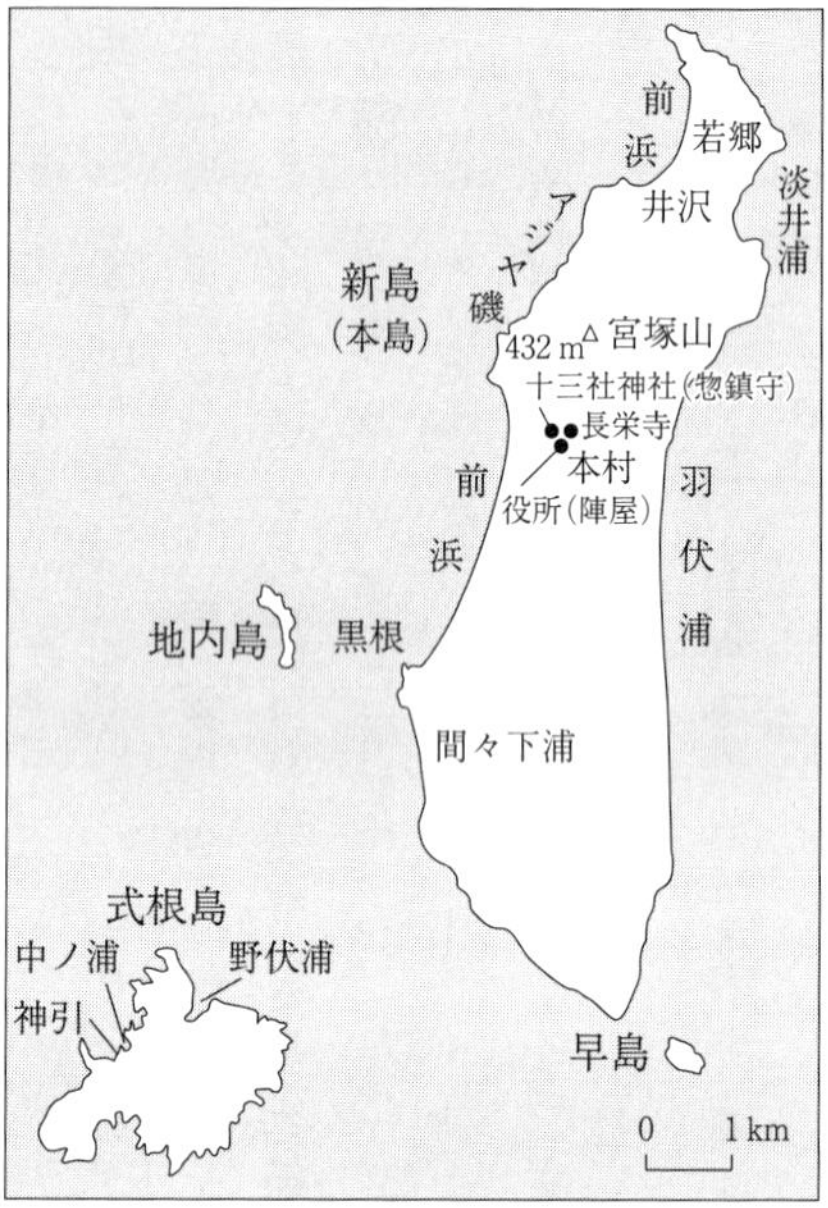

図２　新島・式根島略図

同じ弘化三年の八月二十八日にまったく同じ場所の若郷村淡井浦に、またもや越後国蒲原郡新潟船が漂着するという海難があった。九月二日には新島漁船が難破している。さらに九月二十五日には「まゝ下磯江溺死人流着」した。九月二十五日には「三州船羽伏江漂着□坂湊直乗重右衛門船」が遭難し、この時には一三人が艀で上陸している。九月二十六日には「遠州材木積」みの船が漂着した。幸いなことに一二人は怪我もなく上陸している。しかし船は破船し、積荷が海上に広がり、これを取り集めるのに村人たちは多忙を極めている（九月二十八日）。十月十二日にも「遠州惣塚村源八船」が漂着するというように、弘化三年は新島での海難事故が多発している。

四　文久二年鵜渡根沈船御用銅始末

新島と利島の中間で、やや新島寄りの位置にあり、若郷村の沖合に浮かぶ鵜渡根とか鵜渡間とも呼ばれる岩礁群がある。伊豆諸島屈指の好漁場でもあった。しかし、それがかえって物資運搬船にとっては、大変な難所になっていた。文政十年（一八二七）の御赦免流人一九人を乗せて江戸へ向かった新島茂兵衛船が、この鵜渡根付近で沈没している。

この海難については、第三章で述べることにする。

文久二年（一八六二）三月十五日のことであった。新島の本村と若郷村の漁船が、鵜渡根で楯網漁をしていた。彼らはあたりに「船さつは落乱いたし居候」に気づいた。すなわち、ここで海難事故があったという明らかな証拠である。

楯網漁という漁法は、数人の追い込み漁師が海中に潜り、前もって張り巡らせた網に魚を追い込む漁法である。その日のこと追い込み漁師が海中に入り、「むくり見候処」、岩礁の間に「御用之銅」があるのを見つけて引き上げた。彼らはそれを陣屋へ届け出た。漁民がこれを見つけた時は、これが「御用銅」（幕府所有）とは気づいてはいなかったであろう。たとえば極印があっても、公儀御用の銅塊（形状は不明）であろうとは思いもよらなかったであろうと思う。

ともあれ、発見した彼らは陣屋へそれを持参し届け出た。島役人たちが改めて鑑定したところ、「御用之銅」であると判定したようだ。新島役所では直ちにその日のうちに、現場検証を行っている。

翌十六日発見者らを陣屋に呼び出し、「御用之銅之儀、厳重取調」べている。いうまでもなく新島役所は、発見者たちが隠匿しているのではないかと、疑っていることが行間に感じられる。さらに発見者以外の村人も呼び出して「再三吟味之上、為後日一札取之」と、隠匿していない旨の誓約書を取っている（四月二十九日）。島民すべてが「一切無之由」を確認した上で、「向後風聞等立之候節者、及沙汰候様申付ル」と、いわば箝口令を発している（五月二十六日）。公儀の御用銅ともなれば、海防のための大砲鋳造用、または貨幣の原材料になるもので、後日隠匿が露見したら、一村滅亡や全島民処刑ということも有り得ると、恐れたのであろう。

六月十日に「鵜渡根むくり網為御届、年寄仁左衛門殿出嶋ス」と、この一件につき江戸の代官所へ届け出ている。

記録にはないが、おそらく回収した御用銅の一部を持参しての届け出であろう。仁左衛門は七月十二日に無事帰島している。実は発見者たちが、「御用銅」の一部を隠匿していることを新島役所は把握していたのである。その事実をひた隠しにしてのきわどい綱渡りを新島役所は行っていたのである。

最初の発見者たちが「多分隠置候」ことが吟味中に判明した。それを提出させ「役人江手数を掛け不届ニ付」、発見者である漁船の二艘から過料二貫五〇〇文ずつと、四艘からも各五貫文の過料処分を課している（九月八日）。この処罰も島内で密かに行われ、島外には水も漏らさぬような細心の注意を払っての行為であった。役所にとっては「村」を守るために、薄氷を踏む思いだったろうと推定できる。

記録はこれだけで、どこの湊から御用銅を積み出したのか、どのような船が積み込み、どこで海難に遭遇し、乗組員たちがどうなったかなどは一切不明のままである。

二年後の文久四年（一八六四）に「むくり揚」げ、すなわち、島民により潜水作業で引き揚げた「御用丁銅」の結末が付いた（二月二十三日）。それは「懸揚候銅分合」、すなわち、「分一」法による新島の得分が、幕府から「御下ケ金ニ被成候」と新島へ下賜されている。新島役所では各戸別に「銭百四拾文ツヽ、割渡ス」とある。このような「分一」の島民分配法には前例があったようで、「尤、諸神幷長栄寺へ先例之通り上物致ス」と見える（文久四年六月十八日）。新島役所をはじめ、島民一統安堵したことであろう。その後、この問題は永久に闇に葬り去られた。ただ、流人の書役が記した『新島役所日記』が、記録しているだけである。流人を押し付けられ、村落共同体を破壊された、離島民のせめてもの無言の抵抗であり、違った意味での流人の抵抗でもあるようだ。(23)

注

（1）新島村役場所蔵文書　整理番号M2—26。

（2）新島村役場所蔵文書　整理番号M2—27。

（3）沢手米は海水によって湿った米のこと。中沢手・大沢手などの区分け程度がある。濡・中濡・大濡は雨水による濡れの程度、濡乱は俵が損傷したもの。これらは早急に天日干ししないと、汐腐れになり、廃棄せざるを得なくなる。

（4）陸揚げ回収した積荷に対する労働得分率で、船中から陸揚げしたもの—三〇分一、海上に浮遊しているものを回収—二〇分一、海底から陸揚げしたもの—一〇分一、の区分がある。

（5）「あかみち」のことで、海水の侵入箇所をいう。

（6）新島村役場所蔵文書　整理番号A2—6。A2は日記類で、『新島村史』資料編に解読し、解説を付して収録した。

（7）羽倉秘救は柏木甚右衛門介英の子、宝暦十三年（一七六三）に羽倉光周の娘婿となり羽倉家を継ぐ、最初は鳥見役、安永七年（一七七八）御勘定吟味改役（八〇石）の後には各地の普請役を勤める。中には浅間山山焼の村々普請もやっている。天明四年（一七八四）には天領代官に転じている（『寛政重修諸家譜』）。

羽倉外記（簡堂）後に天保年間伊豆代官となる。天保九年（一八三八）四月十三日巳ノ中刻（午前十時頃）新島に到着、巡検を終えて四月二十五日に新島持ち式根島から三宅島へ出帆した。閏四月十一日三宅島から御蔵島へ渡海、その際に供をしていた新島年寄作左衛門の船が突然西風高波を受けて転覆し、全員が溺死している。三宅島・御蔵島の巡検を終えて、閏四月二十二日に羽倉代官船は八丈島へ向けて出帆したものの、新島近くに流され、式根島に避難している。翌日式根島中ノ浦を離れたが、再び二十九日に式根島野伏浦に出戻っている。月が改まり五月三日巳ノ刻に出帆したが、翌四日に新島本島に吹き戻されている。六日正午頃に出帆し、やっとの思いで八丈島へ渡海している。帰路については、今のところ記録は見当たらない。なお、八丈島三根に現存する「西山卜神居記碑」（東京都指定有形文化財）は外記の書になる金石文である。

（8）新島村役場所蔵文書　整理番号M2—30。M2は海難・漂着の部。なお、新島村編『新島村史』資料編9（二〇一三年）に収録しているので参照。

（9）『文化八年　新島役所日記』は正月十一日から八月五日までが見当たらない。後日の発見が期待される。

(10) 海水で濡れた米は直ちに天日干ししないと汐腐れになり、食用にならない。沢手米が生じた場合、新島では直ちに島民に割り当てて天日干ししている。

(11) 「湌道」ともいう。船中への漏水箇所をいう。

(12) 青物とは野菜などをいうが、これらを船中に積み込むことを禁じているとすれば、その理由は詳らかではない。

(13) 雨水・塩水などで濡れる被害を受けた米。

(14) 雨水・塩水などで濡れる被害を受けない正常な米のこと。

(15) 御用状の内容は不明。江戸の代官所への公的書状で、新島役所では開封しなかったようである。

(16) 御船印旗は大坂を出港する時点から掲揚し、幕府御用船であることを明示する。

(17) 「船中日記」とか、「日帳」ともいい、代官所から船頭に渡される。

(18) 「船足之改を請候以後、何れ之浦々ニ而も、私之荷物隠候而不可積之」と船中御条目にある。

(19) 当時の西廻り航路では、輪島の南に位置する福浦湊であったが、その手前の輪島崎浦に入津している。しかし、輪島崎浦も主要な湊で、手船（漁船）八艘と二八人の漁民によって、御用船を湊に曳航している。

(20) 新島村役場所蔵文書　整理番号M2—30。

(21) 井上鋭夫『新潟県の歴史』一五九頁（山川出版社、一九七〇年）。

(22) 『新島流人帳』は前田健二家所蔵文書で、子息の明永氏が『新島流人史』（ぎょうせい、一九九六年）で解読・解説をされている。第三節は『弘化二年　新島役所日記』（新島村役場所蔵文書）による。

(23) 第四節は『文久二年　新島役所日記』および『文久四年　新島役所日記』（ともに新島村役場所蔵文書）による。

第二章　藩米等輸送船の遭難

一　天明三年薩摩国川内船

（1）記録

天明三年（一七八三）正月のこと、薩摩国川内船が新島持ち式根島の野伏浦で遭難したことが、新島村役場所蔵文書に見える。

①天明三年卯正月付　薩摩川内孫七船漂着一件留(1)

②卯三月　薩摩船破船書付写(2)

船荷は薩摩藩江戸屋敷用穀物で、薩摩を出港した船には宰領衆（警護役人）として、上村鉄兵衛・川辺喜平太と岩崎甚内の三人が乗船していた。沖船頭休(久)兵衛ら二六人の乗組員で、天明二年十一月に薩摩国を出帆した。年が明けて正月、志摩国を出たところで難風に遭い、遠州御前崎とおぼしき沖に流され、とある嶋山を望み、本船を碇で留めて、全員艀に乗り移り、その島にたどり着いた。それが式根島であったというのである。ただし、遭難した時点では、宰領衆は一人減少して、二人になっている。この海難事故を、主として前掲二点の古文書を通して解明してみたい。

（2）薩摩国出帆

薩摩国川内船間嶋孫七船に対して、薩摩藩は江戸蔵米屋敷へ米一二九三石余および赤籾一四俵の輸送を命じた。米は領内の山崎出物蔵[3]から一一〇〇俵（真米）・向田出物蔵[4]から一三八〇俵（真米）・隈之城与本郷[5]から六二五俵（真米）・山崎与[6]から五一〇俵（真米）・隈之城与向田から三〇〇俵（真米）・川内与高江から一二八俵（真米）と、御物方[7]から一四俵（赤籾）を取り集め船積みした。

其方船江積渡候条、海上入念乗届、江戸薩摩屋敷於蔵元堅固可致上納候、若欠米相立候ハヽ、請合之通差足可相納候、聊□有之間敷也

天明二年寅十一月十二日

川内表御仕立方代官　堀八郎右衛門　印

右船頭方

江戸輸送を命じられ、もし、欠米が生じた場合は弁償するとある。次に、船主・沖船頭以下乗組員全員の姓名と、積荷のリストなどを、左の通りに書き上げ提出している。

差出

六百九拾石積壱艘

船主　船間嶋　孫七

沖船頭　同所　休兵衛

水主　船間嶋　庄右衛門　六十五才　　水主　船間嶋　喜平　六十二才

同　同　長四郎　三十八才　　同　同　弥左衛門　二十才

同	同	弥吉	二十八才	同	同	覚兵衛	四十三才
同	同	藤吉	十五才	同	同	仁右衛門	四十六才
同	同	貞右衛門	三十才	同	同	長五郎	二十五才
同	甑嶋	彦右衛門	五十三才	同	船間嶋	休五郎	三十二才
同	同	安右衛門	二十八才	同	久世崎之	半十	三十三才
同	京泊之	文助	二十一才	同	同	平市	三十八才
同	同	早十	四十才	同	同	市五郎	十五才
同	西方之	仲左衛門	五十才	同	同	金八	二十三才
同	船間嶋	藤蔵	二十六才	同	同	紋右衛門	六十才
同	京泊之	伊勢	二十才	同	同	金左衛門	五十五才

合　船頭・水主二十五人　禅宗　浄土宗

乗組員は全員薩摩国の船乗りで、船頭休兵衛を除く二四人は六〇代が三人、五〇代が三人、四〇代が三人、三〇代が五人、二〇代が八人、一〇代が二人であった。いわば理想的な年齢構成になっている。船具および積荷は次の通りであった。

杉帆柱	一本	同帆柱	一本	同屋帆柱	一本	梶	一本
櫓	二八丁	揚舟	一艘	綱	二三房	鉄碇	一〇頭
帆木綿莫蓙		走り道具		真物		赤貝	
飯米櫃	一つ	仕飯米	二五石	着□入	八つ	懸硯	五つ

銭　五〇貫文
届御米一二九三石七斗六升起　御差荷
赤籾　一四俵

これらを江戸まで輸送する藩の御用船であるから、警護役人である上乗衆は三人で、薩摩藩士である。薩摩から江戸までの航路には、関所がいくつもある。そのため、船頭は通行手形を持参していなければならない。その手形発給の手続きが、次のような一連の記録である。

右ハ江戸為御続米、向田出物・山崎出物幷帖佐与御蔵入、濃之城与・山崎与・川内与御蔵米積合ニ申請、積上り候、沖船頭之儀ハ海上能致候ものニ御座候、尤他領之水主壱人も乗セ不申候、諸所津御口番所逢御改可申候、此外□御法度之諸物積入不申候条、津口通り御手形被仰付被下候様、御申上奉願上候、以上

寅十一月

右船主　船間嶋　孫七　印
沖船頭　同所　休兵衛　印
五人与　同所　沖右衛門　印
右同　治左衛門　印

御浦役人衆中
年行事衆中

右の記述は、先に引用した積荷リストに続くものである。「与」の文字には「クミ」とルビが振ってある。新島役人が破船した乗組員らの言う言葉にルビを振ったもので、薩摩藩特有の言い回しなのであろう。このことから藩内各地（主として川内川流域）の蔵米を集めて船積された米で、江戸藩邸用であったと明記されている。

船主・沖船頭らは、薩摩藩内の浦役所に必要書類を提出し、通行手形の下付を申請した。申請書を受理した浦役所は、年行事名で上級の薩摩藩在番役所へ上申している。

右之通承届、別条無御座候間、津口通御手形仰付被下候様ニ、御印書被成可被下様、奉願上候、以上

寅十一月十一日

年行事　孫左衛門　印

右同　孫七　印

脇役　酒田伝左衛門印

御在番　衆中

ここまでは武士身分の者ではなく、藩米を取り扱う商人であろうか。脇役として署名捺印した酒田伝右衛門は郷士身分か、または苗字帯刀を許された者と推定される。薩摩藩の身分制度には独特なものがあり、私には十分理解し得ないところがある。

次に、在番役所から上級の御仕立方代官所へ申達の手続きをしている。ここからは薩摩藩役所ということか。

右申出趣、別儀無御座候段承届申候、津口通御手形被仰付被下度奉存候、以上

寅十一月十一日

京泊り在番□代　知識治右衛門印

川内表御仕立方

御代官

京泊在番から進達された書類は、川内表御仕立方代官所に送られ、代官坂口八郎右衛門が書類を審査し、各地の船改役所宛に左の裏書きをなし、通行の許可を求めている。

裏書

此書相改、於無相違者、可被差通候、以上

寅十一月十二日　　川内表御仕立方代官　坂口八郎右衛門　印

諸所　船改所

しかし、これが最終ではなく、裏書きされた申請書類は、川内表御仕立方代官所から、さらに薩摩藩の中央役所に進達され、積荷の性格と乗組員・宰領役人（警護武士）の人数を明確にし、禁制（キリスト教）の信仰者ではないことを保証し、左の通り諸国船改所宛に、通行の許可を要請している。

松平薩摩守江戸屋敷用穀物船壱艘、水主弐拾五人、外宰領三人、江戸江差遣候、御禁制之宗旨者ニ而無御座候条、無異儀御通可被成候、以上

天明二年寅十一月十五日　　松平薩摩守内　堀孫大夫　印

諸国　船御役所

特に幕府が最重要視し、江戸湾出入口に設置されている幕府直轄の浦賀御船番所へは、別に左の申請書を持たせている。

相模浦賀　御関所

松平薩摩守江戸屋敷用穀物船壱艘、船頭・水主弐拾五人、外宰領三人、江戸屋敷江差遣申候、御禁制宗旨之者ニ而無御座候条、無異儀御通可被下候、以上

天明二年寅十一月四日　　松平薩摩守内　堀孫大夫　印

相模浦賀　御関所

かくして航海の準備が整ったことになる。

（3）出帆

用意万端整えて、孫七船は天明二年（一七八二）十一月十六日に薩摩国川内（現在の熊本県薩摩川内市内の川内川河口）を出帆した。天草牛堀湊（現在の熊本県天草市牛堀湾内）に入津したが、順風が得られずに二〇日間滞船した。ようやく十二月六日に同所を出帆している。九日に肥前国椛嶋（現在の長崎県長崎市内樺島）に入津、十五日にここを出帆した。十九日には同国呼子湊（現在の佐賀県唐津市呼子港）に入る。二十日に出帆し、同日には長州赤間関（現在の山口県下関市赤間関）に入津した。九州北回り航路を取っていることが分かる。

二十二日に赤間関を出て、二十四日に讃岐国志々嶋（現在の香川県三豊市志々島）に入津。二十五日に出帆し、無事に十二月二十六日摂津国兵庫湊（現在の兵庫県神戸市）に入津した。翌二十七日の七ッ時（午後四時頃）のこと、ここで宰領衆の一人上村鉄兵衛が急病で倒れた。医者を呼び治療を受けたが、二日後の二十八日に病死している。看取った医師は井沢順昌といった。

口上

一　薩摩上村鉄兵衛殿、当町煎屋権七方江湯入ニ被参候処、急病之由、右権七方ゟ昨廿七日七ッ時、拙者療治頼来候ニ付、早速罷越様子見申候所、病症卒中風、半身不遂、口眼唱斜、依之、重方続命湯相用申候所、痰気上壅不通転方仕、導痰湯相用罷在候得共、次第ニ勢気労、養正（生）不相叶、今日四ッ時相果申候、右之段御断申上候、以上

天明二壬寅年十二月廿八日　　兵庫東弍町

本道医師　井沢順昌　印

宰領（警護）衆の一人、上村鉄兵衛は船による長旅の疲れを癒すためか、湯屋に行きそこで倒れた。知らせを受け

て駆けつけた医師井沢順昌が診立てたところ「卒中風」で、重方続命湯や導痰湯を投与するなどの手当を施したが、二十八日の四ッ時（午前十時頃）に死亡が確認された。死骸はその地の寺に埋葬することとして、その手筈を進めることになった。

一札

一　薩摩船間嶋沖船頭休兵衛、船頭・水主弐拾五人乗、今般江戸廻り米積、走り申候所、上乗御役人上村鉄兵衛殿、船中ニ而病気差発、種々致薬用候得共、養生不相叶被致死去候、依之、葬方之儀、於拙寺取置呉候様、死人同役岩崎甚内殿・川辺喜平太殿、幷定問屋小豆屋助右衛門殿ゟ御頼ニ付、御作法之通取置申候、為後日証印、仍而如件

天明二寅年極月廿九日　摂津兵庫津　浄業寺　印

埋葬した寺院は当地兵庫津の浄業寺で、法名は「廓山浄玄居士」である。これら必要な手続きは、薩摩藩定問屋の小豆屋助右衛門が取り仕切っている。

宰領衆の減少を証明するために、通行手形の付けたりが必要になる。それが次の「口上」である。

乍恐口上

一　松平薩摩守様御領分、船間嶋休兵衛船頭・水主弐拾五人乗、外ニ御上乗り三人、右弐拾八人、此度薩州江戸廻り御米積走り、当月廿七日、当湊江着船仕候処、右御上乗之内、上村鉄兵衛殿与申仁、船中ニ而病気差発り、早速医師を掛、薬用等為致、色々介抱養生仕候得共不相叶、同廿八日相果被申候、就之、葬方之儀、当所御勤番所江御断申上候所、御免被仰付候ニ付、葬方仕候、尤寺一札幷医師証文、別紙ニ相添申候所、相違無御座候、為証拠仍如件

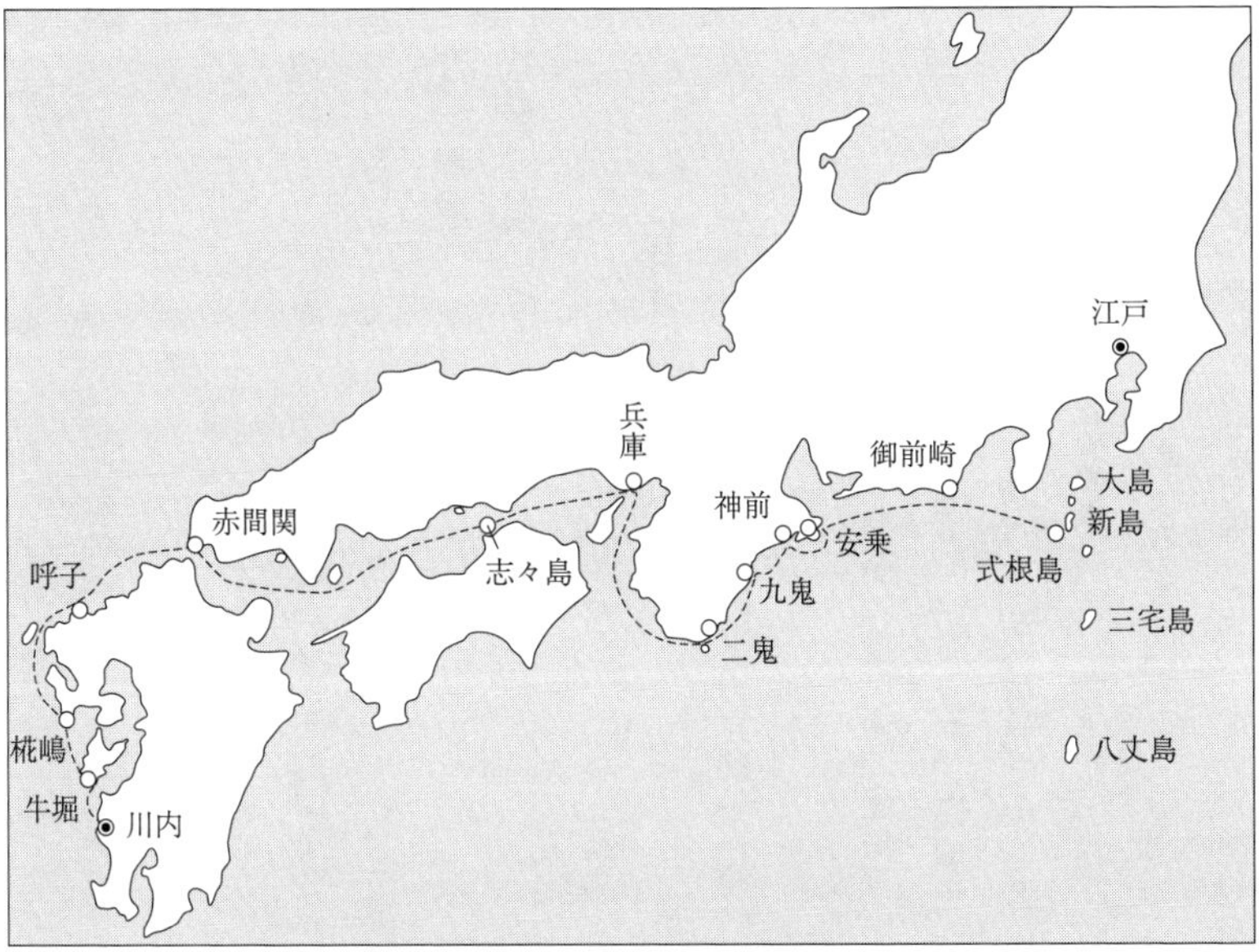

図3　薩摩国川内孫七船航路略図

天明二年寅十二月廿九日

摂州兵庫

薩摩定問屋　小豆屋助右衛門　印

諸所　御改所

各地に設置されている船番所では、積荷の検査と同時に乗組員の審査が行われる。そのために出港時に、上乗の宰領（警護武士）の員数が異なると、通行が不許可にならないまでも、通関手続きが面倒になることがあったようだ。そのため証拠文書としての必要から、薩摩藩定問屋発行の証明書がなくてはならない。

宰領衆は二人になったが、欠員のまま、三日後の天明三年元日にはここを出帆している。船は紀州二鬼（現在の和歌山県熊野市二木島）、九鬼（現在の三重県尾鷲市）に停泊・出帆を重ね、十四日には紀州神前湊（現在の三重県度会郡南伊勢町神前浦）に入津した。二十二日にそこを出帆したところ大西風になり、大王崎を廻り西風から逃れて、志摩国安乗湊（現在の三重県志摩市安乗）へ避難を試みたが夜になり、さらに海上は荒れ立った。船頭たちは髪を切って願をかけ、宰領衆とも相談の上、大切なる積荷をやむを得ずして、海中に投棄している。二十三日の昼四ツ時（午前十時）頃には遠州御前崎（現在の静岡県御前崎市御前崎）沖合で大風・高波によって、帆柱のあゆみ際が振り折れたために、「あまの爪」が折れ、帆柱・桁ともに海中へ吹き飛ばされた。船は大きく傾き、転覆の危険が迫った。そこで帆柱を伐り払おうと試みたが、折れた帆柱が、外艪・舵羽を損壊し、一段と危険性が増大した。彼らはさらに積荷を刎捨て、碇二頭に綱四房を結わえて、海中に垂らすなどして、懸命に働いている。船は帆船なので、小帆を広げ、風に任せて漂流状態に入り、後は運を天に任せるだけになったのである。

（4）難破

新島の記録に次のようなものがある。(8)

正福丸

正月廿四日　西風

一　今廿四日昼九ッ時頃、流船と相見候船壱艘、前浜を通り候ニ付、見繋候処、丸嶋沖ニ懸り候様子ニ相見へ候

正月廿五日　北風

一　今廿五日式根島ニ而漁船、権左衛門罷帰り申出候而、昨廿四日、流船と相見候船壱艘、丸嶋沖ニ相見候ニ付、居合せ候むくり船之者共□□候処、薩摩船ニ而灘ニ而逢難風、檣ふり被折、桁帆而も無之船□間、助ケ呉候様申候ニ付、艀ニ而人□式根島江上ケ、介抱仕候処、今廿五日朝元船引込呉候様相頼候ニ付、居合之漁船ニ而かふら根江引込置候段、注進申出候

一　右之通ニ付、左近・元右衛門外役人一同、式根嶋江罷越様子尋ル

正福丸は式根島へ「むくり漁」(9)に行っていた漁船と思われるが、正月二十四日の正午頃に、潮に流されている様子

の廻船一艘を見ている。その船は丸嶋沖合でどうにか停止したらしい。翌日の二十五日式根島で「むくり漁」をしていた権左衛門が、本島（新島）の陣屋に来た。薩摩船が難風に遭い丸嶋沖合で停泊しているが、帆柱などが折れている。見ていると艀で上陸した。救助を求めてきたので、乗組員全員の介抱をし、船は「かふら根」に引き入れた旨を報告してきた。そこで、地役人前田左近・名主青沼元右衛門以下島役が式根島に渡り、現場を実見している。

島役人が彼らに尋ねると、御前崎沖合で漂流を始めてから、翌日の二十四日にどこの国なのか分からないが、彼らは島山を見た。助かるためにはどうしてもその島に漕ぎ寄せようと懸命に働いたが、波風が強く、殊に潮の流れが激しく、なかなか船を寄せられず、島は遠のいていった。そこで皆で相談の結果、その島から離されては、生きる望みが断たれると意見が一致した。さらに碇を三頭に綱六房を付け、海中に垂らしたが船は止まらない。かくなる上は本船を捨て、全員艀に乗り移り、かの島に上陸することに決めた。夜に入って宰領衆並びに船頭・水主とも二六人全員が艀に乗り移ったというのである。

幸いにも一人も欠けることなく全員無事に上陸し、人家を尋ね歩いた。小屋が見えたのでそこへ行ったところ、本島から漁猟稼ぎに来ていると聞かされた。人数は二、三十人いた。遭難の者であることを話すと、早速現地へ行き見てくれたが、波浪が高くとても大船を曳航することはできない状況であった。村人たちはとりあえず遭難者を小屋に入れて介抱した。

翌二十五日夜明けに再び現地を見に行ったところ、二里程の沖合に本船が見えた。少し波浪が穏やかになったので、曳航して欲しいとの彼らの頼みを村人たちは了解した。そこで漁船四艘に分乗し、彼らと一緒に本船に乗り込んだ。碇を引き上げたりして色々働いたが、帆柱もないので、碇綱を切って曳航することにした。かくして、薩摩船を式根島の「かふら根」に曳き入れたと、その顚末を回答している。

薩摩国で積み込んだ米は一二九三石七斗六升（正米四〇四三俵・赤籾一四俵・飯米二五石）で、正確には分からないが、約半分を海中に投棄したようである。船中に残っていた米などは、次の通りであった。

有物之覚

一　打捨残米　弐千弐百六拾五俵
　内
　千三百五拾九俵　無難米
　九百六俵　濡米
一　打捨残飯米　五俵　但赤米
一　打捨残炭　弐拾弐俵
一　船道具　品々

破損箇所など多かったが、船は応急処置をすれば、江戸までは行けると判断したらしい。そこで、海中投棄や波浪によって流失した帆柱・桁・苧綱などの不足分については新島で調達し、島役人が同乗して、江戸表へ行くことにした。とりあえず船の破損部分は応急処置するなどの準備をしていた。ところが、二月五日の夜に大南風が吹き荒れ大時化になった。有る限りの綱・碇で船を固定しようと懸命に働いたが、大風・高波で繋いだ綱は褶り切れ、船は磯際の岩場に打ち付けられた。夜中の寅ノ刻（六日の午前四時）頃に破船した。宰領衆並びに船頭・水主ら二七人は、ようやくのこと怪我もなく上陸できた。浦賀番所切手その他の往来手形・荷物送状などは船頭が守り抜いていた。

六日からは西風が強くなり、本島からの船は渡ってこられない。七日も同様な天候であった。八日になって漁船で新島から役人が見えた。宰領衆や船頭・水主たちも立ち会い、村人たちは海中に流れた積荷の回収作業をした。凪間を縫っての作業が続き、回収した積荷は、次の通りである。

濡米　一七八六俵

内赤籾　一俵

外赤米　五俵

回収した濡米の中には、水主の飯米二四俵が含まれている。濡米はそのままにして置くと汐腐れになり、食用にならなくなるので、本島に搬送して、村人が手分けし干立てることにした。その干立てた米は次の通りである。

残濡米　一七六一俵

干立米　五四五石五升一合　此分一　五四石五斗五合一夕引

此訳

上々干立米　九〇石九斗二升八合　此分一　九石九升二合八夕引

残米　八一石八斗三升五合二夕

上干立米　一〇一石九斗六升九合　此分一　一〇石□斗九升六合九夕引

残米　九一石七斗七升二合一夕

中干立米　一二七石九斗七升　此分一　一二石□斗九升七合引

残米　一一五石一斗七升三合

下干立米　二二三石八斗五升九合　此分一　二二石三斗八升五合九夕引

残米　二〇一石四斗七升三合一夕

赤籾　三斗二升五合　此分一　三升二合五夕引

残米　二斗九升二合五夕

一　天明三年薩摩国川内船

引残　米　四九〇石二斗五升三合四夕　此俵一五九四俵　但入不同
　　赤籾　二斗九升二合五夕　　此俵　　一俵

取り上げた濡米が一七八五俵、残り濡米が一七六一俵で二四俵の差がある。これは乗組員の食糧米で、「分一」から除外したためと考えられる。「分一」とは公儀が定めた法規で、遭難船の積荷を現地で回収した物に対し、支払われる比率である。その比率は、

海底に沈んだもの　　　　一〇分の一
海上に浮遊しているもの　二〇分の一
遭難船内からのもの　　　三〇分の一

などの区分がある。新島では乗組員の身の回り品や、船内の食糧などについては「分一」法を適用せず、そのまま手渡している。

濡米は短期間で腐敗することから、島民が手分けして干立てる。上々干立米・上干立米・中干立米・下干立米は汐濡れの程度の区分である。前掲の史料から推定すると、米はすべて分一法が「一〇分の一」になっており、薩摩船が沈没したことを物語っている。米以外のいわゆる船具などについても「分一」法が適用される。こちらは二〇分の一になっており、海上に浮遊していたところを回収されたか、波によって岸に打ち上げられたところを回収したものと推定される。

　帆柱一本・舵一羽・船かす三品　　此代金五両
　艀　一艘　但し櫓四挺添　　　　此代金一両
計六両　内金一分銀三匁　　　　二〇分一引

木綿帆など一〇品は相模国浦賀まで搬送して、船頭が受取る

此分一　金二分銀三匁

飯米櫃など八品は船頭が受取る

以上

薩摩国を出帆した時、江戸藩蔵屋敷へ届ける米は一二九三石余（四〇四三俵）・赤籾一四俵と、船中用飯米二五石（一二〇俵）であったが、船の沈没を阻止するために、一七九二俵余を海中投棄した。残りの米は二二六五俵と飯米五俵になっている（正月二十五日現在）。しかし、その後破船事故が生じ、さらに八九七俵が流失し、船中には一三七三俵が残るだけになった（二月五日現在）。その後島民による回収作業によって、陸揚げされた米を含めて合計一五九五俵（内赤籾一俵）になった。

これら陸揚げされた米はすべて汐濡れで、そのまま放置すると腐敗するので、島民が手分けして干立てている。「分一」法の適用は干立てた米に対するものである。帆柱や艀などは入札し売却した金額に対する適用で「二〇分一」の計算値が記されている。

前年の三宅島船の遭難事故[10]があったが、その際にはどこにも「分一」の文字が見られなかった。それが一年後の薩摩船遭難事故の記録に見られるのである。だからといって三宅島船に「分一」の適用がなかったとは断言するわけにはいかない。なぜなら、当地である新島船（大吉船[11]）に対しても「分一」が適用されているのである。

干立てた汐濡米は上々・上・中・下に区分している。「分一」により差し引かれた分が薩摩藩の手に残る。それが左のようになる。

上々干立米　　八一石余

上干立米　　九一石余
中干立米　　一一五石余
下干立米　　二〇一石余
合計　　四九〇石余

入江内の遭難で、薩摩藩の手に残った量は約二六％を超えたということになる。大海での遭難事故であったならば、一切手に残ることはない。全員の人命と、四分の一に相当する積荷が救出されたことは、不幸中の幸いといえる。沈没した船で、使用に耐え得る船具は新島で入札売却し、在島中の雑費などにあてられている。

新島から江戸の代官所に伺いが「覚」として提出された。その一項目に、

此度　薩州様御米積船、当嶋之内於式根嶋破船仕候ニ付、捨り荷物取揚申候、右取揚米之十分一被下置候様奉願上候

と見える。「十分一」の根拠は、『文化十四年（一八一七）新島御用書物控』に十月付「乍恐以書附奉御窺候」があり、その中に「嶋方先例も有之候」とあるが、その後幕府は海中に沈んだ積荷を陸揚げした場合は一〇分一、海上に浮いている積荷を回収した場合は二〇分一が御定法で、伊豆諸島には文化六年に代官滝川小右衛門の時に申渡されたとある。薩摩藩船の遭難は天明三年で、御定法を新島が知る以前のことであって、「嶋方先例」ということになる。しかし、この先例は新島だけのものではなく、少なくとも伊豆諸島では共通認識であったろうと思われ、すでに幕府（伊豆代官所）によって定められたものと考えられる。伊豆代官所への伺書「覚」は、その再確認という意味合いのものと思われる。

この「覚」が代官所へ提出されたのが二月十五日であり、「分一」の記載された書類の作成は三月十三日である。

代官所からの指示を得た後に、一〇分一あるいは二〇分一の計算が行われている。

船を失った薩摩船の乗組員は、式根島から本島である新島に移され、引き続き介護を受けた。その際に次の「一札」を島役所へ提出している。

一札之事

一　私共義、当嶋ニ逗留仕候ニ付、被仰聞候ハ、当嶋之儀者、従御公儀様被為　仰付候流人致在嶋候間、右流人与出会候義、堅御停止ニ候、尤出国之砌、内通状者勿論、音物口頼伝言ニ而も、一切取次申間敷旨被仰聞候事

一　火之用心大切ニ可致事

　附り　くわへきせる堅無用之事

一　博奕賭之諸勝負一切致間敷事

一　喧嘩口論可相慎事

一　昼夜共郷中徘徊無用之事

　附り　山林畑等猥ニ不可致徘徊事

右之通被仰渡、逸々承知仕畏入候、依之、印形差出申候所、仍如件

天明三年卯三月

薩州川内孫七船

沖船頭　休兵衛

外水主共四人　連印

新嶋

御神主　前田左近殿
名主　元右衛門殿
年寄　佐五左衛門殿
同　与五兵衛殿
同　藤右衛門殿
同　太兵衛殿

このような「一札」を提出することは、後代の史料には必ず見られることで、遭難者が新島に在島する限り、守らなければならない誓約書である。特に第一項目は新島が流人島である故に、特に重要な項目であって、出島後も順守することを求めている。

（5）事後処理

薩摩藩船は遭難事故を江戸の薩摩藩邸へ至急報告して指示を受ける必要があり、若い二〇歳の水主弥左衛門[12]を江戸へ派遣することにした。宰領衆と船頭は船（船の積荷）から離れることは許されないことであったのか、水主の中から人選したようだ。新島役所からは付添として年寄太兵衛を派遣することになった。両人は早速江戸へ行き、上乗警護武士の書簡と、新島からの添状を薩摩藩邸に持参したところ、江戸藩邸では掛り役人を派遣するとのことであった。しかし、太兵衛は新島は公儀流刑人が在島している島であるという理由で、国地の者が渡島することは困難であると助言した。このため、その案は取り止めになり、重役の小田善兵衛からの書簡が手渡されることになったと、伊豆代官所からの書状がある。薩摩藩邸の重臣小田善兵衛から、上乗武士への書状は、付添として同行した、新島年寄太兵衛に託されている。

回収し干立てた米については、現地（新島）で入札売却するか、船を雇い上げて江戸へ回送するかは、小田善兵衛の書状で指示したらしい。また「分一」および人足賃金の支払いなどについては、年寄太兵衛に伝えたものと思われる。

伊豆代官所からの書状は三月五日付で、代官江川太郎左衛門の手代柏木直左衛門・及川東蔵・田中寿兵衛の連名で、新島神主兼地役人・年寄中宛に出されている。

小田善兵衛は薩摩藩邸の江戸詰物奉行で、警護武士である川辺喜平太・岩崎甚内に対し、書状をもって次のように指示している。

江戸為御続米、川内表諸蔵之積合ニ而、御米千弐百九拾三石余積入、去冬川内表出帆、所諸（諸所）湊江致着候処風波強、伊豆之内新嶋ニ而本船致破船、積合御米之儀も致打荷、右之内千三百七拾三俵程ハ取揚、嶋役人方江相渡、干調為相頼度候由ニ而、右御米片付方義申越候ニ付、破船之次第得御差図候処、右之通塩濡米相成候ニ付而者、不御用立筈ニ候条、於其地法様次第、部壱相渡、残米之儀ハ上乗幷船頭計ひを以、於所ニ致入札、払代金取揃、差越候様ニ、有川勇馬御取次を以被仰渡候間、諸事都合宜様取計ひ入札払致シ、代銀取揃、無相違様可被差越候、尤帰帆ニ付而者、御代官所之儀ニ候間、御法様次第、別段可被仰渡候間、此旨申越候、已上

江戸詰物奉行　小田善兵衛　印

卯三月三日

川辺喜平太殿

岩崎甚内殿

江戸藩邸からの指示によると、御定法に従い「部壱」は現地にて支払い、残りについては干立米とはいえ塩濡米であるから、現地にて地役人と相談の上、入札により売却するようにとのことであった。

江戸から薩摩藩役人を新島に派遣することを、一度は計画したが、とりやめた理由は「公儀流人等之差越候場所之由ニ而、旅人不被差越候ニ付、此節者差引人不差越候」（薩摩藩江戸屋敷留守居柑本政右衛門書状）と流人の島であるから、派遣は困難との判断によるものであり、「尤其所役々致セ話候人江附届之儀ニ付而者、追而此方御吟味之上罷出儀ニ候」とも書き加えている。

分一として「干立米之儀於当嶋御払」し、その残りについては、新島で「致入札」したい旨を新島役所に伝えたが、「困窮之嶋方、夫食ニ買請度候ハヽ、大造之石数ニ候得者、金子調達力ニ及不申候」と、大量な米を買い取るだけの力は新島にはないと宰領衆に答えている。

かくして両者の協議により、干立米は新島役所で預かることとし、左の「預証文」を新島役所から宰領衆に渡している。

預り証文之事

干立

米四百九拾石弐斗五升三合四夕　但　上々干立・上干立・中干立・下干立

此俵千五百九拾四俵　但　入不同

一

赤籾弐斗九升弐合五夕　此俵壱俵

右者、此度当嶋之内式根嶋ニ而破船ニ付、取上ケ米干立、浦証文之通、御定之分一請取之、残米書面之通、拙者共江御預ケ被成、慥ニ預置申候、尤追而江戸表

薩州様御役人衆中、いつれ共御沙汰可在之旨被仰聞承知仕候、依之預り証文差出申所、仍如件

天明三年卯年三月三日　伊豆国新嶋

年寄　太兵衛
同　藤右衛門
同　与五兵衛
同　佐五左衛門
名主　元右衛門
神主　前田左近

松平薩摩守様御内
　川辺喜平太殿
　　岩崎甚内殿

また、船具等についても新島役所から船頭久（休）兵衛に対し、「分一」として金三分と銀六匁を受け取った旨の「覚」を発給している。三月二十日付の新島役所から伊豆代官所の重役（柏木直左衛門・及川東蔵・田中寿兵衛）宛書状によると、全乗組員二七人は、名主元右衛門が付き添って、江戸へ渡ることになった。

薩摩藩から預けられた米・籾について、その後どのように処理されたかは、記録が見当たらない。

天明二年十一月十六日に薩摩国川内湊を出帆した江戸薩摩藩邸用の穀物約一三〇〇石を積み込んだ藩御用船は、九州北廻り航路に沿って、関門海峡を抜けて瀬戸内海に入った。当時の日本沿岸航路は常に陸地を見ながらの航海である。神戸で警護役人の一人が急死するというアクシデントはあったが、年も改まり天明三年元日にここを出て紀伊半島をまわり、最後の難所遠州灘に差しかかった。正月二十二日のことである。現行太陽暦では海上の荒れる二月である。暦では春だが、実質的には厳しい冬季の真っ只中である。関ケ原の低地溝帯を通って吹き降ろすシベリア寒気団が、太平洋高気圧に阻まれて、東にねじ曲げられる。その強力な西風に木造船は木の葉のように弄ばれる。典型的な海難パターンである。

はるばる遠い九州から延々と航海してきた薩摩藩御用船は、最終目的地である江戸を目前にして挫折した。彼らはそれまで一度も耳にしたこともなかったろう、大海に浮かぶ無人島式根島に漂着した。しかし、これは限りなく幸運なことであった。一〇〇%に近い確率で、小さな島々の間を抜けると、あとは茫漠とした大海に消えるのみであった。たまたま漁業でこの無人島に逗留していた新島漁民によって救助され、からくも命を繋いだのである。

冬の遠州灘は魔の海域であることは、当時の船乗りたちには分かっていたことであろうと思う。自然の猛威を甘く見たか、自惚れたか、または絶対命令に従わざるを得なかったかなど今は知る由もない。海の男の蛮勇は、厳しい自然の前では無力であった。

二　天明四年紀伊国日井浦船

(1) 記録

紀伊国日井浦船の遭難にかかわる新島村役場所蔵文書には、左の史料がある。

①表紙には「天明四年辰（一七六四）二月　紀州日井浦直乗半太郎船破船一件諸書付控　新嶋」[13]とある。ここには「船頭・水主口書之事」と「覚」が収録されている。

②は①の続きで、「覚」「御注進」および「覚」がある。[14]

③には「船頭・水主口書証文之事」「御注進」と「覚」があって、[15]文意には若干の相違はあるが、ほぼ同一の内容

である。

（2）遭難・漂流

紀伊徳川家の領内紀伊国日井浦所属の直乗半太郎船は、船頭以下水主ともに一三人乗りの廻船で、天明四年二月に遭難している。

同年半太郎は大坂で廻船一艘を購入し、大坂で御屋敷（板倉様）米および商人米の合わせて九三〇石と糠一五〇俵を積み入れて、閏正月二十二日に大坂湊を出帆した。そこを出た時は東風であった。船はその日に兵庫湊に入津している。翌二十三日は北風で兵庫湊を出帆し、二十四日には紀伊日井浦（現在の和歌山県日高郡日高町）に入津した。半太郎船の母港となる湊である。しかし、ここでは一晩だけ停泊しただけで、早くも二十五日には順風の北風に押され、日井浦を出て南下した。翌日の二十六日には快晴で、しかも順風の西風であったことも重なった。黒潮に乗り快走して矢のごとく、一気呵成に紀伊半島を廻って、志摩国大尾（王）崎（三重県志摩市大王崎）に進んでいる。だが、その日の夜四ッ時（午後十時）頃、俄に雨となった。午未（南々西）風に吹かれ陸地から引き離されて、陸山が視界から消えた。

当時の航海は山を目視しながら船を進める方法であり、陸地から離されると不安になったことであったろうと思う。船頭半太郎は卯（東）の方向を目指して船を横手に走らせている。同夜七ッ時（午前四時）頃から風は西に吹き変わった。二十七日の朝五ッ時（午前八時）頃、さらに戌亥（北西）の風に変わり、大風・高波に襲われている。帆八反が吹き破られた。帆を降ろしたものの、ますます風波は強くなった。その日の昼八ッ時（午前二時）頃には大波に襲われて、外櫓が打ち落とされ浸水が生じた。船中大いに慌て、神仏に願かけし、懸命に働いている。

「殊之外大風・高波ニ而船難浮候ニ付」き、沈没を防ぐため「無是非荷物刎捨、湌を取」り、積荷を海中投棄し、浸水を防ぐなどの対策を施している。御屋敷米を下積みすることは、恐れ多いことであると思ってか、上部に積んでいた。そのこともあって、商人米より多量に刎捨てた。それでも船は安定せず、再度神仏に願かけしている。

二十八日朝に船が伊豆の神津島沖合にあるのに気づいた。しかし、大風・高波に翻弄され、浸水が再び始まった。ここでも再度積荷を刎捨て、船を停止させようと奔走している。昼八ッ時（午後二時）頃、船は三宅島沖合まで流されている。夜の四ッ時（午後十一時）頃に風は少し凪いだ。彼らは懸命に働き、どうやら浸水をくい止めることができた。

二十九日の朝五ッ時（午前八時）頃東風になった。彼らは力を得て帆を揚げ、陸地へ向けて船を走らせた。昼の七ッ時（午後四時）頃弱い東風で凪の状態になった。船は海流で再び東の方向へと流され、陸地から離されていった。ここで三度目の神仏への願かけをしている。

夜の九ッ時（午前〇時）頃より南風になり、再び陸地へと向かった。月が改まって二月一日の朝七ッ時（午前四時）頃には房総（現在の千葉県南部地方）の山が見えた。しかし、夜の四ッ時（午後十時）頃には北風に変わり時化になった。八ッ時（午前二時）頃より大風・高波に翻弄されている。帆の中程から吹き破られて船が危うくなり、陸地への接近の望みが断たれた。再び積荷を海中投棄している。その時に碇を海中に落とした。

二日の朝五ッ時（午前八時）頃に利島（東京都利島村。伊豆大島と新島の間に位置する島）を見た。彼らは島の南端に船を寄せることができた。碇三頭・綱三房を使い海中に垂らしたが、船を止めることはできなかった。さらに残っている碇まで用いたものの、大風・高波で綱が擦り切れた。ここに至って彼らはついに元船を放棄することに決め、全員艀に乗り移り岸を目指して漕いだ。激浪は艀を弄び、なかなか岸に着けることができなかった。大波が襲い艀は荒磯に打ち上げられた。彼ら一三人は必死に岸へはい上がり、なんとか全員が無事に上陸できたのである。艀は大破した。元船は風波に押されて新島の方向に流されていった。彼らはそれを目で追っている。漁船に引かれて島陰に繋がれているらしい。利島から新島がそのように見えたらしい。

彼らは人家を求めて歩いた。ようやく探し当て介抱されている。彼らは乗り捨てた船の行方を思い切ることができなかった。「元船之儀見続候得者、新嶋沖江流レ参候を、同三日漁船ニ而新嶋江引込候様子ニ相見江申候ニ付、可相成義ニ御座候ハヽ、船幷荷物共、私共貰請度候」と、彼らは利島の役人に、新島へ渡りたいと嘆願している。しかし、利島役所では、最初は「様子不相知義ニ候間、無用ニ可致旨被申聞候」と言った。しかし、彼らが強く新島への渡海を熱望するので、彼らの希望を受け入れている。

（3）流れ船発見

二月二日の未ノ刻（午後二時）頃新島では、「流レ船壱艘相見へ申候ニ付」と、水船らしい漂流船を発見している。遭難者がいるかもしれないので、「助ケ船差出度候得共、波風高、船難差出、見合」せながら、島役人は大勢の村人たちと、その船を浜辺で見守っていた。「申之刻（午後四時頃）過、少々波風静り候得共、前浜之岸波高」い状態は続いた。しかし、様子を確かめるために、二艘の漁船を出した。西風が強く、漁船は流れ船に近づくことが困難であった。それよりも確かめるために出した漁船が危うくなり、救助船三艘まで出している。三艘は岸を離れた途端に、「壱艘者大波ニ而打破り、残弐艘漸差出申候」という状況であった。

流れ船に接近した村人たちは、船に向かって大声で呼びかけた。何ら返答がない。五人の若者が泳いで流れ船に乗り込んだ。さらに声を掛けたが、それでも応答はなかった。船内を見ると荷物は散乱しており、人一人いなかった。俄に西風が強くなったので、彼らは身の危険を感じて、流れ船から海に飛び込み、漁船に戻り急ぎ避難している。

翌日の二月三日「早朝当嶋ゟ三里程沖ニ船壱艘相見へ候ニ付、昨夜之船ニ候哉」と船を出したりしている。別の遭難船であった。その日も「大西風雷時化」というような悪天候で、流れ船の様子もあまりよくは見えなかった。村人たちが海岸から見守っているうちに、「空晴風波も少々静り候ニ付」再び漁船を出した。流れ船に乗り移り淦を取り浸水を止めようとしたが、なかなかうまくいかなかった。そこで漁船数艘を使って、流れ船を地内島（新島の西海岸前浜の沖合に浮かぶ無人島）の島陰に繋ぎ留めることにした。「弥淦相増水船ニ罷成候ニ付」積荷の米だけでもと、少しずつ漁船に積み替えて、陸揚げを試みてみた。しかし、近い前浜は岸波が高く、荷揚げすることはできず、離れた黒根（新島前浜の南端）に陸揚げしている。その日も南からの大風・高波になり、作業を早々に切り上げている。四日も凪間を見て陸揚げ作業を継続し、積荷・船具や船糟などを陸揚げしている。

その日のこと、利島の漁船で島役人が半太郎らを連れて来た。直乗船頭半太郎や水主らは、この船の所有者であると申し立てた。新島役人の質問にも答えている。彼らの答弁から、流れ船が彼らの船であることは確かであると判断したが、往来手形や送状などの証拠になる書類はすべて流失したと答えている。さらに「御屋敷与申ハ何れ之御屋敷ニ而、米高何程ニ候哉」と質問されたことに、次のように答えている。

大坂伝法問屋北毛馬屋彦左衛門ゟ船積仕、送状請取候節、板倉様御屋敷与覚申候得共、前条之通送状致流失候故、御名幷米高相知レ不申候

いわゆる状況証拠は整っているが、確証となるものがないのである。しかし、当面の食糧と、利島船の雇い上げの費用などにあてるために、五〇俵の米を積荷から借用したいとの半太郎らの切実なる要請を拒否できなかった。当初は江戸の代官所の指示を待つよう言ったものの、乗組員の必要不可欠な食糧なので聞き入れ、要求通り五〇俵の米を貸付という形で渡している。

(4) 回収作業

二月四日から本格的な回収作業が開始された。大勢の新島島民は、海底には「むくりを入」れ、「磯際・磯辺迄成

たけ取揚」げている。立ち会いの船頭・水主に「此上可尋心当り之場所も有之候ハヽ、拙者共（新島役人）江可申聞旨」を伝えたが、これまでの探索で十分であると答えている。それでもさらに「沖江払出シ致流失候」物でもあろうかと、探索を続けている。

洋上ですでに多量の打荷をしており、特に大切な御屋敷米は船積みの際、上荷にしていたこともあって、「不残打荷ニ相成候哉」と、そのほとんどが刎捨てられている。下積みの商人米もどの程度残っているかなどは、まったく分からない状況であった。

陸揚げされた米は「其儘ニ而数日差置候而者汐腐ニ相成、一向用立申間敷候間、取揚次第干立」てて欲しいと、船頭・水主からの要請もあって、新島島民が手分けして、天日干しの処置を行っている。ただし、「乱俵升目不同ニ相成候」と、改めての俵造りには船頭らの立ち会いを求めている。

この海難事故が厄介なことに、乗組員や艀は利島に上陸し、本船と積荷が新島にあるので、手続き上複雑になっている。利島に史料が現存しておらず、正確なことは詳らかではない。とりあえず新島に現存する古文書には、回収品目を記録した「覚」(16)があるので、次に引用する。

覚

一　取揚高　千弐拾四俵　　内糠三拾九俵

　　内沢手米五拾俵　　水主飯米ニ相渡候分

　　残九百七拾四俵

　　　此訳

　百六拾壱俵　　沢手米

此干立米五拾石三斗壱升
　内
八拾俵　糯　但三斗壱升五合入
　此石弐拾五石弐斗
八拾壱俵　粳　但三斗壱升入
　此石弐拾五石壱斗壱升
七百七拾四俵　濡米
　此干立米弐百拾石弐斗五升五合
　此直シ俵六百拾六俵弐斗六升五合
　内
四拾四俵弐斗六升五合　糯　但三斗五升入
　此石拾五石六斗六升五合
三百八拾五俵　粳　但三斗五升入
　此石百三拾四石七斗五升
百八拾七俵　右同断　但三斗五升入
　此石五拾九石八斗四升
糠三拾九俵　但乱俵

沢手粳八拾壱俵
　此石弐拾五石壱斗壱升
同糯八拾俵
　此石弐拾五石弐斗
〆濡粳五百七拾弐俵
　此石百九拾四石五斗九升
同糯四拾四俵弐斗六升五合
　此石拾五石六斗六升五合
糠三拾九俵

右は船積みされた米および糠のうち、回収された積荷である。次は回収された船具や船糟のリストである。

一　打廻シ　内壱そう切　弐そう
一　か〻苧小切　壱筋
一　弥のを　弐房
一　ミなわ切　弐房
一　手なわ　壱房
一　引手小切　三筋
一　いろびか〻苧　壱房
一　く〻里なんはん　壱つ
一　ミなわ　壱房
一　引手切　壱筋
一　手なわ切　弐筋
一　か〻苧　壱筋
一　く〻里切　壱筋
一　ゆりこし切　壱筋

一　まへかけ　壱筋
一　くりぬき切　弐筋
一　しりかけ切　壱筋
一　麻　拾四把
一　帆　大小　弐拾弐切
一　楫柄　壱本
一　櫓　壱本
一　船糟　少々
一　手なわ弥のを　壱つ
一　けたたまこ　壱つ
一　引手小切　弐筋
一　や帆　五端
一　帆四切結　壱丸
一　碇　三頭
一　帆桁　壱本

〆弐拾九品

天明四年辰二月八日付の「船頭・水主口書証文之事」[17]は、直乗船頭半太郎・水主吉次郎の連名で、新島役所に提出されている。新島役所から紀伊国日井浦直乗船頭半太郎および船荷主衆中宛の「覚」[18]は天明四年辰二月十七日付で出されている。天明四年辰二月付の「御注進」[19]は新島役所から代官江川太郎左衛門役所宛に報告されている。

干立てた米や糠、および回収された船具・船糟は代官所の指示があるまでの間、新島役所で保管する。しかし、代官所の指示のあるまで待つよう申したが、船頭らのたっての要請によって、船乗りたちの日々の食糧でもあり、とりあえず新島役所の裁量で、米五〇俵を貸し付けという形で渡した旨を述べている。

代官所からの指令書は現存していないが、おそらく存在していたことは確かである。M2―9文書として収載されている二点は、辰六月朔日付の「覚」、および辰六月二日付の「覚」である。これは代官所からの指令書を受け取った後に作成されたもので、右の二点の「覚」は次の通りである。

覚

濡干立米

一　米高弐百八石七斗六升五合五夕八才

此俵六百拾壱俵ト三斗壱升五合五夕八才

百石ニ付金拾九両割

運賃金三拾九両弐分ト九文九歩弐り

内金五両也　沢手升引

但新嶋ゟ江戸廻シ船中増

一　糠三拾四俵五厘

内五俵ハ運賃ニ相渡ス

〆金三拾四両弐分弐朱弐文四歩五り

此儀弐百三拾三文

右之通荷物慥ニ請取、運賃相渡申候、以上

惣荷主代　川村八兵衛

辰六月朔日

代庄助印

同　日高屋五兵衛印

日井半太郎

新嶋

二　天明四年紀伊国日井浦船

平七殿
太左衛門殿
問屋
善蔵殿

覚

一　船道具弐拾六品
運賃金五両也

右之通、船道具慥請取、運賃金不残相渡シ相済申候、以上

半太郎

辰六月二日

日高屋五兵衛印

新嶋　平七殿

問屋釜屋善蔵殿

干立米は現地新島で入札された。江戸の商人が買い受けたらしい。新島船で江戸へ運搬したことがこれら「覚」から窺える。江戸商人川村八兵衛と日高屋五兵衛の中でも、川村八兵衛は豪商河村瑞賢の系譜にある商人である。新島の平七と太左衛門は新島の有力者で、新島本村の年寄役に彼らの名が見える。江戸までの運搬責任者であろうか。問屋釜屋善蔵は江戸の伊豆七島宿である。これらによって、干立米は江戸の商人に売却されたことが推定される。

三　寛政二年摂津国大坂船

（1）記録

寛政二年（一七九〇）の大坂船の遭難に関係する記録[20]は次の一二点である。

①寛政二年戌二月六日付　差上申一札之事
大坂塩飽屋卯兵衛船の沖船頭伊兵衛および水主らから、新島役所へ提出した書類。

②寛政二年戌二月六日付　一札之事
大坂船乗組員に対する在島心得の一札を新島役所へ提出したもの。

③寛政元年十二月付　諸所通行手形
肥後細川藩（荷主）から諸国の関係役所に提示する往来手形。

④寛政元年十二月付　浦賀御番所通行手形
細川藩から浦賀御番所宛の往来手形。

⑤寛政元年十一月十八日付　積廻申新米之事
九州肥後藩役所から江戸肥後藩蔵屋敷への送状。

⑥寛政元年酉三月付　往来手形
船主（大坂中之嶋常安町塩飽屋卯兵衛）発行の往来手形。

⑦寛政二年戌二月九日付　船頭・水主口書証文之事

出港から遭難に至るまでの陳述書、および回収物品目録。

⑧戌二月九日付　覚

回収物品の売却、および「分一」にかかわる書類。

⑨寛政二年戌二月九日付　浦証文之事

新島役所発給の証文で、遭難の経緯や回収物品の目録など、全容を記述した細川家宛のもので、その写を代官所・浦賀御番所などへ提示している。

⑩戌二月九日付　書簡

浦証文の写を代官所へ提出した際に、新島役所から代官所の担当役人に宛てた書簡。

⑪寛政二年戌二月十五日付　差上申手形之事

遭難者を新島から江戸へ送るための通行手形で、浦賀御番所宛。

⑫戌二月十九日付　乍恐以書付奉申上候

遭難者の在島中の食糧代の受取を代官所へ報告。

(2) 往来手形および送状の内容

出帆に先立ち、必要不可欠な重要書類のうち、往来手形については荷主（細川藩）と船主（塩飽屋卯兵衛）が発行したもので二通ある。

まず、肥後細川藩が発行した手形は次の二点。

細川越中守用米、廻船を以、江戸江積廻候ニ付、為宰領家来之船頭壱人差越候条、往来無異儀御通可被致候、以上

寛政元年十二月　　　　　　　　　　　　　　野間文左衛門　書判

所々

御役所

これは諸国・諸藩の港湾番所などの関係する役所に提示するものである。積荷は肥後細川藩の江戸藩邸用の米で、当家家臣の宰領が同乗している旨を明記したもので、通行を容易にするための書類である。手形の内容は、肥後細川藩江戸屋敷用米一一六五石余を、国元から江戸田町にある蔵屋敷まで送るというものであった。

なお、浦賀御番所は幕府が設置した船改役所であり、別立てになっている。

手形

細川越中守用米廻船を以、江戸江積廻候ニ付、為宰領家来之船頭壱人差越候条、無異義被成御通可被下候、以上

細川越中守内　野間文左衛門　印

寛政元年十二月

浦賀

御番所

浦賀御番所は江戸湾の入口に設置された、幕府直轄の船改所で、特に重要視されていたことが窺える。

次に、船主発行の往来手形は次の通りである。

往来

一　弐拾七反帆船　久宝丸沖船頭伊兵衛・水主拾八人乗

右者、私所持之船ニ而、乗組沖船頭・水主ニ至迄宗旨相改置、万事慥成者共ニ而御座候間、所々御改所無異儀

御通可被下候、以上

大坂中之嶋常安町　塩飽屋卯兵衛　印

寛政元年酉三月

諸国津々浦々

御改所

船主発行の手形は、船と乗組員について明記している。往来手形は船番所などの船改所に提示するものだが、遭難した場合には、その地の役人から、まず提示を求められる重要書類で、船頭は命に代えて保管所持することになっている。これら往来手形とともに、提示を求められる重要書類が、船荷の送状である。

積廻申新米之事

合千百六拾五石七斗六升

但三斗弐升入　　三千六百四拾三俵

三拾俵□ニ〆三俵宛□廻□

升目九拾壱□弐合七夕

右者、河尻蔵米、久宝丸を以、江戸為扶持米積廻候ニ付、右沖船頭伊兵衛江六拾八□半之試石、幷包米相添積渡候条、送前引合可有御請取処、如件

黒瀬安兵衛

高場半助　印

黒瀬平次郎　印

寛政元年十一月十八日　江藤庄次郎　印
山口専右衛門印
湯川　印

江戸田町肥後蔵屋敷
伊佐曽右衛門殿
上野善大夫　殿
小野理兵衛　殿

これらは必要不可欠の重要書類と位置づけられている。なお、この送状から、肥後細川藩の蔵屋敷が田町にあったことが分かる。細川越中守の中屋敷および墓地も田町（現在の東京都港区高輪）にあった。(21)

（3）遭難の経緯

摂津国大坂中ノ嶋常安町塩飽屋卯兵衛船は、沖船頭伊兵衛以下一八人乗りの廻船（久宝丸＝二七反帆）である。九州肥後国川尻で細川家の御用米一一六五石余（三六四二俵）を船積みし、寛政元年（一七八九）十二月一日にそこを出帆した。

翌年の寛政二年正月十五日の明方に摂津国兵庫湊に入津、二十四日北風でここを出て、その日の夜酉ノ中刻（午後七時）には、紀州「ゆら」（由良）（現在の和歌山県日高郡由良町）に入津した。翌日は雨で風模様も悪く停泊し、二十六日には乾（東南）風で出帆、順調に航海し、翌二十七日申ノ下刻（午後五時）頃には同国「ささら浦」に無事入津した。

二十八日風は北からの順風に乗ってそこを出帆し、大尾（王）岬（現在の三重県志摩市）まで来た。その頃から坤（東南）風に変わった。雨も降ってきた。岬を廻り込んだところで天候は回復し、志摩国安城湊（現在の三重県鳥羽市）を目指した。しかし、その日の夜中「丑之刻」（二十九日午前二時頃）になって、俄に「出し風」[22]が強く吹き出した。直ちに帆を降ろして陸地から離されまいと懸命に働いた。しかし、強風・高波は募るばかりであった。碇を海中に吊り下げて流される船を安定させようと全員必死になった。

二十九日、風波はさらに強まるばかりであった。櫓に檜綱二房を海中に垂らし、船の転覆防止に努力した。「未之下刻」（午後三時頃）に全員髪を切って神仏に祈っている。このままでは船は転覆を免れないと判断した彼らは、相談の上、是非なく積荷を刎捨て、帆柱を切り倒した。突然、高波に面舵・取舵の台が壊され、外艪が落ち波に攫われ、船は漂流状態に陥った。船神に吉凶を占った。罫には陸地から百二、三十里も引き離されていると出た。

二月一日の辰刻（午前八時頃）、風は俄に南に吹き変わったので、直ちに陸地へと向かった。申刻（午後四時頃）には西風に変わった。真艪につかせたものの、戌刻（午後八時頃）には再び「出し風」になっている。夜中じゅう風は吹き募るばかりであった。大風・高波に襲われ、舵も打ち折られた。浸水も生じた。舳先部分が高波に打ち壊されて、浸水を防ぐことが不可能になった。浸水は増すばかりであった。「丑之刻」（三日の午前二時頃）また風向きが変わって、巽（東南）風になったが、船は風波にまかせるだけで、漂流を続けるのみであった。

三日の朝に島山が見えた。彼らは神津島の沖合に船が漂流しているのに気付いた。「辰之刻」（午前八時頃）から西風になり、さらに風波が強まった。船中の浸水は「七、八尺」（二メートル以上）にも達した。浸水はさらに増し、ついに全員が艀に乗り移った。「申之中刻」（午後五時頃）艀は式根島東浦に吹き寄せられた。人が磯先で手を振って招いているのが見えた。力を得て漕ぎ寄せた。数人が出てきて艀を引き上げてくれた。一人の怪我人もなく、全員が上陸できた。すぐに納屋へ連れて行かれて介抱された。

式根島は無人島だが、この時にたまたま本島から漁業に来ているのだと話された。海が荒れて彼らも本島へは戻れずに、自分たちの食糧も乏しくなっており、サツマイモしかないがそれでもいいかと言われて分け与えられた。生き返った。元船は見えていたが、すでに夕暮れも迫っていた。

翌四日の朝になって見ると、元船の姿はなかった。案内されて、式根島の各所から見たが、元船はどこにも見当たらない。沈没したのだろうか。浸水が激しく水船になったのか。吹き流されてしまったのか。砕け散ったのだろうか。それとも夜中に吹き荒れた西風で「何方江流失候哉、一切相見江不申候」と、落胆の様子が窺える。西風は吹き荒れ続け、本島からの救援の望みはなかった。本島へ渡海することもできない。島民は乏しい食糧を彼らに分けて飢えを凌いだ。六日になってようやく風は少し凪いだ。全員は漁舟に乗って本島へ渡ることができた。先行した村人の知らせを受けて、島役人や大勢の村人たちが海岸で待ち受け、引き上げてくれた。

浦賀御番所切手などの提示を求められた。それらは船頭が命をかけて守り抜いていた。しかし、手形には一八人乗りとあるが、数えたところ一七人で一人不足していると指摘されている。切手の人数と実際の人数に食い違いがあったが、乗る前からの説明をしている。

(4) 所持品

彼らが所持していたものは、わずかに次の通りであった。

有物之覚

一　艀　壱艘　但上棚破痛　　一　同楫　壱羽
一　同櫓　六梃　但内弐梃痛　　一　大かい　弐梃
一　小かい　弐梃　　一　細物　三筋　但切々
一　湌取　壱本　　一　はやを　六筋

一　鳶口　　壱本

〆　九口

これがすべてであった。九州肥後国から一〇〇〇石を越える大量の米ばかりではなく、廻船そのものまでも、彼らは失った。残ったのは一艘の小さな艀のみであった。これらは持ち帰ることができないので、新島で売却している。その売却代金については、次の「覚」に記録されている。

覚

一　艀　　壱艘　但上棚痛　　代金三分
一　同楫　壱羽　　　　　　　代銀五分
一　同櫓　六梃　但内弐梃痛　代金弐分ト銀三匁
一　大かい　弐梃　　　　　　代銀六分
一　小かい　弐梃　　　　　　代銀三分
一　細物　三筋　但切々　　　代銀壱匁五分
一　淦取　壱本　　　　　　　代銀弐分
一　はやを　六筋　　　　　　代銀六分
一　鳶口　壱本　　　　　　　代銀壱分

〆　金壱両壱分ト六匁八分
　　内銀四匁九り　廿分一引
　此銭三百九拾弐文　受取

残金壱両壱分ト銀弐匁七分壱り　相渡申候

右之通ニ御座候、以上

戌二月九日

伊豆国新嶋

年寄　太兵衛

名主　青沼元右衛門

摂州大坂中ノ嶋常安町

塩飽屋卯兵衛船

沖船頭　伊兵衛殿

当時の法規によって、「廿分一」は現地に納入している。「分一」法による二〇分の一は浮物を回収した時の比率で、乗組員とともに艀を陸へ引揚げたということである。

一八人の中には藩米輸送の責任者として、細川藩の武士元岡市平太（三〇歳）がいた。船頭伊兵衛は二九歳、舵取平八は五一歳で、一番若い炊の辰次郎は一八歳であった。乗組員の年齢構成を表4にまとめた。

表4　乗組員の年齢構成

年代	人数	名前
五〇	一	平八（舵取）
四〇	二	吉五郎　吉郎兵衛
三〇	七	太三郎　政吉　喜助　次郎兵衛　清次郎　吉兵衛　吉平
二〇	五	伊兵衛（船頭）　七兵衛　弥助　富蔵　伝次郎
一〇	一	辰次郎（炊）

彼らが上陸した新島は御公儀が流刑に処した流人がいるので、島内で流人には出会ってはならない、島を出る時には書状・伝言や内通はしない、万一違反した場合はどのような刑罰も受ける、という誓約書を提出している。

彼らは二月十五日に島役人（年寄）市右衛門に付き添われて江戸へと帰って行った。

四　寛政四年薩摩国川内京泊船

（1）記録

寛政四年（一七九二）薩摩国川内京泊庄八船の遭難に関する記録[23]は、次に掲げる一三点の史料である。

①寛政四年子正月二十六日付　船頭・水主口書証文之事

船頭・水主らの陳述で、遭難に至る経緯および所持品についての口書。

②寛政四年子正月二十六日付　浦証文之事

船頭・水主らの口書き証文によって作成した記録で、新島役所から薩摩藩御船方役人衆宛の証文。

③寛政四年子正月付　差出申一札之事

在島中の誓約書で、船頭・水主らから新島役所へ提出。奥書には薩摩藩士の二人が署名している。

④寛政四年子正月付　一札之事

在島中の誓約書で、船頭・水主らから新島役所へ提出。奥書には薩摩藩士の二人が署名している。

⑤寛政三年亥六月二日付　御切手写

通行手形、薩摩藩取次宿肥田喜左衛門名で発行。上包には浦賀御番所とある。

⑥寛政三年亥十月二十八日付　通行手形

薩摩藩から浦賀御関所宛の通行手形である。

⑦寛政三年亥十月二十八日付　通行手形

薩摩藩から諸国船役所宛の通行手形である。

⑧年月日不祥　封状（六点）

封状の表書および裏書で

・川内表御仕立方代官赤坂平之進から、江戸詰物奉行衆宛のもの。

・京泊津口番所椛山孫右衛門・白石直三郎から、江戸詰作事奉行衆宛のもの。

・久巳（見）崎詰船奉行平田平右衛門から、江戸詰物奉行衆宛のもの（三点）。

・御蔵取締掛蔵方目付堀与右衛門から、江戸上屋敷詰横目衆および蔵方目付衆宛のもの。

⑨寛政四年子正月二十六日付　指上申一札之事

船頭・水主らから私物（衣類）の請取について。

⑩子正月二十六日付　書簡

新島役所から江川代官所の柏木直左衛門・森田永四郎宛のもの。

⑪二月三日付　書簡

新島役所から伊勢屋忠兵衛宛のもの。

⑫二月三日付　書簡

新島役所から笠屋庄九郎・加渡屋久兵衛宛のもの。

⑬寛政四年子二月十三日付　差出申手形之事

新島役所から浦賀御番所宛のもの。

（2）出港準備

出港に先立ち、九州薩摩国松平豊後守の領地では、慌ただしく準備に追われている。松平豊後守は薩摩藩主島津斉宣のことで、島津家二六代当主である。安永二年（一七七三）生まれ、天明七年（一七八七）に家督を継いでいる。当初豊後守に叙せられ、後に薩摩守になる。

継豊─┬─宗信
　　　└─重豪─斉宣

すなわち、松平豊後守の領地は薩摩国で、廻船の出港地「京泊」は川内川河口の北岸にあった湊である（現在の鹿児島県薩摩川内市）。出港に先立つ準備の一つは、通行手形や送状などの関係書類作成がある。

御船手取次宿肥田喜左衛門は、二五人乗り廻船の手配をした。「切手（通行手形）」は藩米などを国元の薩摩国から、江戸の薩摩藩蔵屋敷まで運送することを請負うものである。輸送終了後はこの「切手」の効力は消滅する。薩摩藩は相模浦賀御番所と、諸国船役所宛の往来手形を作成している。次に引用するものは、浦賀御番所宛の手形である。

松平豊後守江戸屋敷用穀物船壱艘、船頭・水主弐拾五人、外宰領弐人、江戸江差遣申候、御禁制宗旨之者ニ而無御座候之条、無異儀御通可被成候、以上

松平豊後守内

寛政三年亥十月廿八日　平田平右衛門　印

相模浦賀
　御関所

送状については記録はないが、封書で竪紙形式になっており、封書の表書は、

江戸
物奉行衆

川内表御仕立方御代官
赤坂平之助

になっている。推定だが、内容は船積みの米・炭および唐竹などの分量を記載し、国元の薩摩国から江戸薩摩藩屋敷へ送るというものであろう。なお、京泊津口番所から江戸詰作事奉行宛の封書がある。表書には、「沖船頭京泊之弥兵衛御差荷幷送状」と書かれている。裏には差出人として、京泊津口番所椛山孫右衛門・白石直之助両人の署名がある。久巳(見)崎詰御船奉行平田平右衛門から江戸詰物奉行宛のものには、「京泊之庄八船見証文見届問合」および「京泊之庄八船起炭六拾俵送状」と書かれており、送状であることが推定される。

(3) 出帆から遭難まで

薩摩藩江戸屋敷での続米九八九石余(三〇九一俵、一俵は三斗二升入)および炭六〇俵と「から(唐)竹」三〇本などを積み込んだ。

薩摩国川内京泊庄八船には、沖船頭弥兵衛ら水主二五人と、宰領衆二人の計二七人が乗って、寛政三年(一七九一)十一月十六日に京泊湊を出帆した。二十六日には肥前国大村の松嶋浦(現在の佐賀県西海市松島)に入津したが、順風が得られず、ここで一〇日間以上も足止めされている。

松嶋浦を出たのは師走十二月八日で、その日のうちに平戸の田助湊(現在の長崎県平戸市田助で、平戸島の北端の湊)に到着した。二日後の十日に出帆し、翌十一日に中筑前「ありの島湊」(現在地不明。中筑前とあるところから、現在の福岡県福岡市博多港辺ヵ)に入津、十四日にそこを出て、翌日に長門国下関(現在の山口県下関市)に入った。同日には早くもここを離れ、十九日には兵庫湊（現在の兵庫県神戸市）に到達している。兵庫湊を出帆したのが二十四日で、二十六日には紀伊国比井の大浦（現在の和歌山県日高郡日高町比井）まで来ている。瀬戸内海は順調に航海していることが読み取れる。

彼らは大浦湊で新年を迎えたものの、早くも寛政四年正月二日には出港し、四日の夜半に志摩国安乗湊（現在の三重県志摩市安乗）に入った。ここを出たのが十九日の朝四ツ時（午前十時頃）で、西風が吹いていた。一年の間で最も危険な冬期に遠州灘に船を出したのである。

遠州掛川（現在の静岡県掛川市）沖合まで来た頃には夜になっていた。その頃から風波が強まってきた。夜の五ツ時（午後十時）頃には御前崎（現在の静岡県御前崎市御前崎）の沖合を走っている。風波はさらに強まって危険に晒されたので、髪を切って諸神に祈った。油断なく彼らは懸命に働いた。大風・高波で人力及ばず、ここで自分たちの食糧米や炭を海中投棄している。さらに風波は強まるばかりで、船に転覆の危険が迫った。ついに御用米まで刎捨てざるを得なくなった。

宰領衆たちをはじめ全員と相談の上、三〇〇〇俵余の中の七〇〇俵の御用米を海中投棄し、帆を降ろし、綱二房を垂らして船の安定を図った。

伊豆国の一〇里程沖合[24]に来た時に舵廻りの「尻かけ」が打ち砕かれ、櫓が壊れて海中に落ち流された。必死に働きどうにか舵が廻るようになった。夜が明ける頃に新島が見えた。船を島陰に寄せようと懸命に働いた。新島の東沖合の一里程の所で碇六頭・綱一二房を垂らして船を止めたものの、風波が強く留め切れていない。その上浸水も始まり、必死に働いたが浸水は増すばかりであった。船は島から引き離されつつあった。助かるためには艀で脱出する以外にはなかった。

宰領衆を交え全員が相談の上、本船を捨てて艀に乗り移ることにした。とりあえず米三俵と必要最低限の衣類だけを持って、二十日の昼四ッ時（午前十時頃）に全員艀に乗り移った。しかし、大西風・高波で艀は翻弄され続けた。その上、岸波が高く上陸できない。折角積んだ米だが、これも刎捨てている。昼七ッ（午後四時頃）過ぎに、ようやくのこと島陰に入ることができた。大勢の村人が出て艀を引き上げ、乗組全員二七人は怪我もなく救出されたのである。

上陸したのは新島の若郷村であった。本村から暮時に島役人が出張してきて、早速事情聴取があった。船頭・宰領衆たちは重要書類を守っていた。元船は段々と沖へと吹き流されていった。翌二十一日早朝、村人の案内で高い山に上り見回したが、大西風・高波によって流失したのか、本船の姿はどこにもなかった。残ったものは艀一艘と櫓六梃・手綱二筋・はやを六筋の四品だけであった。

衣類の入った柳こうり二つと、風呂敷包一五個が岸に打ち上げられていた。艀などは島で売却し、金一両二分と銀七匁一分になり、法規により「二〇分一」が村に支払われている。柳こうり二つと風呂敷包一五個は、「分一」から除外して、各人にそれぞれ手渡されている。

乗組員の年齢構成を表5にまとめた。なお、宰領衆は薩摩藩武士の都留伊織と二渡与右衛門で、年齢は不明である。

表5　乗組員の年齢構成

年代	人数	名前
四〇	六	弥兵衛（船頭）　紋左衛門　佐衛助　関助　与助　喜八
三〇	八	藤蔵　伊右衛門　四郎次　貞右衛門　五右衛門　伊勢松　善蔵　金太郎
二〇	八	金五郎　助右衛門　与市郎　亀助　休三郎　孫市郎　和助　平太郎
一〇	一	嘉太郎
不明	二	清助　源右衛門

五　文化三年日向国佐土原船

（1）記録

この遭難に関係する記録は、新島村役場所蔵文書では次の五点がある。

①文化三年寅（一八〇六）八月付　乍恐以書付奉申上候[25]
　新島役所から伊豆代官萩原弥五兵衛役所に宛てた上申書。
②文化三年寅八月付　浦証文之事[26]
　新島役所から松平薩摩守御船方役人宛。
③文化三年寅付　差上申手形之事[27]
　新島役所から浦賀御番所に宛てた文書。
④文化三年寅八月十一日付　口書証文之事[28]
　遭難した日向国佐土原郡徳野口惣兵衛舟沖船頭八左衛門以下一〇人の舵取・水主・炊の連名で、宰領衆である松平薩摩守家臣の二野方覚左衛門・草道三左衛門両人が立ち会い署名し、新島役所へ提出した文書。
⑤文化七年四月付　差上申一札之事[29]
　新島役所から伊豆代官滝川小右衛門役所に宛てた文書。

（2）遭難

文化三年八月九日の朝、前浜沖に一艘の廻船が乗りかかっていた。見ると船は碇を入れて留めようとしているようだが、「俄ニ風波強相成」り、思うようにはならない様子であった。船から「まね」（旗印）が揚がった。救助の要請である。直ちに漁船を出動させようとしたが、風波が強く高波が打ちかかり助船を出すことすらできなかった。海は一日中荒れ狂った。

翌十日になってもまだ収まる気配すらないが、「四ツ半頃、少々風波も和キ候間」、間合いを見計らって、島役人が直接乗り組み、かの船に接近した。しかし、船を接舷することは不可能であった。そこで、「乗組之内三人」泳ぎの達者な若者が海に飛び込み、かの船に取り付いた。

船は島津淡路守支配地の日向国佐土原徳野口の惣兵衛船で、沖船頭・水主ら一〇人乗り、加えて警護役人二人であることが判明した。積荷は薩摩藩主松平薩摩守江戸屋敷御用材木とのことであった。船積みされていた材木などは、

杉角	四五〇梃（大小共）
松杉板	三九〇枚
杉皮	八〇間
平木	二〇〇〇束
白灰赤土原之土	七九俵
釘	三一箇

で、薩摩国鹿児島表（現在の鹿児島県鹿児島市）でこれらを船積みし、「才料（宰領）衆二之方覚左衛門殿・草道三左衛門殿与申仁乗組」、六月二十一日鹿児島表を出帆している。

二十二日には桜島（鹿児島湊の対岸）に入津し、その日の夜四ツ時（午後十時）頃には出港している。二十九日の昼四ツ時（午前十時）頃に薩摩国御手洗浦（鹿児島県指宿市枚方神社の御手洗浦は山川湾）に入り、七ツ時（午後三時）頃に

はそこを出帆した。しかし、それからの航路の記録がなく、七月一日には讃岐国多度津（現在の香川県仲多度郡多度津町）に入港、翌二日にはそこを出帆しているとあるだけで、熊本・長崎を通り、下関から瀬戸内海に入る航路を取ったのか、大隅半島を廻って志布志・大分を経由し、瀬戸内海に入る航路を取ったのかは詳らかではない。ただ、この船が日向国佐土原の船であるところから、後者の大隅半島を廻る航路を取ったとする方が、可能性としては高いと思われるが、断定できない。

船は五日に紀州熊野湯羅之内（現在の和歌山県日高郡由良町）に入津し、そこを出港したのが八日の朝であった。十二日には「さじ良湊」（現在地不明）に到着した。

十七日に贄湯口（現在の三重県度会郡南伊勢町贄浦）の沖合に差しかかった。七ツ時（午後四時）頃のこと、俄に東からの大風が吹き荒れ、風波が強く高波になった。碇二頭を綱で下げて船の安定を図った。少し静まり綱を切り捨てて贄浦湊に逃げ込むことができた。二十二日にそこを出帆したものの、「風波烈敷相成」り、海が荒れて引き返している。

八月四日の朝、同所を出港した時は西風であった。夕方風は南になった。五日は湊（不詳）付近で半日船を乗り回したとあるところからみて、修復なった船の試運転というところか。六日には西風に乗って遠州灘に乗り出し、八日の朝には伊豆国石廊崎辺りまで来ている。だがここで、強い乾（北西）の風に遭い、陸地へ船を寄せようと懸命に努力したが思うようにはならず、陸地から引き離され、「次第ニ沖江被流出」れていった。かくしているうちに、前後が分からなくなり、その上、「少々あか之道も相見へ候」と、浸水が起きている様子が読み取れる。島影（新島）を見かけたので、その島陰に入り、しばらく船を滞留したいと考えていたので、やっとの思いでここまで凌ぎながら来た。

島の漁船が様子見に漕ぎ寄せてきたので、湊の場所を尋ねたところ、この島には湊がないと言われた。しかし、近くに新島持ちの無人島とはいえ、式根島には風待浦があると言うので、そこへの案内を乞うた。「尤当嶋持式根嶋与申所ニ西風除之懸り場ハ有之候」ものの入江は小さく、「右躰之大船」では無理であろうとして、案内人を付けることにした。場所はここから二里程離れているとも知らされている。その日はすでに暗くなっていたので、曳航は翌日ということになった。

十一日明け七ツ時（午前四時）頃には風波も静まり、五ツ時（午前八時）頃に島役人が日向船を尋ねると、皆元気にしていた。式根島に船を廻し、船具の不足分を補充したらいいと言ったが、このまま直接江戸へ行きたいと言うのでそうすることになった。しかし、江戸まで行くには碇や綱の補強が必要だということになり、切り落とした碇を探すと言う。島民も協力して、海底に沈んだ碇を探したが、海底までは二五尋もあり、汐の流れが早く、見つけることはできなかった。すでに夕方になり、風は乾（北西）に吹き替わった。本土へは逆風になるので、碇や綱が不足していては、とても出帆は無理である。そこで出帆を十二日と決めて、とりあえず式根島に停泊することになった。

「同十二日朝式根嶋懸り場へ乗廻度申之候得とも、段々風雨・高波ニ而、其廻候儀も相成不申、然処同日」の八ツ時（午前二時）頃から辰巳（東南）風に変わり、風雨・高波がさらに激しくなり、海の様相が激変した。船乗りたちは髪を切り竜神に願かけし、懸命に働いたが、浸水が生じ、さらに高波が打ち込み水船になった。もはや暮時にもなり、彼らはついに諦めて全員艀に乗移り、元船から脱出した。しかし、海岸近くで、艀は打ち返され、全員は海中に放り出された。

海岸で様子を見守っていた島民たちは、彼らの救助に懸命に働いた。幸いなことに全員怪我もなく助け出されたのである。艀は転覆し、柳こうり五つ、風呂敷包三個が海岸に漂着しただけで、あとはすべて流失している。

十三日朝六ッ半（午前六〜七時頃）までは元船は見えていたが、波に揉まれ打ち砕かれて散乱した。散乱した積荷など「浜辺江流寄」った積荷などは、島民の手によって回収作業が行われた。回収された物は次の通りであった。

杉角木（大小）　三二〇梃
小わき物（大小）　一五〇本
松杉板　二五枚
平木　一五二束
折痛小脇物　二六本

回収分については、「分一」の法規に従い「二〇分一」を新島に納入することになっている。破壊された船の破片などは次の通りであった。

帆柱　但し切裂けて二つになっているが元は一本　代銀八匁五分
梶　一羽　「空白」
舟滓　折れ割れさつは品々、及び艀さつは共　代金一両ト銀五匁八分九厘
艀の櫓　四丁　艀の櫂　一梃　代金一分ト銀四匁二分

これらは現地新島で、「船頭・水主立会」の元で、入札の手続きを経て売却し、金一両二分ト銀三匁九分九厘になった。浮荷物取揚げなので、法規に従い「二〇分一」を新島に納入（銀九匁三分九厘）し、残り金一両一分と銀九匁二分三厘が船頭に渡されている。

材木については、江戸屋敷からの指示があるまで新島陣屋で保管することになった。また、彼らの回復を待って、新島の勘兵衛船に乗船し、島役人が付き添って、全員は江戸へと送られていった。

注

（1）新島村役場所蔵文書　整理番号M2―5。

（2）新島村役場所蔵文書　整理番号M2―6。

（3）「シエモツ」のルビが付されている。蔵役人として別府吉兵衛の署名があり、薩摩藩の地方蔵役所の一つ。

（4）「ムコウシエモツ」のルビが付されている。蔵役人として田代孝助・郡山四郎左衛門の署名があり、薩摩藩の地方蔵役所の一つ。向田は川内川河口から約一三キロ上流に位置する。現在の薩摩川内市内。

（5）「クマノジヤクミ」のルビが付されている。手代星山喜八の署名があり、薩摩藩の地方役所の一つ。川内川河口から約一三キロの上流に位置する。現在の薩摩川内市内。

（6）「クミ」のルビが付されている。手代□兵衛の署名があり、薩摩藩の地方役所の一つ。川内川河口から約二四キロ上流に位置する。現在の薩摩郡さつま町内。

（7）「ゴモツホウ」のルビが付されている。手代梶原喜右衛門は「川内与高江手代」を兼務している。

（8）「天明三年卯正月薩州川内孫七船漂着一件留」（新島役場所蔵文書　整理番号M2―5）に一件記録として収録されている。

（9）「むくり漁」は素むぐり漁で、主としてサザエ漁。沈船事故が発生した場合、むぐり漁師が海底作業に動員される。

（10）天明二年（一七八二）伊豆国御用船遭難は、八丈島雇いの三宅島新八船が五月に新島持ち式根島であった海難事故。

（11）天保四年（一八三三）伊豆国新島船遭難は、八丈島雇いの新島大吉船が式根島で八月にあった海難事故。

（12）二〇歳の水主。船主孫七、沖船頭休兵衛と同じ船間嶋の人。

（13）新島村役場所蔵文書　整理番号M2―8。

（14）新島村役場所蔵文書　整理番号M2―9。

（15）新島村役場所蔵文書　整理番号M2―10。

（16）新島村役場所蔵文書　整理番号M2―9。

（17）新島村役場所蔵文書　整理番号M2―8・10。

（18）新島村役場所蔵文書　整理番号M2―8。

(19)　新島村役場所蔵文書　整理番号M２―９。
(20)　新島村役場所蔵文書　整理番号M２―12。
(21)　肥後細川氏の中屋敷があった。赤穂藩士大石内蔵助ら一七人の浪士が、この細川藩中屋敷で切腹したことで知られている。細川藩の上屋敷は現在の東京都千代田区大手町にあり、隣接地は伝奏屋敷と評定所があった。
(22)　陸地からの風で、船は陸地から離されて、沖合へと流される。当時は陸地を見ながらの航海だったため、目標を失い漂流する危険性が高まった。
(23)　新島村役場所蔵文書　整理番号M２―15。
(24)　伊豆半島南端の石廊崎の沖合を意味しているものと考えられる。
(25)　新島村役場所蔵文書　整理番号　M２―21。
(26)　新島村役場所蔵文書　整理番号　M２―22。
(27)　新島村役場所蔵文書　整理番号　M２―23。
(28)　新島村役場所蔵文書　整理番号　M２―25。
(29)　新島村役場所蔵文書　整理番号　M２―27。

第三章　御役船の遭難

一　民間船雇上

(1) 代官手代巡島

寛政六年（一七九四）五月九日の朝は曇りで北風であった。四ッ半時（午前十時）頃から雨天になった。「昼九ッ時（正午頃）前、御用船躰之舟相見候ニ付、役人不残前浜江罷出候処、当嶋御用船権左衛門舟ニ候間、役人附添、漁船不残御用船江付、前浜江引付候、然処、大雨、殊ニ風様も不宜ニ付、御役人様方陸江上り、御用船前浜江引揚ケ候而、御役人様方陣屋江御越被成候、但御用船前浜着正九ッ時」とある。海上も穏やかでなかったこともあってか、御用船の到来に、全島こぞって緊張している様が読み取れる。

御用船には、伊豆代官江川太郎左衛門手代国谷藤左衛門・荒川勘次郎に、足軽・小者が随行していた。御用は立札（告示）行為と、流人日好にかかわる調査という公務だったらしい。主たる公務は三宅島にあったようだが、新島だけの史料では内容は明らかではない。彼らは新島での任務を一日で終了し、翌十日には早くも新島を離れ、三宅島へと向かっている。

出発した十日は晴れた北風で、御用船は新島を離れた。新島では「風様者宜恐悦仕候」と、天候には不安など感じてはいなかった。新島では安心していたようである。そこへ次のような書簡が届けられた。

此間者、彼是御世話共所存候、出帆三宅嶋江渡海候処、汐取悪敷、神津嶋江漂着いたし、扠々大難渋いたし候、
未三宅嶋江風様無之、滞船いたし申候、右之趣申入□、如此御座候

五月十二日　　国谷藤左衛門
　　　　　　　荒川官次

新嶋
　地役人中

この書簡は『寛政六年　新島御用書物控』[1]の中にある。後代の綴冊であり、直ちに年代は確定できないが、幸いなことに、前述の記録や、この書簡に対しての返書（五月十五日）もある。返書にも年号は記されていないものの、内容に共通する「請書」もあって、「寅五月」になっている。この「請書」は伊豆代官所からの高札にかかわるもので、国谷藤左衛門・荒川官次宛になっている。寛政六年は寅年にあたるところから、右書簡の年代を確定することができる。「高札」の内容は不明だが、代官江川太郎左衛門手代の両人は、公務で伊豆諸島を巡島し、新島で一泊してから、五月十日に三宅島へ向かう途中、神津島に漂着し、足止めされている。代官所役人が「大難渋いたし候」と言い、いまだ三宅島へ向けて出帆できないでいると、神津島から新島へ知らせてきている。

両人は新島に「高札」とは別件の公務があった。「伊豆国新嶋流人日好、御吟味之儀有之ニ付、為御用江川太郎左衛門手代弐人、足軽壱人、小者弐人致渡海候」とある。日好に対して吟味ありとあるが、彼については「新島流人帳」には見当たらない。名前からして日蓮宗の僧侶か。不受不施派の僧侶かもしれない。

両人を乗せた御用船は、新島の権左衛門廻船（一二反帆）が使われており、「入津之浦々場所宜所江為致船繋、若渡海中風様悪敷、何れ之浦々嶋々江漂着候とも、右船大切ニ相囲、番船附置、入津・出帆之刻限、此帳面ニ相記、其所

之役人可為印形候」という、代官所発給の浦触を船頭は持参している。

ようやく神津島から三宅島へ向けて出帆したが、逆方向に流され、再び新島に出戻っている。五月九日未ノ中刻（午後三時頃）に、御用船は新島の前浜に引揚げられた。翌十日の辰ノ上刻（午前八時頃）には、「順風ニ付、三宅嶋江御出帆」した。しかし、またもや「汐取悪敷神津嶋江漂着」している。彼らが無事に三宅島へ渡海できたかは分からない。遭難したという記録がないところから、無事に公務は果たせたと思われる。根拠史料である『新島御用書物控』は、五月以降が欠失している。

恒例の御用船雇上げには順番が決められていた。たとえば三宅島から八丈島へ流人を護送する船は、新島と三宅島の廻船が雇上げられている。新島に廻船は八艘あって、新島の中でも雇上げの順序があった。次は文政四年（一八二一）の史料である。

乍恐以書附奉願上候

当春八丈流人　御用御雇船之儀、当嶋大吉船順番ニ御座候間、右船江何卒被為仰付被下置候様仕度、此段乍恐以書附奉願上候、以上

文政四巳年三月

伊豆国附新嶋

年寄　弥五兵衛

同　市右衛門

同　嘉兵衛

同　利左衛門

名主　青沼儀右衛門

地役兼帯
神主　前田右京
出府ニ付加印不仕候（2）

杉庄兵衛様
御役所

恒例ではない御用船雇上の指定もある。代官所役人の巡島や、江戸で停泊中に御用を申し付けられることも多々あった。時には順番は無視される。年貢を納入し、その帰りに島民から注文を受けて、日用品などの荷物を仕入れて帰島する間際に、御船手奉行所から御用を申し付けられた例もあり、長期間待機を命ぜられる。島民生活に支障をきたし、困惑したなどの例もあった。伊豆代官所に事情を訴えて調整したことの記録も現存している。御用船の雇上げは、伊豆代官所だけではないのである。八丈島役所からの雇上げを受けることもしばしばで、御用向きの荷物の輸送を依頼されることもあった。このような時も御用船ということになる。

（2）御用船浦触

伊豆諸島での御役船は多岐にわたるが、その中で大きな部分を占めるのが流人船である。流人船にかかわる史料は、どこの島にも現存するが、海難対策に絞って取り上げることにする。

近世初期には伊豆大島をはじめとして、流刑地は島替えを含めて伊豆七島全域であったが、中期以降は主として新島・三宅島および八丈島の三島に集約されている。流人船は民間の廻船を雇い上げて御役船にするが、江戸から新島・三宅島までは御船手奉行配下の同心数名が「警固役人」として同乗する。八丈流人は三宅島まで送られる。ここで約半年の間生活することになる。三宅島で足止めされた八丈流人は、改めて三宅島から八丈島へと送られることになる。護送船は、やはり雇い上げられた民間の船であるが、「警固」役人は島役人（百姓身分）が務める。

江戸を出た流人船は、新島に寄り、三宅島まで行く。この航路にかかわる「浦触」は、御船手奉行と伊豆代官の連名で発給され、かなりの数が現存している。とりあえず目についた寛政六年のものを引用する。

今度新嶋、三宅嶋江流人之者、大橋与惣兵衛江被仰渡被遣候、若渡海之内、浦々又者何嶋ニ船掛候共、番等堅申付、油断有之間敷候、自然逢難風候ハヽ、早速助船を出、可走廻用之儀可相達候、以上

（押切）寛政六年寅四月

江川太郎左衛門　印

大橋与惣兵衛　印

伊豆国浦々

名主

年寄

同　嶋々

名主

年寄(3)

この流人船が新島に到着したのが、四月十七日午ノ上刻（正午頃）で、「新嶋前浜沖江御乗懸被成候間、私共（新島役人）漁船ニて出向ヒ、新嶋於前浜、当嶋江被為仰付候流人三人、無相違被成御渡、奉請取候」と、前浜海岸で直接流人三人を受け取っている。引き渡しが終わった御用船は、直ちに三宅島へ向かって出帆しようとしたが、「乗前悪敷御座候ニ付、警固之衆・船頭・水主幷私共御相談之上、式根嶋之内野伏浦江、御用船御乗廻、滞船被成候」と、海上不穏の様子なので、式根島の野伏浦に避難滞船し、「前々之通昼夜番人附置、夫人足諸御用相勤申候(4)」と、警護に

備えている。

式根島から三宅島に向かって出帆したのは、二日後の四月十九日卯ノ下刻（午前七時頃）であった。この時の「警固役人」は、御船手奉行同心森屋甚右衛門・小野清五郎・石渡新十郎の三人であり、御用船として雇上げられた船は新島の廻船であった。

江戸から三宅島までは、流人警護のため幕府御船奉行の同心が二、三人乗ってくるが、八丈島流罪の者は三宅島で下船させられる。同心はここから江戸へ引き返すことになる。八丈流人は三宅島で約半年生活し、改めて目的地八丈島まで護送されるのである。護送するのは新島や三宅島の島役人で武士ではない。身分的には百姓なのである。彼らは御船奉行の同心に替わって流人警護の任につく。しかし、御用船であるので、伊豆代官名で「浦触」が発給され、これを船頭が所持するのである。伊豆代官名の「浦触」は一例として次のものがある。

□□八丈嶋江被差遣候流人、新嶋□□雇ニ而為致乗船出帆申付候
右沖合風様悪敷、浦々又者何れ之□々江船掛り候共、大切ニ相囲、聊粗略有間敷候、自然逢難風候ハヽ、早速助
船を出して、走廻用之儀可相達候、以上
天保十二丑年七月　江川太郎左衛門

武蔵
相模国浦々
伊豆
伊豆国附嶋々
名主

年寄(5)

幕府（伊豆代官所）が想定している、漂流するかもしれない範囲は、武蔵・相模・伊豆三国だが、次に述べる流人護送船は、右三国の範囲を大きく逸脱している。

　寛政四年（一七九二）九月に三宅島へ送り込んだ五人の八丈流人を、同六年三月に、新島の藤右衛門船（二反帆廻船）が雇い上げられて、御用船を務めた。「流人送状」は江川太郎左衛門手代三人の連名になっている。雇い上げの期間は、新島出帆から三宅島で流人を乗船させて、八丈島へ護送し、新島に帰帆するまでである。「尤、渡海之節、風様悪敷、伊豆国附嶋々、其外国嶋々江着船候ハヽ、御用船之儀ニ付、大切ニ相囲、其所之役人江相断、入津・出帆之月日刻限為記之、印形取可申候」と、指示している。かくして新島を出帆した藤右衛門船は、次のように航海したことが判明している。

寛政六年

三月二十二日申ノ刻（午後四時頃）	三宅島江出帆	新島名主青沼元右衛門
三月二十三日辰中刻（午前八時頃）	式根島中ノ浦へ出戻る	同
三月晦日卯上刻（午前五時頃）	式根島出帆	同
同日　未中刻（午後二時頃）	三宅島着	三宅島名主郡左衛門
同日　申下刻（午後五時頃）	三宅島出帆	同
四月朔日午上刻（午前十一時頃）	式根島中の浦江入津	新島名主青沼元右衛門
四月十九日午ノ上刻（午前十一時頃）	式根島出帆	同
四月二十日巳ノ下刻（午前十一時頃）	式根島中ノ浦江出戻	同(6)

三月二十三日に新島を出帆し、三宅島へ向かった藤右衛門船は、翌日に出戻って、式根島に滞船している。七日後の三十日の午前五時頃に出帆して、その日の午後二時頃には三宅島に到着している。遅れを取り戻すように、その日の午後五時頃には、三宅島を出て八丈島へと向かったが、船は八丈島へ向かわずに、まったく逆方向に流されてなんと翌日の四月一日に、式根島へ吹き戻されている。藤右衛門船は順風が得られず滞船を余儀なくされ、出帆したのが四月十九日になり、八丈島へ向かった。だが、またもや翌日の二十日に再び式根島に出戻っている。記録はここで途切れており、以降は不明である。

天保八年（一八三七）三宅島の源吾船が、七月二十一日巳ノ刻（午前十一時過）頃、新島に着岸した。この船は春に三宅島から八丈島へ送られる流人の護送船で、風様悪しく紀州まで漂流し、ようやく新島まで帰ってきた。新島に接岸した理由は「水切レ二而汲入」のためで、即刻八丈島へ向けて出帆して行った。御用船であるから「尤、役人出向」き「御用船別条無之」を確認して、江戸の代官所へ報告している(7)。

弘化三年（一八四六）流人を乗船させて江戸を出た新島船小不動丸は、新島を目指して船を進めた。途中漂流して三陸沖合まで流された。十月十六日の夜に、やっとの思いで新島前浜沖合に姿を見せた。新島では引き船として「漁船四艘、人足共両町ゟ出ル、役人中出役ス」として、式根島に曳航した。小不動丸は藤右衛門小船である。十九日も番船をつけ、島役人が警護のため詰めている。天候不順で滞船ということになったからである。滞船が長引いたために「御船手警固衆三人、流人七人」を本島に移し、流人は五人組に分散して預けている。

二十日に小不動丸が前浜に着岸、警固衆へは「御証文」を渡している。証文は新島流人を確かに受け取ったとの証文であろう。十一月八日に新島を出帆したものの、その日は式根島に入津滞留している。「風波悪敷見合セ二相成」とあるから、海上が荒れて出帆できなかったらしい。

十一月十五日にも「式根嶋小不動丸警固」のための船を出しており、また滞留している。十七日も同じ、十九日も同様警護船の交代記述がある。二十日にようやく警固役人も乗船し出帆したが、小不動丸はなぜか下田へ向けての出帆だった。十二月二日に下田から夜になって新島に帰帆している。(8) 理由は分からないし、その後の記録もない。

二　文政十年新島御赦免流人船

日本の流刑制度は古代から近代初期まであった。伊豆諸島では奈良時代の役ノ小角が著名である。古代末期には鎮西八郎源為朝が流刑されている。中世では、鎌倉幕府が追加式目で博奕三度に及べば伊豆大島へ流罪と定めたが、伊豆諸島が本格的に流刑地になったのは、江戸幕府の時代である。各島には流刑の記録が数多く現存しており、『新島流人帳』(9) には一三三〇人を超える記録がある。

流刑制度はいわば前近代的制度で、明治政府は大赦令で、この制度に終止符を打った。しかし、明治四年（一八七一）十二月まで流刑制度は続いている。『新島流人帳』によれば、次の通りである。

明治二年　七月　　七人

　　　　　十一月　一七人（刑部省三、東京府五、甲府県二、佐倉藩三、関宿藩四）

明治三年　九月　　一三人（刑部省四、元民政裁判所三、東京府・葛飾県・甲府県・古河藩・彦根藩・結城藩各一）

　　　　　十一月　一九人（葛飾県二、笠間藩・徳島藩各一、不明一五）

明治四年十二月　　三人（東京府二、徳島藩・津山藩各一　うち一人は不詳）

八丈島には『八丈島流人銘々伝』(10) があり、一八八〇人余の記録がある。伊豆諸島ではすべての島々に流人関係史料が現存しているが、最も流人の多い島は八丈島で、三宅島[11]（未集計）・新島がこれに続いている。

流人の中には不受不施[12]・三鳥派は赦免されることはないが、多くの流人は儚い御赦免状の到来を夢見て、苦悩の日々を送っていた。まったく赦免のない年もあったが、年に一、二人の御赦免があった。それに望みを繋いでいたのである。新島には常時一〇〇人程の流人が生活していた。島人口の約一割に近い。

文政九年（一八二六）十二月のこと、三九人もの御赦免状が到来した。全流人の三分の一に相当する。前代未聞の出来事であった。流人の身から解放された彼らの喜びは、筆舌に尽くしがたいものであったろうと思う。中には流刑生活五〇年を超えた者もいた。翌年彼らは二艘の廻船に分乗して新島を離れ、江戸へと帆を上げた。だが、そこに思わぬ悲劇が待っていたのである。

（1）御赦免流人たち

『文政九年　新島役所日記[13]』の十二月九日条に、「赦免三拾九人参ル、則翌十日御陣屋江呼出、御証文□読聞ケル」とある。これほどの多人数赦免は新島では希有のことであった。御赦免流人は直ちに江戸へ送られるのだが、海の荒れる冬期には船も出せず『新島御用書物控[14]』によると、出帆は翌年の二月二十二日になった。三九人は利兵衛船に二〇人、茂兵衛船に一九人の二班に分かれて新島を離れている。

［利兵衛船］

小幡新次郎	松平豊前守家来	安永四年三月流罪	在島五二年
市助	麻布今井町家主嘉兵衛召使	安永七年十月流罪	在島四九年
大橋伝七郎	小普請組小笠原彦大夫支配	安永八年十一月流罪	在島四八年
勝五郎	相州無宿	天明三年十月流罪	在島四四年

斎藤千次郎	金井定四郎組御小人	寛政二年四月流罪	在島三七年
菅沼楠五郎	小普請組松平信濃守組	寛政二年九月流罪	在島三七年
古屋金次郎	小普請組浅野隼人組	寛政四年三月流罪	在島三五年
定五郎	住吉町無宿　まゆげ事	寛政四年三月流罪	在島三五年
松次郎	四谷無宿　わかしゅう事	寛政四年九月流罪	在島三五年
金蔵	西久保新下谷町三右衛門店	寛政五年九月流罪	在島三四年
伝四郎	辻甚太郎御代官所遠州榛原郡 金谷下奈良村百姓	寛政九年十月流罪	在島三〇年
粂次郎	水谷町二丁目又右衛門定吉伜	寛政十一年四月流罪	在島二八年
次郎吉	無宿	寛政十一年四月流罪	在島二八年
文蔵	土井大炊頭領分野州寒川郡 寒川村百姓	享和元年四月流罪	在島二六年
峯吉	能登無宿	享和二年五月流罪	在島二五年
安五郎	上州碓氷郡　駆落致候留五郎事	享和二年九月流罪	在島二五年
喜太郎	無宿　定吉事　入墨坊主	文化元年三月流罪	在島二三年
九兵衛	上州無宿　九右衛門事	文化二年八月流罪	在島二二年
文五衛門	松平丹波守御領所信州筑摩郡	文化四年十月流罪	在島二〇年
万吉	竹橋御門水野日向守掃除中間	文化六年八月流罪	在島一八年

今井村百姓

［茂兵衛船］

小川平四郎	小普請組	吉兵衛	江戸四ッ谷
久次郎	江戸城下男	安五郎	無宿
松五郎	江戸神田	松次	江戸深川
巳之助	江戸神田	市兵衛	武州荏原郡
光善	江戸三田	大林甚蔵	讃岐藩士
庄五郎	上州	清右衛門	加賀
弁次郎	武州足立郡	治郎吉	無宿
安蔵	美濃各務郡	安五郎	上州新田郡
佐七	武州松山村	伊三郎	江戸本石町
高林鉄之助	江戸城門番		

茂兵衛船には差添人として、この船の船主で百姓代兼組頭の茂兵衛と、水主・便船人など一〇人の新島島民が乗っており、計二九人であった。

二艘の廻船は文政十年（一八二七）の「当二月廿二日両艘共当嶋出帆仕候、然る処、翌廿三日利嶋沖ニ廻船壱艘みへ候ニ付、遠見番差遣候処、右利兵衛船□見受候」[15]というのであった。二月二十二日に新島を離れ江戸へと向かったが、遠見番が見たところ、利兵衛船だけは利島近海に確認できたが、茂兵衛船の姿がないのに気づいた。どうやら鵜戸根付近で遭難したらしいと陣屋へ知らせたようだ。そのあたりの様子を記した史料を次に引用する。

此度、出嶋流人三拾九人之内、茂兵衛船江拾九人幷水主・便船人共廿九人乗ニ而、当二月廿二日出帆為仕候処、俄ニ西風ニ被吹付、嶋根ヲ漸かわし走出シ候得共、風波弥増与相成、当嶋枝鵜渡根嶋凡弐里程東沖ニ而、船走たをし、水主・便船人内五人、類船利兵衛船艀江およき付助命仕、外乗組弐拾四人行衛相知不申候[16]

すなわち、二九人のうち助かったのは、僚船の利兵衛船が降ろした艀まで泳ぎ着いた五人だけで、御赦免流人一九人を含む二四人が行方不明になったというのである。不運にも遭難した茂兵衛船に分乗していた一九人の赦免流人について、『新島流人帳』に全員の記録があるので、その他の史料を加えて、次に述べる。

①吉兵衛　在島五〇年

安永五申年（一七七六）十一月流罪

四谷坂町家主　古鉄買　申十九歳

『文化十三年（一八一六）新島役所日記』六月二日条に「流人吉兵衛頭役申付ル」と見える。流人頭に任命されたことが記されている。この役は一〇〇人もの流人を統括する重要な役職で、流人の要望をまとめて島役人と交渉したり、時には流人を尋問することまで行っている。なお、同名で、文化五年に流罪、文政四年（一八二一）七月一日に五人が島抜けした事件があった。その中に吉兵衛なる者がいるが、この吉兵衛は「堺町五人組持店吉右衛門方居候入墨吉兵衛」で別人である。なお、干支の年齢は流罪時の年である。

②高林鉄之助　在島三七年

寛政元酉年（一七八九）九月流罪

御裏門番頭川村文左衛門組同心　酉三十二歳

『文化八年（一八一一）新島役所日記』の十一月四日条に博奕をしたとの疑いが持たれ、流人頭斎藤千二郎によって、一一人が摘発され、陣屋に呼び出され尋問されている。その中に鉄之助がいた。判決では三人が有罪となり、残りは放免されているが、彼は放免された中にいる。なお、流人頭斎藤千次郎は同じく、文政九年に赦免された。彼は幸運にも利兵衛船にいたので、生きて江戸の地を踏んでいる。(二)

③小川平四郎　在島三四年

寛政四子年（一七九二）三月流罪

小普請組前田安房守組　子三十九歳

④久次郎　在島三四年

寛政四子年三月流罪

御広敷御下男　幸内次男　子二十六歳

『文政三年（一八二〇）新島役所日記』に「流人茂七・久次郎、一応吟味之上、入牢申付ル」（四月四日条）とあるが、いかなる吟味だったのかは記されていない。また、「流人定五郎・松五郎・久次郎呼出吟味致ス」（十一月二十一日条）、「流人久次郎・松五郎・富五郎呼出し、久次郎咎メ牢舎、松五郎咎手鎖、富五郎差構へ無之候」（十一月二十二日条）、「流人久次郎咎メ牢舎申付候処、今日指赦ス」（十一月二十八日条）とあるが、処罰の理由は詳らかではない。なお、文政四年二月十二日に病死した久次郎は佐渡無宿で別人。

⑤安五郎　在島三三年

寛政五丑年（一七九三）四月流罪

無宿　入墨　ども　丑二十九歳

⑥松五郎　在島三一年

寛政七卯年（一七九五）四月流罪

神田皆川町二丁目三郎右衛門店　九番組人宿　源右衛門寄子　卯二十六歳

『文政四年（一八二一）　新島役所日記』に、「流人注進、松五郎・庄吉・新介・五八・秀蔵、右之者共抜ケ船工ミ露顕ニ付、夜中搦捕吟味いたす」（八月二十四日条）、「右流人五人、式根島江先ス派シ置」（八月二十五日条）、「流人庄吉式根島より連参り入牢」（八月二十七日条）、「先頃式根島納屋ニ入置候流人四人召連来り、皆々頭江預置」（九月一日条）という一連の記録がある。しかし、この松五郎は文化十一年（一八一四）十月流罪、文政七年（一八二四）十二月七日に病死した大坂無宿由蔵事入墨松五郎のことで別人。

⑦松次　在島三〇年

寛政八辰年（一七九六）四月流罪

深川無宿　肴松事　入墨　辰二十六歳

⑧巳之助　在島三〇年

寛政八辰年四月流罪

神田無宿　入墨　へび巳之助徳次事　当時へび　辰二十九歳

『文化八年（一八一一）　新島役所日記』四月二十二日条に「当分之内流人巳之介、山番相勤候様、昨廿一日申付候」と見える。山番は流人から数人選ばれ、年貢ツバキ・シイなどの樹木林などを監視する。山林は村落共同体の所有で、無断で伐採や果実の採取は堅く禁止されており、これを破ると処罰される。流人を山番や畑番にする理由は、監視対象が一般島民であることで、島民と流人の相互監視制度である。

⑨市兵衛　在島二〇年

寛政八辰年十月流罪
武州荏原郡　辰三十五歳

⑩光善　在島二八年
寛政十午年（一七九八）十月流罪
三田功蓮寺門前　名主ニ而致駆落候　午三十六歳

⑪大林甚蔵　在島二八年
寛政十午年十月流罪
松平讃岐守中間小屋頭　午三十四歳

『文政六年（一八二三）新島役所日記』十一月十七日条に「流人大林甚蔵・八五郎方江見継物来ル」と見える。

彼については後述するが、毎年のように松平讃岐守家中より一定の食糧等が送られており、島での生活は安定していたらしい。流人頭にも任命され、流人を統括したこともある。

⑫庄五郎　在島二六年
寛政十二申年（一八〇〇）十月流罪
布施孫三郎御代官所　上州緑野郡新町名主武兵衛店　申三十一歳

庄五郎について『文政三年（一八二〇）新島役所日記』に「源次・庄五郎・富五郎入牢申付ル」（五月十一日条）とあり、「庄五郎儀者、出牢申付ル」（五月十四日条）と見え、放免されているが、その理由は分からない。

⑬清右衛門　在島二五年
享和元酉年（一八〇一）四月流罪

加賀無宿　与三郎事　入墨　酉四十歳

文化元子年（一八〇四）流罪

⑭弁次郎　在島二三年

竹垣三右衛門御代官所武州足立郡宮城村百姓七兵衛弟　当時無宿　子三十三歳

弁次郎について『文政三年（一八二〇）新島役所日記』に「流人山本七五郎・弁次郎・浅吉・嘉平次呼出、手縄」（五月十一日条）、「流人弁次郎・嘉平次呼出、吟味之上差許ス」（五月十三日条）とあるが、吟味の内容は記されていない。また、『文政四年　新島役所日記』には、「桶補理として流人弁次入ル」（九月十日条）、「流人弁次、右同断」（九月十一日条）と見え、陣屋で桶の修理を行っている。『文化十四年（一八一七）新島御用書物控』には、代官所を通して書状を国元へ送っている（九月）。これに対して国元からの返答があった。その辺りのやり取りについて、次に引用する。

御請

一　金壱分弐朱

外披状　壱通

右者、当嶋流人弁次郎江武州足立郡宮城村百姓七郎兵衛より見継遣□付、去十二月中、名主青沼儀右衛門□罷在候故、同人江被為御□候故、□之上、披状ニ引合相改、早速弁次郎江相渡、請取書取之、御請奉申上候、已上

寅（文化十五年）正月　　伊豆国新島役人（名前省略）

杉庄兵衛様御役所

そして、これに対して弁次郎は次の請書を提出している。

覚

一　金壱分弐朱

一　披状　壱通

右之通御渡被下、無相違奉請取候、以上

新島流人　弁次郎

さらに、弁次郎について次の記録もある。

申渡

右之者、此度不届有之ニ付、糺明之上、坊主にいたし、若郷江村替申付候得共、此上同人是迄の身持にて、大酒を呑ミ、乱妨狼藉致候ハヽ、搦捕、たとへ打殺し候共、解死人の沙汰ニ不及段、弁次郎江急度申渡置候間、此旨一統相心得可、直様惣流人江可被触候、以上

文化十酉年（一八一三）閏十一月

新島役人(17)

⑮次(治)郎吉　在嶋二三年

文化元子年（一八〇四）三月流罪

浅草無宿　かご　子三十七歳

『文化十四年（一八一七）新島役所日記』二月二十七日条に、「流人次郎吉・三右衛門□山稼ニ参り、野火出シ候ニ□長栄寺より、慈悲願□五日咎メ手鎖申付□」と見える。虫損部分が多いので、正確には判断し難いが、山仕事中に失火し、その責任を取って自首し、直ちに入寺している。このことについて長栄寺から慈悲願いが出

され、減刑が認められている。
この失火事件について、長栄寺からの具体的な嘆願書があるので、次に引用する。

書付を以奉願候

一　当月十五日、流人治良吉・三助・新太郎三人之者共同道仕、山稼可仕与向山辺江罷越候、途中ニ而野火ヲ出、驚可打消と相働候得共、折伏風少々有之、及手ニ兼、堀外通山続焼失仕候ニ付、無申訳ケ奉恐入、早速塔中常円坊より三人之者共入寺罷在候、然ル処、此節拙寺方江御慈悲相願呉候様、度々願入御座候ニ付、得与相尋候処、彼者共平日実躰成者ニ御座候間、何卒格別之御慈悲を以、御宥除（助）被成下、御免被成遣被下候様奉希候、以上

文化十四丑年二月　　長栄寺（印）[18]

御役人衆中

⑯安蔵　在島二二年

文化元子年八月流罪

浅草無宿　辻六郎左衛門代官所　濃州各務郡前野村百姓　子四十五歳

『文政五年（一八二二）新島役所日記』に「流人源次・富五郎・長之助・安蔵呼出し、吟味中手鎖申付、五人組江預ケ置、安蔵儀者手縄ニ而同様」（二月三日条）、「流人源次・安蔵・文蔵・長之介・富五郎、右之者共隠シ質取置候風聞有之（中略）、先此度者差免し叱り置」（二月九日条）とある。この質入れ騒動には数人の村人もかかわっており、事件性は薄いところから、「叱り」で済んでいる。『文政九年　新島役所日記』に陣屋に七人の流人が呼び出されて尋問を受けている。文蔵を除く六人はその日に帰されている。その中に安蔵がいた。

⑰安五郎　在島二一年

文化二丑年（一八〇五）三月流罪

上州新田郡　駆落致候　辰之助事　丑三十一歳

⑱佐七　在島一八年

文化五辰年（一八〇八）四月流罪

松山無宿　忠兵衛事　入墨　辰三十四歳

佐七について『文政七年（一八二四）新島役所日記』十二月十日条に「出火ニ付、隣家杢右衛門・徳右衛門幷流人佐七呼出、一通相尋申候」とあるのは、前日流人香幢小屋から出火があり、その関連での事情聴取であったらしい。『文政九年　新島役所日記』の八月十七日条には「夜中流人常八雪隠より出火」があり、このことで隣家の杢右衛門・与惣右衛門の妻とふ、流人佐七が事情聴取されている。島民の家屋と流人小屋が隣接していたことが窺える。佐七については、いくつかの史料が残されている。

流人　茂七事　佐七

右申口

此度、浅吉浜役支配難受趣を以、十三人之者願書頭役迄差出候ニ付、右之趣逸々御尋ニ御座候

此段、去十月上旬頃と覚へ申候、其子細ハ近所百姓吉助宅ニ而、何かさわかしき事有之候故、罷越候処、弁次郎縄ニ掛り居候故、是ハ何之子細哉と相尋候処、同人申候ハ、酒ニ給酔、如此縄ニ掛り、此儘ニ而今宵難凌候故、頭浜役へ願呉候様相願候故、同船次郎吉を伴ひ、浜役市助方へ罷出、縄之処少し御宥免相願候処、同人聞届、早速見分之上、足の縄をゆるし呉候処、無程浅吉浜役罷越、弁次郎義ハ頭役差図ニよつて縄ニ掛

置候故、今宵宥免難成由申之、又候、元の如く次郎吉江申付、縄ニ被掛申候故、右之始末より願書之義企候ハ、其後私方へ弁次郎罷越、伊三郎も居合候故、弁次郎申出候ハ、此間浅吉取計ひ候、又候縄掛候ハ、頭の差図ニも無之様ニも思ハれ、浅吉相手方故、自分の了簡ニ而、又候縄かけ候事と存、貴様も相手之荷担とも被思候与恨ニ申候、乍去、右之取計ニ而ハ我等々共、往々難渋ニ存候故、浅吉浜役支配ハ難請故、頭の直支配を願ひ可申と、弁次郎発言ニ而談合仕候故、私義も浅吉荷担之様ニも被致候而ハ、何共迷惑ニ存候故、同人申旨ニ仕成り成程、我等々共難渋ニ被存候故、申合願書市助方へ、弁次郎・伊三郎・私同道いたし、差出申候ニ付、此度名前十三人之者共、逸々被召出、御吟味有之候処、願書之趣一向存不申候与申もの、又者咄合計り承り候と申上候者共も有之、願書認メ方、印形之義ハ不存趣、一同申上候故、猶又、厳敷其子細御吟味ニ御座候、右願畢竟弁次郎申ニ任セ、談合仕候得共、願書爪印等之義ハ、弁次郎ニ任セ置候故、有躰ニ申立候処、少も相違不申上候、然ル上被仰聞候ハ、右願書人之者ハ、認メ振り合爪印等之事ハ、不存候与申出、相分り候上ハ、其方共三人之取斗ニ而、全ク浅吉へ弁次郎一已之遺恨を差挟ミ候ニ相当り、畢竟弁次郎へ荷担之筋ニ相聞へ、謀書之願ひを持参致候始末、不届之段、御察当を受、一言之申訳無御座奉誤候、

右、御吟味ニ付申上候通、少も相違無御座候、以上

流人　茂七事　佐七（爪印）

文化十酉閏十一月

新嶋　御役人中様

右、左七申上候趣、私共罷出、逐一承知仕候処、少茂相違無御座候、以上

同人五人組惣代

同船流人　八郎左衛門（印）
又兵衛（爪印）
茂七（爪印）
弁治（爪印）
伊三郎（爪印）
安五郎（爪印）
外九人

右史料と一連のものもあるので、次に掲げる。

乍恐入(ママ)書付を以奉願上候

一　此度、浅吉江御浜役被仰付候処、彼之仁之支配請候義ハ甚難渋ニ御座候、何卒々御慈悲を以、御免可被下候儀、一偏ニ奉願上候、尤委細之義ハ御味吟(吟味)之節、つふさニ申上ケ奉候、以上

酉ノ十月

両御頭衆中様

浜役に市助と浅吉の二人が指名されたことが記されている。この役は、山番と同様に流人が任ぜられ、海岸の見回り監視役である。海岸には多種多様な漂着物が打ち上げられ、原則的には代官所へ報告し、その指示を受けるが、それほど重要なものでなければ、陣屋（島役所）の裁量権に属する。漂着物を無断で私物化することは厳しく禁止され、処罰の対象になる。漂着物は公のもの、または村落共同体の共有物であって、たとえ発見者であっても私物化してはならないのが原則である。ゆえに監視制度が必要で、流人をもってそれに当てた。いわば流人に島民を監視させたのである。

浜役に指名された市助は、寛政五年（一七九三）四月の流罪で、新島に来た年にはすでに五三歳になっていた。御勘定田原平次郎の中間で、文政七年（一八二四）六月十二日に病死している。同じく浜役に指名された浅吉は文化元年（一八〇四）八月流罪で、二八歳になっていた。奥州信夫郡笹本村百姓巳之助の弟で、天保六年（一八三五）三月十二日に病死している。流人仲間への対応の違いは年齢差が大きく影響していたのであろうか。

⑲伊三郎　在島一七年

文化六巳年（一八〇九）三月　流罪

本医師町無宿　音次郎事　巳二十五歳

伊三郎について『文化九年　新島役所日記』四月十三日条に不届きのことありとして、権次なる流人が捕らえられ入牢になった。その時に二人の牢番が任命された。伊三郎がその一人であった。自滅（死刑）の判決を受けた権次が、仕置場へ引かれていたその途中で逃亡し、村内が騒然となった。その際に取り押さえに協力したとして、伊三郎は褒賞金を与えられている。

同年五月三日の条によると、滞船中の八丈島御船太神丸の水主が病死した時、埋葬を命ぜられている。賃金は金一分とある。

『文化十一年　新島役所日記』の九月八日条に、「右伊三郎、是迄在島中、身持よろしからざる風聞御座候処、此度から椿両度盗取候ニ付、自滅申付ル」と見え、伊三郎に死刑の判決が下された。これは同名別人の流人で、享和元年（一八〇一）四月流罪になった江戸深川無宿伊三郎である。

『文政八年（一八二五）新島役所日記』十一月四日条に、流人頭斎藤千二郎によって、一一人の流人が博奕をしたとして摘発され、陣屋で取り調べを受けている。その中に伊三郎の名がある。

以上一九人が茂兵衛船に乗り合わせて、溺死した者たちである。御赦免を受けた三九人の中で最も在島年数の長い者は、小幡新次郎である。『新島流人帳』には次のように見える。

安永四年未（一七七五）三月　流罪

松平豊前守家来　小幡新次郎　未二十一歳

『文化八年　新島役所日記』八月九日条に、「小幡新次郎病気快、今日出勤いたし候事」とある。その頃彼は島役の一人「書役」に任ぜられ、陣屋に出勤していたことが分かる。彼が新島に来たのは安永四年で、在島五二年に及んでいる。赦免された年には七二歳になっていた。彼は幸運にも利兵衛船にいたので遭難を免れ、生きて江戸へ帰った。しかし、右の記述に続いて、次の記事がある。

筒井伊賀守御掛り

市ヶ谷田町上二丁目平兵衛方同居

元松平相模守家来　右同人（小幡新次郎）子七十四歳

此者、先年流罪之処、先達御免出島之上、渡世難出来、当島ニ而手馴候家業も有之候為、帰島致し度段願ひニ付、流人同船ニ而、文政十一子年三月、三宅島九郎船ニ而帰島致し候

天保八酉（一八三七）三月六日　病死

とあり、赦免されて江戸に帰ったものの、住み心地が悪かったのか、翌年にはかつて流刑された新島に戻り、天保八年まで一〇年間生き、天寿をまっとうしている。小幡新次郎と同じように新島に戻った者がいる。かつて流人頭であった幕臣斎藤千次郎である。彼は江戸に帰ったその年の九月には新島に引き返し、天保五年七月二十一日に病死した。四四歳で小幡新次郎より三年早く新島の土になった。

文政九年十二月に来た二九人の赦免状は、十日に伝達されている。その翌日に「□番小幡新次郎赦免ニ付、跡役矢部鉄太郎江□」（十二月十一日条）とあり、直ちに「□番」が解かれている。これは「山番」であろうか。後任には矢部鉄太郎が任命されている。彼は後に書役や流人頭にも任命され、弘化四年（一八四七）六月に赦免、七月四日に新島を離れている（『新島流人帳』には弘化四年六月病死とある）。

（2）流人への見継物と遺産

流人についてはすでに多くの論稿があり、屋上屋を重ねてもあまり意味がないので、ここでは流人に対する、国元などからの送物について取り上げる。文政九年（一八二六）に御赦免を受けながら、非運にも帰ることのできなかった、大林甚蔵を中心に紹介する。遺産については対照的な例を取り上げるだけに止めたい。

天明七年（一七八七）六月に新島地役人前田長門から伊豆代官江川太郎左衛門役所に宛てた「御尋ニ付乍恐以書附奉申上候[19]」によれば、

新島在命流人　九〇人

内　六人　国元好身分之方より見継物御座候

五人　医心御座候ニ付、治療仕候而渡世仕候

七九人　嶋方百姓之手伝等仕候而渡世仕候

と報告している。これによると、流人のほとんどは島民の手伝いをすることによって、その日暮らしの糧を得て生活していたことが分かる。大林は、「国元好身分之方より見継物御座候」者の代表格といえる者で、今回茂兵衛船に乗船したことにより、溺死の非運に見舞われた。

覚

新嶋流人大林甚蔵江
（松平讃岐守）家来平尾七左衛門より
搗麦　五俵也　但四斗入
披状　壱通
其嶋流人□□松平□□□之上、甚蔵江相渡、請取書□□□次第可差越もの也
酉（文化十年）五月　新嶋[20]
鈴木伝市郎役所　印

同じ年さらに大林甚蔵には、同じ藩中の中村八三郎外一人の名義で、次の品が送られて来た。当人がこれを受け取り、次の「請書」を提出している。

覚
一　木綿綿入　壱ッ
一　袷　壱ッ
一　披状　壱通
無相違奉請取候、以上
戌（文化十一年）五月廿一日　新嶋流人　大林甚蔵
右之通嶋着之上相渡、無相違当人江相渡申候、以上
戌五月廿一日　地役人兼神主　前田数馬[21]

とある。これは松平讃岐守家中小野崎平左衛門・中村八三郎名義で送られている。文化十二年（一八一五）も麦と披

状が松平讃岐守家中から、小野崎平左衛門ほか三人の名義で大林へ送られ、彼は受取書を提出している。その翌年も同様で、内村越弥右衛門ほか一人の連名になっている。このように大林甚蔵には讃岐藩からの支給が毎年継続されており、大林からも讃岐藩へ書状が送られている。年ごとに送り主の名義が異なるにもかかわらず、見継物が一定量であるところから、何らかの藩内事情による流刑で、個人的な刑罰とは考えにくい点がある。

国元からの見継物は毎年数件だが、派手に目立つものとしては、江戸の火消人足へのものがある。

覚

西久保葺手町　重三郎店　ゑ組頭取　六右衛門より

新嶋流人ゑ組人足　万吉江

一　披状　壱通

外見継物　玄米　壱俵　四斗入

搗麦　壱俵　四斗五升入

味噌　壱樽

醤油　壱樽　八升入

軽焼くづ　弐俵

外品々　壱箇

右之通、此度其嶋茂助船江積入差遣候条、着船之上請取之、相渡、追而請取書可差越候、以上

田五郎左衛門役所　印

丑四月十二日

新嶋　役人(22)

火消人足の万吉は、文化五年（一八〇八）十月に流罪になった。二四歳であった。天保四年（一八三三）七月に赦免になり、江戸に帰っている。同じ船で新島に流刑になった同じ火消人足で四十七歳の「す組の伝吉」がいる。なぜか両者への見継物が張り合うように送り込まれている。罪名は不明だが、両組の出入りを窺わせるところである。

見継物は一見「貢物」を想定させるが、ここでは国元などから流人への送物をいう。国元などの領主から伊豆代官所を経由して島役所に送られ、流人本人に手渡される。流人からの書簡は、この逆コースを通り宛先に送られる。書簡の往来はすべて「披状」で、いわゆるプライバシーは存在しない。流人から国元などへの書簡（多くは無心）には、その「写」二通が添えられ、島役所と伊豆代官所に保管される。

次に流人の生活用品について掲げてみる。寛政六年（一七九四）に病死した白崎嘉右衛門が残した品は、

古ひとへもの　壱ツ
古わた入　壱ツ
古夜着　壱ツ
古鍋　壱ツ
小桶　壱ツ

以上五品で、長患中看病してくれた者に送られている。白崎嘉右衛門は、今回赦免された三九人のうち、最も在島年数の長い小幡新次郎が流罪になった四年前、すなわち、明和八年（一七七一）に新島へ流刑になった人物である。彼は榊原式部大輔の家来で、御預所役人であった。四二歳の年に新島に来ている。(23)

流人吉五郎の遺産目録がある。

(包紙)
「吉五郎小家幷雑物入札帳　　卯八月十六日」

(本紙)
差

一　七百七拾九文　　鉄瓶　壱ツ
一　百七拾弐文　　土瓶　壱ツ
一　八百弐拾文　　釜　壱ツ
一　三百八拾壱文　　鍋　壱枚
一　四百五拾弐文　　同　壱枚
一　二百八文　　同　壱枚
一　七拾弐文　　飯鉢　壱ツ
一　弐拾九文　　かん徳利　壱本
一　百四拾文　　重箱　弐ツ
一　百五拾四文　　茶漬茶碗　三ツ
一　五拾九文　　どんぶり　壱ツ
一　弐百三拾文　　蓋物　壱組
一　百弐拾四文　　坪三ツ・碗弐ツ
一　七拾弐文　　膳　三枚
一　三拾壱文　　湯呑　壱ツ
一　三拾三文　　茶碗　弐ツ
一　百七拾弐文　　油徳利　三ツ
一　四拾壱文　　造酒徳利　弐組
一　百弐拾四文　　香炉　壱ツ
一　百三文　　魚鉢　壱ツ
一　百五拾文　　包丁　弐枚
一　弐拾文　　味噌こし　壱ツ
一　四拾文　　錠前　壱ツ
一　四百八文　　小瓶　壱ツ
一　六百五拾文　　髪結道具・水鉢　□七品
一　六拾八文　　手盥　壱ツ
一　弐百九文　　大盥　壱ツ
一　九拾文　　樽　壱ツ
一　弐貫拾六文　　四ツ巾蒲団　壱枚
一　五両弐分ト壱百弐拾四文　　小家豊水瓶付
〆五両弐分弐拾貫八百拾壱文
右金八両弐分ト壱貫三百九拾壱文
此内

一　金弐両也　　　　寺へ法事金
一　金壱両弐分也　　仲間江遣ス　法事入用
一　金三分　　　　　両頭・浜役・歩行遣ス
一　金壱両　　　　　五人組へ遣ス
一　八月十九日　　　当入用内
　　残り金弐両也　　新右衛門江預ケル(24)

流人の中には、一般島民より裕福な者もいた。新島の大寺と呼ばれる長栄寺の鐘楼堂を寄進する者や、島の鎮守社の瑞牆を寄進する者もいた。

（3）遭難事件にかかわる証言類

茂兵衛船に乗っていた二九人のうち、からくも生き残った者は、わずかに五人だけで、二四人が溺死した。助かった者は船を操舵する船乗りで、沖船頭長三郎、水主三人と便船人一人であった。僚船利兵衛船に救助のため、最初三人が荒れた海に飛び込み、さらに二人が泳ぎたどり着いたが、それが精一杯であった。船に残った赦免流人一九人と、島役で赦免流人を送り届ける役を命ぜられた百姓惣代で、船主でもある茂兵衛ら島民五人の計二四人全員が溺死した。溺死した島民は、船主茂兵衛、水主五左衛門と、便船人治郎吉・金次郎・伝三郎の五人である。

文政十年（一八二七）二月付の「乍恐以書付御注進奉申上候(25)」には、遭難者全員の名前をあげ、それに続いて次の記事がある。

　都合廿四人

右之者共、当二月廿二日茂兵衛船ニ而当嶋出帆仕候処、新嶋枝鵜渡根嶋凡弐里程沖合ニ而、船走たをし、乗船之内船頭・水主・便船人とも五人助命、帰嶋仕候ニ付、右始末得与承、浦賀御番所御切手、定而大切ニ持参いたし候やと相尋候処、船頭申候者、暫時船被打返候儀故、漸御切手所持仕、類船利兵衛船艀を心掛ケ、海中江飛入、泳キ候処、散木ニ被打当、既に危く相成、不覚御切手相流し申候旨申聞ケ候、此段空以奉恐入候、外水主・便船人・出嶋流人之儀者、未行衛知れつに相成、生死之程難計奉存候、依之、船頭・水主・便船人より口書証文取之、則写相添、右之趣、乍恐御注進奉申上候、以上

右史料中の救助された船頭以下五人の「口書証文」は、次の通りである。

口書証文之事

茂兵衛船　船頭　長三郎
水主　佐五郎
同　甚七
同　新左衛門
便舟人　五右衛門

右船頭・水主・便舟人申口

一　私共儀、当二月廿二日、水主五人・便船人五人・出嶋流人拾九人乗船為致、都合弐拾九人乗ニ而新嶋前浜北風ニ而、辰ノ中刻出船、積荷ニ取掛り、午ノ中刻漸積立候処、俄ニ西風吹出し、出帆難仕、番船数艘ニ而、地内嶋風かけへ引呉候得共、至而風波強相成、既ニ番船茂危相成候ニ付、右番船相放し、未地方ニ者候得共、いたし方無之、大嶋波浮湊江心掛ケ、走参候処、弥増風波強ク相成、新嶋若郷村あざ名ねぶさきヲ漸船かわし、夫より鵜渡嶋凡弐里程東沖江走参り候処、弥西風強、高波ニ相成、暫時船被打返、皆々必至与相働キ、乗船之

出嶋流人漸上へ引出し候得共、艀ハ相潰シ、誠当惑いたし、迚茂可相助手段無之、一同神仏江立願仕罷在候処、遥ニ跡より類船之利兵衛船走参り候を見掛ケ、一同力を得相待候処、風波強、右船寄セ兼候哉、凡弐拾町程余も東沖ニ而帆をおろし、碇ヲおろし候様子見受、大勢ニ而まねを上ケ候処、艀ヲおろし漕参り候様子ニ候得共、高波ニ而漕参かたく様見請候ニ付、是ニ而一同とても助命無覚束存候故、右艀寄セ参り不申候而者、大勢之者難相助ニ付、相談之上、達者成もの三人江是悲(非)右艀漕参り候様申付、およ(き脱カ)加勢候処、漸およき付、必死ニ漕寄セ度様子ニ候得共、段々間遠ニ相成候ニ付、又々弐人為加勢およき参り、漸々右艀へ被引上、最早暮合ニも相成、一同寒く、前後相弁も無之、漸助命仕候

右奉申上候通り、少茂相違無御座候、以上

文政十亥年二月廿二日

茂兵衛船便船人　五右衛門
水主　新左衛門
甚七
佐五郎
船頭　長三郎

神主　地役人　前田筑後殿
名主　吉兵衛殿
年寄　嘉兵衛殿
同　平右衛門殿
同　市左衛門殿

同　　五平太殿

若郷村名主　　勘兵衛殿(26)

御赦免流人を江戸へ護送する利兵衛船・茂兵衛船の二艘の総責任者は年寄五平太であった。彼は利兵衛船に乗っていたので難を免れた。副責任者である百姓組頭茂兵衛は自分が所有する茂兵衛船に乗っていた。彼は溺死した島民五人の中の一人であった。

次は新島の遠見と、僚船利兵衛船からの様子を記録した記事だが、虫損が激しく正確に読み取れない部分が多いが、読み取れる部分のみ次に引用する。

茂兵衛船水主□人乗、外便船人五人、内壱人百姓惣代組頭茂兵衛、右流人為差添ニ乗船為仕、利兵衛船江出嶋流人弐拾人乗船為致為差添与年寄五平太乗船為仕、当二月廿一日両艘共当嶋出帆仕候（中略）、夜ニ入北風ニ吹替り候故、少者安堵仕罷在候得共、壱艘相見へ候儀者、如何ニも不審ニ存候故、早速役人共差添、漁船数艘差遣し候得者、則利兵衛船ニ而、類船茂兵衛船昨夕方鵜渡根嶋凡弐里程東沖ニ而、暫時はしり、右舟船頭・水主・便船人共五人相助ケ、乗セ参り申候

凡壱里余も離レ、鵜渡根嶋凡弐里程東沖ニ而、暫時船被打返候躰見受候間、何卒相助ケ度存候得共、間遠ニ而、殊ニ風波至而強事故、漸帆を下ケ、碇二頭おろし、綱□□凡継キたらしを引かせ、艀を切りはなし候得共、波風強実ニ難渋ニ者御座候得共、必至ニ相成、漕□□三人泳来り候ニ付、艀へ引上ケ

日暮ニ者相成、弥風波汐行迚茂至而強く、其内□里余も隔テ、夜分ニ相成候得者、面々人命ニ危く、此上可相助手

段無御座候ニ付、無是悲（非）相残候者のために艀相流し遣し□、元船江およき付申候船之儀者、其儘東沖江汐風ニ而、凡拾里余も流れ居候処、其夜北風ニ吹替り候故、当嶋へ

と、利兵衛船は空しく新島へ引き上げている。

茂兵衛船船頭・水主・便船人共五人救命、外乗組之義、如何相成候哉相知れ不申候旨、利兵衛船舟頭申之候、尤五人之者共儀者、右漁舟ニて連参り候ニ付、私共立会、再応相糺候、相違無御座候ニ付、口書証文取之、則相添、此段乍恐御注進奉申上候、

右之趣、此度利兵衛船ニ而出嶋流人為差添、年寄五平太出府仕候ニ付、先有増御注進

と、島役連名で、代官柑本兵五郎役所へ報告し、年寄五平太や救助された五人を江戸へ出府させ、代官所の取調べを申請している。この海難事故に対する幕府の処断は六月に出されている。その「写」が『文政十年　新島御用書物控』にあるので、次に掲げる。

御下知被仰渡候御証文写

差上申一札之事

伊豆国附新嶋流人之内三拾九人御赦免被仰渡候処、沖合ニおゐて逢難風船覆、右之内拾九人溺死いたし候一件、御伺之上

水出羽守様依御差図御咎之儀、石川主水正様・曽我豊後守様、御下知之趣、左之通被仰渡候

一　伊豆国附新嶋組頭茂兵衛船舟頭長三郎・水主佐五郎・甚七・新左衛門儀、海上乗馴候みぶん而、日和見損、出船いたし、難風ニ逢、船覆、銘々も海中江落入、助受候与者乍申出、嶋之流人、其外乗合之もの共、多分之溺死も有之段、不儀之至不埒ニ付、急度御叱り被置候、右被仰渡之趣、承知奉畏候、依御請証文差上申所如件

伊豆国附新嶋
組頭茂兵衛船
舟頭　長三郎
水主　佐五郎
甚七
新右衛門
右惣代　長三郎

伊豆国附新嶋
役人惣代
年寄　平右衛門

柑本兵五郎様
御役所

前書被仰渡之趣、承知仕候、以上

流人は赦免状を受け取った時点で、身分的な拘束から解放される。しかし、手続上流刑地の島から江戸へ送られ、代官所の手続きが終了するまでは、身体的な拘束から解放されることはない。ここで取り上げた海難事故は、その微妙な狭間で突発している。

流人は幕府からの預かり者とする制度上の立場から、この事故で多数の人命を失ったことに対して、幕府は船頭以下水主を処罰している。幕府が絶大な封建的権力を維持するために、社会的・制度的な矛盾の産物と見なされる流人を、地理的に弱い離島にしわ寄せした。健全な村落共同体として成り立っていた島社会が、不条理にも苦悩の歴史を強いられたのである。

伊豆諸島の歴史を語る時に、往々にして感情表現が混入しがちになる。科学としての歴史学に、このような感情を導入してはならない。だからといって、事実だけを羅列するだけでは、われわれが目指す生きた歴史科学にはなり得ないのである。流人問題をテーマとする場合、興味本位の意識を持たずに、科学としての歴史学に立脚した問題意識を確立する努力が不可欠である。

注

（1）『寛政六年　新島御用書物控』（新島村役場所蔵文書　整理番号Ａ１―５）。
（2）『文政四年　新島御用書物控』（新島村役場所蔵文書　整理番号Ａ１―28）。
（3）寛政六年寅四月付「浦触」（『寛政六年　新島御用書物控』所収）。
（4）寛政六年寅四月付「一札之事」（『寛政六年　新島御用書物控』所収）。
（5）『天保十二年　新島役所日記』天保十二年八月八日条。
（6）寛政六年「船中日記」（『寛政六年　新島御用書物控』所収）。
（7）『天保八年　新島役所日記』。
（8）『弘化三年　新島役所日記』。
（9）前田明永家所蔵文書。新島村編『新島村史　資料編2』（一九九六年）は前田明永の解読・解説による。
（10）葛西重雄・吉田貫三編『八丈島流人銘々伝』（第一書房）は、東京都公文書館所蔵の「八丈島流人在命帳」「流人御赦免幷存亡覚帳」「配流員数明細帳」などを、整理・解読・解説したもの。
（11）池田信道『三宅島流刑史』（小金井新聞社、一九七八年）。
（12）影山堯雄『日蓮宗不受不施派の研究』（平楽寺書店、一九五六年）、岡山県地方史研究連絡協議会編『不受不施派法難史料集』(『岡山県地方史資料書7』一九六九年)。
(13)(14) 新島村役場所蔵文書。
(15) 文政十年二月二十二日付「乍恐以書付御注進奉申上候」(『文政十年 新島御用書物控』所収)。
(16) 文政十年二月二十三日付「乍恐以書付御届奉申上候」(『文政十年 新島御用書物控』所収)。
(17)(18) 新島村役場所蔵文書。
(19)『寛延二年 新島御用書物控』(新島村役場所蔵文書 整理番号A2―1)。
(20)『文化十年 新島御用書物控』。
(21)『文化十一年 新島御用書物控』。
(22) 新島村役場所蔵文書。
(23) 前田明永家所蔵文書。
(24) 新島村役場所蔵文書。
(25)『文政十年 新島御用書物控』。
(26) 新島村役場所蔵文書。

第四章　商い船の遭難

一　天明四年摂津国船

八丈島は黒潮の本流「黒瀬川」の南方にある。江戸時代伊豆諸島の廻船は、大型で一二反帆六人乗りで、小型廻船で六反帆三、四人乗りもあった。これらの廻船で黒瀬川を乗り切るのは、かなりの経験と勇気が必要であった。幕府は江戸城内などで用いる「黄八丈」を、年貢として八丈島などに現物課税を命じた。これらを安全に江戸まで運送することもあって、八丈島には頑丈な造りの廻船を貸し付けた。幕府の所有船であるところから、特に「御船」と呼ばれていた。「御船」が島に接近する度に、その島の役人は漁船を駆ってご機嫌伺いに参上しなければならなかった。「御船」はこの激流「黒瀬川」を乗り切るだけの、頑丈な造りであった。

勝手知ったる伊豆諸島の船乗りたちでさえ、必死の心構えを持って「黒瀬川」に挑む航路であった。「黒瀬川」を横断した経験のない、本土の船乗りたちにとっては、死に直結する無謀な航海であったろうと思う。現在でも大型客船が「黒瀬川」を乗り越える際には大きく揺れる経験を、私は幾度も味わっている。

この激流に弄ばれながら、漂流する例はいくつかある。その一例が天明四年（一七八四）の摂津国兎原郡大石村[(1)]船であり、別項で取り上げる同国大坂船である。

天明四年二月三日のこと、八丈島大賀郷の西方の沖合に、漂流している船を島民が見つけた。大賀郷は八丈島の中心地域に位置し、平坦な村で八重根湊を持っている。八丈島には大賀郷のほかに、三根村・樫立村・中之郷と末吉村の五村がある。大賀郷には島役所が置かれており、八丈島の中心的村であった。大賀郷の遙か沖合には枝島の小島があり、そこにも二村があった。(2) 八丈島と小島の間をその漂流船は流されていたのである。合図の篝火は大賀郷と小島で上げられた。漂流船の乗組員たちはそれらの篝火を見つけて生き返ったという。彼らは篝火を目指して船を必死に寄せていった。大賀郷からは助船を漕ぎ出し、曳航して無事八重根湊に繋ぎ留めることができた。その経緯が次の「浦手形之事」(3)に記録されている。

　　浦手形之事

当辰二月三日八丈嶋之内大賀郷ゟ西之方ニ相当り、遙に漂船を見請候ニ付、早速役人人足召連浜江出、諸所ニ相図之火を立させ、遠見之者共諸所江差出し置候処、枝嶋小嶋ニても相図之火を立候ニ付、右船大賀郷沖を差当乗来り候間、助ケ船差出シ候得者、海上遭難風漂流之船之由申、本船繋之場江引入候様致度相願候間、引船数艘差出し、同郷八重根津呂江引入、本船繋留させ、様子相尋、口書取之候写し

図4　八丈島概念図

救助された沖船頭伊兵衛・親仁甚八や、水主一三人・炊一人の計一六人から事情を聴取し、まとめたのが次の「差上ケ申口書之事」(4)である。

　　差上ケ申口書之事

一　私共儀、摂津兎原郡大石村松屋甚右衛門船、沖船頭伊兵衛、水主共拾六人乗、在所於大石浦船主商ひ荷物米千弐拾石積入、江戸表江相下り候積ニ而、当辰壬正月六日在所出帆仕、段々乗参り、同十日

勢州阿濃里江着仕、同所ニ日和待いたし、同十九日追手宜相見へ候間、同所致出帆候処、順風宜同廿二日相州浦賀江着仕、御番所御改を請、御改相済候間、同所ニ日和待之内、同所問屋笠屋庄九郎船主商ひ米不残引請相払候間、同所ゟ在所江帰帆之積りニ而、即壬正月廿八日順風宜相見へ候間、浦賀出船仕候処、同廿九日も追手宜相見へ候ニ付、三州沖迄走り候処、同日夕方ゟ戌亥出し風罷成、浪高出候間、何卒地方江寄度相働キ候内、日暮段々大風ニ罷成、殊ニ雨降り候ニ付、同夜半ハ種々相働候処、翌二月朔日ニ罷成候而ハ、地方も一向相見へ不申、無斗(途)方被吹流、弥増大風大浪立ニ御座候ニ付、諸神江立願仕、船中髪を払、種々之立願仕候得共、大風浪立無小止ミ、同二日相成候得而も、戌亥之大風ニ御座候間、勿論地方ハ一向相見へ不申、船中乗組茂打続キ候働ニ労シ、難義仕候処、同三日茂同様之風吹荒、浪立強御座候故、船中一同身命限り相働候処、同日巳之刻時分、卯之方ニ相当り、遙に嶋山を見立候間、船中一同力を得出精相走候得共、浪立夥敷汐行強く御座候ニ付、船寄行不申、漸申之刻時分、右嶋山近く乗寄候得者ハ、相図之火も諸所ニ相見へ候ニ付、船中益力付、出精走セ寄候処、助ケ船御出迎セラ□、私共御助ケ、八丈嶋之由被仰聞、其上引船数艘御差出シ被申候ニ付、私共願之通、本船津呂江御引入、御繋留させ被下、私共御介抱被成下、難有仕合セ存候、右海上流候様子相違無御座候ニ付、口書差上ケ申所、仍如件

天明四辰年二月三日

摂州兎原郡大石村
松屋甚右衛門船
沖船頭　伊兵衛　印
親仁　甚八　印
水主　甚吉　印

同　清五郎　印
同　浅五郎　印
同　千右衛門印
同　次郎吉　印
同　新吉　印
同　弥八　印
同　八蔵　印
同　源七　印
同　与八　印
同　清七　印
同　仁三郎　印
同　大蔵　印
炊　三之助　印

八丈嶋
　御役人衆中

遭難した船は摂津国兎原郡大石村の松屋甚右衛門所有の船で、沖船頭は伊兵衛といった。乗組員は全部で一六人であった。船主松屋甚右衛門店のある大石浦で、商い荷物として米一〇二〇石を積み込み、江戸表へ下るために、天明四年の閏正月六日に出帆した。十日には伊勢国阿濃里（現在の三重県鳥羽市英虞）に入津している。ここで日和待ちして、十九日に湊を出た。追い風で船は順調に走った。二十二日には相模国浦賀に到着し、御番所改めを無事に済ませた。ここで風待ちをしていると、浦賀湊の問屋笠屋庄九郎が積荷の商い米を全部買い取ったので、江戸まで行く必要がなくった。船はここから引き返すことになった。

六日後の閏正月二十八日には順風を得て浦賀湊を出船、翌二十九日も順風で船を走らせた。三河国の沖合まで来た頃は夕方になった。急に戌亥（北西）からの出し風(5)が吹き出した。船は波に弄ばれた。船を陸地へ寄せようと全員必死に働いたが、日暮れとともに大風になり、その上雨も降ってきた。彼らは一晩中働き通した。翌二月一日の朝を迎えると、陸地はまったく見えなくなっていた。とてつもなく吹き流されたのである。さらに大風高波になり、全員髪を切って諸神へ願かけした。その日も一日中大風・高波で弱まるどころか、船に危険が迫った。二日も北西の大風が吹き付け、全員疲労困憊の態に陥ったのである。

三日も同様であった。命の限り働いた。「巳之刻時分」（午前十時頃）に遙かな水平線上「卯之方」（東の方向）に島山を見つけた。全員希望が湧いて、その方角へ船を走らせた。高波が襲い、潮の流れが強かった。ようやく、「申之時分」（午後四時頃）には目指す島山へと船を近づけた。島の谷所に篝火が見えた。全員ますます力を得て働いた。助船が来た。八丈島だと教えられた。さらに数艘の船が集まって来た。島の船に引かれて八重根湊へと曳航され、係留された。上陸した彼らは介抱されている。彼らは三日間も漂流し、幸運にも伊豆諸島の遠隔地である八丈島で救助されたのである。

この遭難記録は八丈島長戸路武夫家文書の中にあって、摂津国兎原郡大石村松屋甚右衛門船の遭難に関する浦手形控である。その帰り途中で遭難している。遠州灘最後の海域で漂流し、遠い八丈島まで流された。島影を見ながら容易に船を島に着けず、島でも篝火を焚いて着岸を手助けしているが、風や潮流に押し流されてしまう。激浪を縫って島民が小舟を操り、ようやく着岸させるという命がけの救助作戦の様子が活写されている好史料である。

二　天明五年阿波国原ケ崎船

(1) 記録

天明五年(一七八五)の「阿波国原ケ崎直乗船頭源次郎船遭難記録」(6)は、新島村役場所蔵文書にある。この文書記録には、次の九点がある。

①天明五年巳二月三日付　船頭・水主口書証文之事
船頭源次郎・親仁籐八ほか、水主五人・炊一人の計八人の口書証文で、新島役所へ提出したもの。

②天明五年巳二月六日付　浦証文之事
船頭源次郎らから提出された口書証文を、新島役所でまとめて、阿波国中郡原ケ崎庄屋弥兵衛宛に発給した浦証文。

③天明五年巳正月二十七日付　差上申一札之事
新島滞在中の心得として、流人と接触することの禁止。書状・音物および伝言等の厳禁。もし後日露見した場合は、いかなる処罰も受ける旨を、船頭以下全員の連名で、新島役所へ提出した一札。

④天明五年巳正月晦日付　差上申一札之事
船頭源次郎および水主総代から新島役所へ、回収した船具等のほか、一切流失した旨の一札。

⑤天明五年巳二月四日付　覚

回収した船員の個人所有品について、船頭ら全員の連名で新島役所へ提出した。

⑥天明五年巳二月三日付　差上申一札之事

個人の所有物を請取った旨の一札で、船頭ら全員の連名をもって、新島役所へ提出した。

⑦年月日不明　覚

碇・苧綱・水縄・細物や、帆・梶柄・檜綱の売却と、「分一」金額を記録している。

⑧巳二月三日付　覚

「分一」の請取書。

⑨天明五年巳二月二十二日付　差上申手形之事

遭難者全員を江戸へ送ることに際して、新島役所から浦賀御番所へ提出した手形。

史料の性格上重複している部分が多いが、それぞれに特徴もあるので丹念に見ていく必要がある。

（2）遭難の経緯

阿波国中郡原ケ崎（現在の徳島県小松市）直乗船頭源次郎船には、源次郎以下水主八人が乗っていた。塩三五〇〇俵を阿波国長嶋（現在の徳島県阿南市中島）で買い入れ、天明四年（一七八四）十二月三日にそこを出帆している。順調に航海し、十八日には相模国浦賀御番所の船改めを無事に済ませ、その日のうちに通過、二十日には江戸に入り、積荷の塩を売り払っている。

年も明けて天明五年正月十一日、江戸を離れ、帰路についた。その日に浦賀御番所の改めを受けた後、その地で小豆四二俵を購入し、十七日に出港した。伊豆下田にはその日に入津している。ここでも綿実六〇俵を買い、二十二日に船は北風を受けて下田を出帆した。翌二十三日の朝五ツ時（午前八時頃）には伊勢国近くの沖合まで来ている。船はここで亥子（北々西）からの強風・高波に遭い、帆柱が「あゆみ下」から振り折られて、海中に吹き飛ばされた。急ぎ帆布を切り離して転覆を防いでいる。ともあれ、応急処置として、「帆むね木」に小さな帆布を張り、「熊野地を心懸ケ走り申候処」、同夜九ッ時（午前〇時頃）になって強い西風と高波で、船は再び危険にさらされた。彼らは髪を切り諸神に願かけし、檜縄三房を海中に垂らして、船の安定を図ろうと努力している。

二十四日には波風が少し静まったので、海中に垂らしていた檜縄を引き上げた。帆桁に応急の帆を揚げて帆走に入ったが、陸地が一向に見えず、船頭の判断で熊野地のある寅ノ方（東東北）へと船を走らせた。すなわち、この時点で船頭源次郎は、船はすでに紀伊半島の先端を廻り切っていると判断していたことが推測できよう。二十五日もその方向を保ったものの、二十六日にはなんと彼らは船が伊豆国三宅島沖合にあるのに気づいた。このことからして、船はまだ伊勢国の沖合か、遠州灘の周辺にいたらしい。船はかなりの距離を吹き戻されたことになる。

風は辰巳（東南）に吹き替わり、船は戌亥（北西）に向けて夜中を徹して走り続けた。二十七日夜明けて見ると、船は大島の西沖合にあった。風は逆転して強い北風に変わり、雷雨まで伴ってきた。彼らは伊豆国（伊豆半島の下田湊カ）を目指して船を走らせた。しかし、極めて困難なことで、「無是非任波風流レ申候」と、漂流状態に陥っているのであった。昼八ッ時（午後二時）頃白浜が見えた。そこに船をかけ留めて助かりたいと全員が祈った。碇四頭を四房の綱に結び、海中へ降ろし、やっとのことでどうやら船を留めることができた。その時に一艘の漁船が島の海岸から漕ぎ寄せてきた。新島であることを告げられ、救助船であることを知らされた。

源次郎ら水主たちは生き返った。さらに碇二頭・綱二房を海中に入れて、ようやく船を固定した。救助船と艀舟に乗り移り、全員岸（本村の前浜海岸）へと向かった。海岸には大勢の村人が待ち構えており、引き上げられて上陸できた。彼ら八人全員が怪我もなく上陸したのは昼の七ッ時（午後四時頃）であった。その後、島役人から事情を聴取された。まず御番所切手の提示を求められている。これらは船頭源次郎が大切に守っていた。

彼らが上陸して間もない、暮六ツ時（午後六時頃）より西風が強まり、海は高波で荒れ狂った。彼らは元船へは行くことができなくなった。多くの人々は海岸から離れずに本船を見守っている。風はますます強まり、高波が打ち寄せるばかりであった。二十八日の明け七ツ時（午前五時）頃に、人々が見守る中で船は砕け散った。彼らはからくも一命を救われたのであった。

（3）回収作業

船具や船糟などは散乱し、村人たちは破船した二十八日から直ちにそれらを拾い集めている。波に攫われる前にしなければならない作業である。翌二十九日の昼八ツ時（午後二時）頃から、碇や綱などが回収され、波が静まった三十日には「むくり」（素もぐり）を入れて回収している。集めた積荷・船具や船糟は次のようなものであった。

有物之覚

一　綿実　三俵　但乱俵　　一　檣　折レ元口　壱本
一　楫　壱羽　　一　艀　壱艘
一　檜縄　切々　　一　船糟　少々
　　六口
此代金五両弐分
　内金壱分ト銀壱匁五分　廿分一引
残金五両ト銀拾三匁五分
是ハ当嶋ニ而相払候分

これらは持ち帰ることができないので、現地新島で売却された。

一 碇　六頭　一 苧綱　三房
一 檜綱　弐房　一 水縄　但切々　四丸
一 帆　但切々　五丸　一 楫柄　壱本
一 細苧物　但切々　八丸　一 艀櫓　四梃
一 同かい　壱梃　一 水棹　四本
一 飯米櫃　壱つ　一 飯次　壱つ
一 懸ケ硯　但痛　弐つ

〆拾三口

是ハ相州浦賀迄積出シ候分
此分一　金三両壱分ト銀六匁五分
　　十分一・廿分一　積りニ而請取

回収物に対しては「分一」が適用される。新島では水主たちの身の回り品である「こり」（こうり）や「風呂敷」などは「分一」を適用せず、そのまま各自に手渡している。人々が見守る中で破船した。回収された品物が少ない理由について次のように記している。

破船之砌、大風・高波、殊ニ汐早キ場所ニ御座候間、沖江払出シ致流失候而、前条揚り候品之外、何ニ而も一切無御座候、右揚り物之内、於当嶋相払候品々ハ、代金書面之通被成御渡請取申候、并相州浦賀迄積出之品々、是又請取、其外船頭・水主所持之衣類少々御座候ニ付、御渡被成、銘々請取申候

とある。破船は大風・高波、しかも早い潮流で、積荷は一気に沖へ引かれて、流れ去ったのが原因だった。
すべての処理が終わったのが二月三日で、その後は「当所役人中御差添、江戸表迄罷出候積り被仰聞致承知候」と、新島を離れる準備をしている。なお、乗組員個人の品については次の「覚」がある。

覚

一　張こり　壱つ　船頭　源次郎分
　風呂敷包　大小　弐つ　但衣類入
一　風呂敷包　大小　弐つ　但右同断　親仁　籐八分
一　右同断　大小　弐つ　但右同断　水主　宇兵衛分
一　右同断　大小　弐つ　但右同断　同　久次郎分
一　右同断　大小　弐つ　但右同断　同　鉄五郎分
一　右同断　大小　弐つ　但右同断　同　定次分
一　右同断　大小　弐つ　但右同断　同　徳次郎分
一　葛籠　壱つ　但右同断　炊　京吉分

右者拙者共儀、当嶋前浜沖ニ而致破船候処、書面之通衣類少々宛御座候ニ付、被成御渡、銘々慥ニ請取申候、為後日仍如件
　天明五年巳二月三日
（以下略）

また、浦賀まで搬送した品物についての「分一」にかかわる史料は次の通りである。

覚

一　碇　六頭　ならし壱頭四両宛　代金拾八両
一　苧綱　三房　ならし壱房三両ッ、　代金九両
一　水縄　四房　ならし壱房壱両ッ、　代金四両
一　細物　八丸　代金壱両
〆金三拾弐両
　此十分一　金三両ト銀拾弐匁
一　帆　五丸　代金弐両
一　楫柄　壱本　代銀拾匁
一　檜綱　弐房　代金壱両
〆金三両ト銀拾匁
　此　分一　銀九匁五分
代金三拾五両ト銀拾匁
此分一　金三両壱分ト銀六匁五分
　十分一　廿分一　積り
外浜ニ而売払候分一
　金壱分ト銀壱匁五分

となり、「分一」として新島が受け取った請取状が、巳二月三日付の「覚」として記録されている。

(4) 在島中

新島には多くの公儀流人が生活している。当然のことながら、それなりの「心得」が求められた。それが次の「差上申一札之事」である。

差上申一札之事

一　私共儀、灘ニ而遭難風、当嶋江致流着候ニ付、被仰聞候ハヽ、当嶋之儀ハ従御公儀様被為　仰付候流罪之者致在嶋候間、私共逗留之内、右流人与出会候儀、御停止ニ候間、決而出会申間敷旨、被仰聞致承知候、尤出国之節、書状ハ勿論、音物・伝言等ニ而茂、内通決而取次申間敷旨、是又堅被仰聞致承知候、万一相背候段、後日相聞候ハヽ、何分ニも可被仰付候、為其一札差出申所、仍如件

天明五年巳正月廿七日

(以下略)

流人との接触の禁止、書状・音物・伝言の禁止で、後日露見した場合は厳罰に処するというものであった。

遭難の経緯について記した証明書である「浦証文」を船頭に交付したのは二月六日で、二月二十二日に島役人(年寄)藤右衛門に付き添われ、新島の権左衛門船で、全員揃って江戸へ帰っていった。

三　寛政二年摂津国大坂船

(1) 記録

表紙に「摂州大坂折屋町　小堀庄左衛門　浦手形　八丈島」[7]とある冊子には、次の史料がまとめられている。

①浦手形之事

史料全体の概略で、次の②③を一括して伊豆代官江川太郎左衛門役所宛に提出した。

②寛政二戌年（一七九〇）正月二十二日付　差上申口書之事

沖船頭政吉以下乗組員一七人から聴取し、捺印した口書証文。

③寛政二戌年正月二十三日付　差上申書付之事

遭難船から陸揚げした積荷の米、および諸品等の書上、および諸費用支払い。

（2）遭難

寛政二年の昼四ッ時（午前十時）頃のこと、八丈島中之郷の沖合に一艘の船が見えた。八丈島の船ではなく、迷い船らしいので、火立所に合図の火を立てた。島役人が村人を集めて見守っていた。八ッ時（午後二時）頃、かの船は中之郷の黒銀ケ内と呼んでいる地点の沖合に係留しようとしている様子なので、早速に助船を差し向けた。係留した船から艀が降ろされ、乗組員がそれに乗り移り、漕ぎ寄せてきた。そこで助船が先導して、同郷の塩間浦に案内して、無事彼らを上陸させた。介抱すると、彼らから遭難の事情を聴取している。それが次に掲げる「差上申口書之事」である。

差上申口書之事

一　私共義、摂州大坂折屋町小堀庄左衛門船、沖船頭政吉・水主とも拾七人乗、当正月五日大坂於市之淵、綿・油・木綿御手形物荷物類、其外賄ひ荷積入、同日同所出帆、北風順風ニて、同日紀州かた田うら江入津、同七日同所出帆、同日同国九木浦江入津、同十五日迄滞船仕、同十六日朝同所出帆、翌十七日同国贄浦江入津、同

夜同所出帆仕、夫ゟ段々相走り仕候処、同十八日之夜漸々戌亥之風荒吹、波高く相成、沖へ被吹出、同十九日別而時気風強、船中へ波打込、外櫓被打払、其上滄之道出来、船難持候ニ付、髪を払ひ、諸神江立願仕、上荷物之分刎捨、為突罷有候、然ル処、同廿日昼時ゟ申酉風罷成候ハ、、帆をまき、北方見掛、戌亥走り仕候処、同廿一日又々西風罷成、其上時気吹候て、帆も難持、巳午へ向ケ、為突走り仕候処、今廿二日夜明方ニ罷成、嶋山を見請候間、乗組之ものとも力を得、出精走寄り、跡ハ御嶋ゟ御案内之助ケ船御差出被下候間、元船繋置、艀を卸し、乗組一同乗移り、御案内を以、当浦江引込被下、八丈嶋塩間浦之由被仰聞、私共御助被成下、難有仕合ニ存候

右漂着始末御尋ニ付、前書之通相違無御座候、為其口書、仍而如件

寛政二戌年正月廿二日

摂州大坂折屋町

小堀庄左衛門船

沖船頭　政吉　印

（以下一六人略）

八丈嶋

御役人衆中

右之通口書差上申候

彼らは摂津国大坂折屋町（現在の大阪市）の小堀屋庄左衛門船の乗組員で、沖船頭は政吉、水主は庄八・源七・孫四郎・喜兵衛・権助・甚兵衛・平七・長治郎・伊八・左右衛門・藤右衛門・新四郎・五郎兵衛・利兵衛・源次郎と、

炊福松の一七人であった。寛政二年正月五日に大坂於市淵（現在の大阪市）で、綿・油・木綿などや、自分たちの賄い食糧などを積み込み、その日に大坂を出帆した。順風の北風であった。その日に紀州かた田浦（加太）（現在の和歌山県泉南郡岬町加太湾）へ入津している。ここでしばらく日和待ちをし、十六日の朝に出帆して、その日のうちに早くも九木浦（現在の三重県尾鷲市）に入っている。七日に加太田浦を出て、その日のうちに早くも九木浦（現在の三重県尾鷲市）に入っている。

翌日の十八日夜になって戌亥（北西）の風が吹き荒れ、波が高くなり、船は沖へと流された。翌日はさらに強風になり、船中に波が打ち込むようになった。外艪が打ち壊された。その上浸水し、船は危険な状態に陥った。全員が髪を切り、諸神に願かけしている。危険が増しついに上積荷を海中投棄し、「突かせ」て船の安定を図った。二十日の昼頃に風は申酉（西南西）に変わったので、北方を目がけて、船を北西へと操った。しかし、翌二十一日になって再び西風が強まり、このままでは帆が維持できなくなると判断した。西風に押されて巳午（南々東）の方向へと船は突っ走った。二十二日の夜明け頃に嶋山を見つけた。全乗組員は力を得てそれに向かって船を走らせた。島からは助船が来て曳航してくれた。無事に案内されたのが八丈島塩間浦であった。お助けいただき有難く、心から感謝している、と彼らは言った。

（3）沈船

乗組員は全員無事に上陸できた。彼らは看護を受け生き返った。船は中之郷の黒根ケ内に繋ぎ留めてあったので、安全な湊内に曳航することにした。彼らが上陸したその日（正月二十二日）の夜半頃からは波も穏やかになったので、引き込み作業は翌日にすることを決めた。二十三日の朝になって、漁船数艘が向かった。ところがその頃から波は荒れ、直接船を着けることができなかった。何人かが泳いで元船に上がったところ、浸水がひどく、「元船腰まで湌の水茂溜り、中々以岸へ引入候義不相成候」と、曳航は不可能になった。「漁船・乗組之ものとも申合」せ、船頭・水主の手道具類（身の回り品）や、積荷などを波間を見計らって漁船へ積み替え、あるいは「海中へ刎」ね捨てた。それを漁船が拾い上げた。海岸へ打ち上げられることを想定してのことであろう。これらの作業は大坂船の水主が立ち会いのもとで行われている。

かくして、「元船ハ水船ニ相成、岸根へ引候義不及手ニ、且積荷取揚候事も」困難になった。この確認書類が次の「差上申書付之事」である。

私共乗参り候元船之義、委細口書ニ申上候通り、当嶋へ漸手近く走参候処、御案内之助船御差出し被下候間、命辛々立候儘ニ而、艀へ乗移り着船仕候、然処、昨夜半頃ゟ風波少く相和波申候間、当御嶋より数艘之漁船御差出、御引込被下積り之外、元船腰当迄最早淦茂溜り申候処、引込候義難成由ニ而、元船之儀、私共乗捨申（以下略）

と、彼らが大坂から乗って来た廻船は、ついに水船（沈船）になり、放棄することを決意せざるを得なくなったのである。

（4）積荷

沈船し多くの積荷も放棄されたが、八丈島民の手によって、表6の積荷が回収されている。なお、乗組員個人の荷物は、すべて汐濡れになった。

草葛籠　一ケ（脇差一腰・船印一ケ・衣類）　船頭政吉分
風呂敷包　一ケ（夜具）・銭箱　一ケ（銭六貫文入）　船頭政吉分
柳骨籠　一ケ（衣類）・風呂敷包　一ケ（夜具）　水主庄八分
柳骨籠　一ケ（衣類）・風呂敷包　一ケ（夜具）　水主源七分

柳骨籠　一ケ（衣類）・風呂敷包　一ケ（夜具）　水主孫次郎分
柳骨籠　一ケ（衣類）・風呂敷包　一ケ（夜具）　水主五郎兵衛分
柳骨籠　一ケ（衣類）・風呂敷包　一ケ（夜具）　水主藤右衛門分
風呂敷包　一ケ（夜具）　水主長次郎分
柳骨籠　一ケ（衣類）・風呂敷包　一ケ（夜具）　水主源次郎分
風呂敷包　一ケ（衣類・夜具共）　水主喜兵衛分
柳骨籠　一ケ（衣類）・風呂敷包　一ケ（夜具）　水主権助分
柳骨籠　一ケ（衣類）・風呂敷包　一ケ（夜具）　水主甚兵衛分
風呂敷包　一ケ（夜具）　水主利兵衛分
柳骨籠　一ケ（衣類）・風呂敷包　一ケ（夜具）　水主平七分
風呂敷包　一ケ（夜具）　水主新四郎分
小箪笥　一ケ（いろいろな品物）　柳骨籠一ケ（衣類）　水主左右衛門分
柳骨籠　一ケ（衣類）　水主伊八分
風呂敷包　一ケ（夜具）　炊　福松分

乗組員の身の回り品はほとんど回収されている。これらについては、個人所有ということで、直接本人へ渡されている。すなわち、「分一」の例外とされていることが分かる。

個人的な身の回り品以外は現地で売却され、「分一」を除く売却金は、彼らの在島中の必要な費用にあてられている。

表6　回収された積荷

品名および数量	回収時の状態
綿　九〇箇	汐入大濡れ
木綿　一〇箇ト五九反	汐入大濡れ
半紙　二五箇	一一箇大濡れ・一四箇中濡れ
備後・琉球畳表　二六丸	汐入大濡れ
毛氈　三〇枚	汐入中濡れ
麻　一把	汐入中濡れ
糧米　二一俵（四斗入）	汐入中濡れ　乗組員飯米

表7　現地売却と「分一」

品名および数量	売却高額等
艀　一艘	銀一五匁
櫓　四梃	銀一七匁
械　一梃	銀四匁
漕綱　一房	粗切れになり用立てず
綿　九〇箇	金二両一分三匁「分一」および運送船賃引き残り分
木綿　一〇箇ト五九反	金五両二分九匁九歩「分一」引き
半紙　二五箇	金一両一分七匁「分一」および運送船賃引き残り分
備後・琉球畳表	銀一二匁四分「分一」引き残り分
毛氈　三〇枚	金一分　銀一二分二厘「分一」引き残り分
麻　一把	銀二分四歩
計	一〇両一分　銀七分一歩二厘

これは「国衆相定」の価格で八丈島が買い取るとあるが、最終的な買取価格は、遭難者を江戸まで送り届けた上で、問屋立ち会いの下で決定するとある。八丈島から江戸へ出るのは御船以外にはないので、滞在は長期にわたった。その間、名主宅内の居家を賃借して生活している。世帯道具も借り受けている。

三月になって、八丈島の高橋長左衛門船が江戸へ行くというので、それに便乗して彼らは島を離れることにした。「御船」と書かれていないところから、高橋氏個人の所有船であろう。高橋氏は江戸で伊豆諸島の特産品の問屋「八丈島屋」を営んでおり、個人所有の廻船と思われる。

大坂船の乗組員は滞在中に一切問題を起こしていないという「口書証文」も取っている。摂州大坂船主小堀庄左衛門や江戸問屋銭屋久左衛門と、船頭・水主宛に「浦手形」を発給している。もちろん、これら一連の書類は伊豆代官江川太郎左衛門役所宛に報告してのことである。

四　伊豆国須崎船

1　寛政十三年忠吉船

(1) 記録

寛政十三年(一八〇一)二月の伊豆国須崎村忠吉船の遭難記録[8]は、次の二点である。

①寛政十三年酉二月八日付　乍恐以書付御届奉申上候
新島役所から代官萩原弥五兵衛役所へ提出した届書。

②寛政十三年酉付　差出申手形之事
新島役所から浦賀御番所へ提出した書類。

(2) 遭難まで

寛政十三年正月晦日の昼九ツ時(正午)頃のことであった。新島本村の西側に広がる前浜の中河原海岸に一艘の廻船が乗り上げ、水主四人が上陸した。直ちに島役人が多くの村人を連れてその場所へ急行した。様子を尋ねると、代官江川太郎左衛門支配地、伊豆国須崎の忠吉船で、沖船頭を弥助といった。伊豆諸島も天領で、しかも五年前までは同じ代官江川太郎左衛門の支配地であった。

遭難者たちから聞き取ったところ、船は伊豆国の西奈で「運賃稼荷物」として、炭九〇〇俵余・真木(薪)三〇〇

○抱・石一〇〇本や苫一〇〇枚などを積み込んで、寛政十三年正月二十一日に出帆し、岩地に入津したという。どこへ向かっての船なのかは記述されていないが、おそらく大消費地の江戸へ向かっていたものと推定される。

船が岩地を正月二十九日に出帆した時には、追風順風の北風であった。出港した日の夕方に大雨となり、その上北風も強まった。翌三十日朝には雨は上がったが、風は急に北風から西風に吹き変わった。船乗たちが最も恐れる魔の西風である。襲い来る高波で櫓は打ち落とされた。「横かミ上廻り被打払、難船持候ニ付」きと航行不能に陥った。積荷を海中へ刎捨て、懸命に働いた。しかし、「次第ニ風烈敷、高波故」に、船に危険が迫ってきた。彼らは命だけでも救われたいと全員が神仏に祈願した。自由を失った船は漂流状態に陥った。

絶望しきった状態の中で彼らが目にしたのが新島であった。「船難持、無是悲(非)当嶋前浜」へ乗り上げた。船は破船したが、乗組員は怪我もなく、全員が上陸できたというのであった。かくして、新島島民たちの必死の救助活動によって彼らは一命を取り留め、手厚く介抱された。回復したところで、新島役人の事情聴取に答えている。それが「口書証文」である。新島役所では「口書証文」に沿って「浦証文」を作成し、船頭に交付している。「浦証文」とは遭難証明書である。この須崎船がどこを目指しての航海なのかは不明のままである。数年前までは同じ代官の支配地ということもあってか、記述はいたって淡泊である。

事後処理は極めて順調に進んだらしく、早くも二月八日には沖船頭弥助ら四人は、枝郷村の若郷村名主勘兵衛に伴われて、勘兵衛船（八反帆廻船）で江戸へと送られている。勘兵衛船には遭難者四人のほか、沖船頭・水主と、陣屋からの付添役人として、名主勘兵衛ら便船人の都合一七人が乗船していた。

2　文政十一年吉右衛門船

（1）記録

文政十一年（一八二八）の伊豆国須崎村吉右衛門船遭難にかかわる史料(9)は、次の通りである。

①文政十一子年三月付　口書証文之事

沖船頭亀吉ら六人から、遭難に至る経緯と、回収品目等の目録にかかわる事情聴取で、新島役所宛の証文。

②文政十一子年三月付　浦証文之事

事情聴取による口書証文に基づき、新島役所から船主吉右衛門宛の発給文書。

③文政十一子年三月付　差上申手形之事

遭難者を同行して江戸へ向かう新島船の通行許可申請で、新島役所から浦賀御番所宛。

④子五月六日付　差上申一札之事

伊豆代官所での尋問を終了し、奉行曽我豊後守役所の尋問も終わり、帰国を許可された旨を伊豆代官所へ報告。

（2）遭難まで

『文政十一年　新島役所日記』二月二十八日条から、数日にわたって次のような記事がある。

廿八日戌　西風　日和

一　夕七ッ半時頃、六人乗廻船前浜江漂着、岸波ニ而破船いたす、尤乗組六人共怪我なく揚ル

一　右破船ニ付、惣代衆夜中番いたす、尤役人中時々見廻りいたす

廿九日亥　北風　凪　日和

一　右破船船板幷梶・檣・碇・船そこ・外共取揚候ニ付、組壱人ツ、人足出ス、役人中・惣代衆不残出ル、

一　檣・帆・けた・さつは入札□成候、落札人 清□ 治□
一　はしら　弐両壱分三匁□歩
一　舟□　三両弐分□
大三月朔日子　東風　薄曇　昼過雨天
一　洲崎村吉右衛門船、船頭・水主・便舟人共呼出し、口書取り、一札読置ル
一　檣幷散乱之船具入札金、船頭へ相渡ス
二日丑　北風　曇　夕方日和
一　吉右衛門船、船頭・水主・便舟人呼出し、口書証文読聞ケ、爪印取ル
八日未　北風　同（日和）
一　利兵衛船・大吉船、江戸表江出船、大井村・須崎村漂着人、大吉船江乗船、年寄作左衛門為差添出府、利兵衛舟式根へ廻し滞舟

これらの記事によると、二月二十八日の夕方七ッ半時（午後五時）頃、六人乗りの廻船が前浜に漂着、岸波によって破船したとある。幸いにも、全員怪我もなく救助された。船は代官江川太郎左衛門の支配地である、伊豆国加茂郡須崎村吉右衛門船で、沖船頭亀吉以下、便船人を含めて六人が乗っていた。砕け散った船の破片などは村人の手で回収された。部材は入札によって落札者に売却され、代金は船頭に渡された。

遭難に至るまでの経緯について、「口書証文」は以下のように記述している。二月二十七日八ツ時（午前二時）頃、吉右衛門船は紀州熊野地へ運賃稼ぎの目的で須崎村湊を出帆した。北風であった。伊勢国近くまで来た時には夜明けの七ツ半（午前五時）頃になっていた。その頃に西風が強まり、帆を下げて船を「つかせ」たが、風はますます強まり高波に襲われた。「淦水打込、種々相働キ、楫四人掛りニ而漸取居、艪切り申度候得共、手廻り不申、波風ニ任かせ」ざるを得なくなったという。浸水して沈没の危険性が高くなった。そこで帆柱を伐り倒そうと試みたが思うようにはいかず、船は高波に弄ばれるばかりであった。彼らは神仏に立願し、髪を切って祈り、「何卒昼之内、山ニ而も見懸ケ申度」きものと思い、必死に梶に取り付くなどしていたところ、彼らの目に「嶋山相見へ候」た。そこで彼らはその島に向かって懸命に船を寄せた。「白浜相見候ニ付、此上ハ何卒一命助り申度」と、一同相談の上、「夕方七ツ半時（午後五時）頃、当嶋前浜江乗揚候」と、そのまま砂浜へ船を乗り上げたのである。

新島側からは「未ノ中刻（午後三時）頃、当嶋前浜五・六里沖ニ廻船壱艘高波ニ揉れ突セ参り候様見受候」と、危険にさらされている船を見かけて、村人たちが海岸に集まって来た。「西風至而烈敷、高波ニ而中々以助ケ船難差出」き状況であった。「岸波至而強、即刻破船仕候」と、船は大勢の村人たちが見守る目の前で破壊した。村人たちは荒れる海に飛び込み、彼らを救助するために懸命に奔走した。幸いなことに六人全員が、怪我もなく助けられた。村人の手によって彼らは手厚く介抱されたのである。

彼らは島役人から、まずもって浦賀御番所切手の提示を求められた。それは船頭が大切に守っていた。それは命にかけて船頭が守らなければならない、最も重要な書類であった。

砕け散った船は、激浪によって海面広くに払い出された。翌二十九日には北風になり、岸波も穏やかになった。陣屋では村人たちを動員して、海岸に打ち上げられた積荷などを回収している。三月一日は凪になった。村人たちは漁船で捜索を開始し、海底にまで「むくり」を入れて探索を続けた。しかし、「何品も無之、尤散乱之船板杯も一向見へ不申」という状況の中で、結局回収できたのは表8のような物であった。

新島では個人的な身の回り品は、「分一」を適用除外の扱いにしている。

「口書証文」には、船頭・水主・便船人の連名で、新島役所へ提出しているが、次のように年齢が記されている。

船頭亀蔵　三七歳
梶取松右衛門　五四歳
水主長助　三一歳
水主松蔵　二三歳
炊吉五郎　二一歳
便船人忠次郎　四九歳

「梶取」は「親仁」とか「ともろ」ともいい、船頭の経験者クラスが多く、いわば船頭の顧問格のベテランである。「炊」は水主見習いで、年齢的には最年少者である。船は砕け散ったが、これら回収した物は新島で買い取った。彼

表8　回収品目

	品名・数量	売却金額	分一
1	痛帆柱　一本 散乱の船具 碇　六頭	金一両一分ト銀三匁六分 金三両二分ト銀九分四厘 金一二両	銀一七匁四分七厘（二〇分一） 金一両ト銀一二匁（一〇分一）
2	かかす　三房（切々） 細綱　一房（切々） 檜綱　一房 身縄　二房（切々） 小道具　少々（切々） 帆　少々（切々） 舵柄　一本	金八両	銀二四匁（二〇分一）
3	送り状箱　一ツ 痛骨柳　一ツ 懸硯　一ツ 痛骨柳　一ツ 風呂敷包　一ツ 手骨柳　一ツ 痛骨柳　一ツ	※ 船頭亀蔵分 水主松右衛門分 水主長助分 炊吉五郎分 便船人忠次郎分	

＊1は現地新島で売却。＊2は「江戸表江積出候分」で船頭亀蔵が受け取っている。＊3は、個人の身の回り品であるとして、特別に「分一」を適用しない。※所有者を示す。

ら六人は、先に漂着した尾張国知多郡大井村の二人とともに、三月九日新島役人の年寄作左衛門に付き添われて、江戸へ送られて行った。そしてすべての手続きも終わって、「一同勝手次第帰国可仕旨仰渡候」となり、それぞれが生きて故郷へ帰っていった。

五　嘉永二年備中船

（1）冬の海

東京都三宅支庁所蔵文書に、嘉永二年（一八四九）十二月に遭難した備中国小田郡神ノ嶋外浦の徳蔵船遭難の記録がある。この備中船には直乗船頭徳蔵と、六人の水主が乗っていた。十二月八日の朝四ツ時（午前十時）頃に、三宅島の亥（西北）の方向に一艘の廻船が見えた。島民はこの船が帆柱や舵を失った漂流船であろうと推定し、早速村役人へ通報した。役人の指令によって遭難船からの目当てとして火を焚いた。これを頼りに船は次第に近寄ってくる様子であったが、強い西風によって、子（北）の方向へと流され、夜になってしまった。そこでいよいよ火を焚いたものの、ついに船影は見えなくなり、諦めた島民たちはそれぞれの家へ帰っていった。

図5　三宅島概念図

一日置いて十日の昼九ツ時（正午）頃、坪田村の沖合に一艘の艀が姿を現した。坪田村は三宅島内の東南に位置する村である。村役人と多くの村人が見守る中、その艀が近づいてきた。波間を見て冬の海に村人が飛び込み、泳いで艀にたどり着いた。村人たちの協力を得て、艀を岸に引き上げることができた。早速島民たちは焚火で彼らを暖め、衣類を与え、食事をさせるなど手当介抱をしている。

乗組員は直乗船頭徳蔵一七歳、舵取金蔵三五歳、水主は新三郎三三歳・友次郎二〇歳・石松二二歳・惣吉二二歳と、炊の要蔵一三歳の七人であった。

（2）記録

彼らの語る徳蔵船が遭難するまでの航路や行動についての部分を、次に引用する。

此段私共儀、備中国神ノ嶋外浦徳蔵船、直乗り船頭・水主共七人乗組、当十一月三日国許出帆、西風ニ而同五日阿波国モヤ浦江着仕、同所ニおゐて塩弐千六百俵中嶋屋弥一郎方ゟ買請積入、飯米弐俵積之、同日西風ニ而出帆仕、翌六日古座浦江着、船掛り仕、同八日西風ニ而出帆、志州苫浦江向キ䑺(10)参り候積、同九日紀州熊野勝浦迄䑺候処、風様悪敷、同所におゐて同廿九日迄船懸り仕、同十二月朔日西風ニ而同所出帆、勢州大おう沖合ニおゐて、翌二日烈風高波ニ吹被離、船難保与存、上荷を刎捨、檣を伐捨、相働候得共、弥増烈風高波立、其内夜ニ入、十方を失ひ漂、翌三日ゟ六日まで無何国共漂流罷在、（ル折柄）其内楫之若羽を痛め、破損ケ所多ク、淦水込ミ入、荷物手当り次第刎捨候得共、如何にも淦水汲留兼、高波立ニ而角方（方角）更ニ不相訳、船中一同髪を払、神仏江立願致し、身命限相働居候内、同七日遙ニ嶋山を見掛ケ候間、一同得力を䑺寄セ申度、種々手を尽し、仮ニ帆柱を補理、䑺候折柄、御嶋方ニおゐて目当之焚火相見へ候間、是非近寄度相励ミ候得共、風烈敷、殊ニ汐行悪敷寄セ兼、其内夜ニ入候故、無拠碇三頭・綱六房付ケたらしニ為引掛留候得共、如何ニも高波立、汐行不宜、碇綱を摺切、船次第ニ沖ノ方江汐ニ被引、又々嶋山を見失ひ漂、翌九（八）日朝又々嶋山を見懸候ゆへ、䑺寄助命仕度、只神仏江祈念仕、船中一同力を合相働候得共、高波立烈風殊ニ不道具ニ而船寄兼、無拠申合、翌九日七時頃艀江乗移り、元船乗放

し、凡七八里程沖合ゟ嶋江向き漕参候得共、汐行悪敷、殊ニ船中数日之労ニ而楫取不申、漸翌十日昼九時頃、当嶋江漕寄セ候処、陸ニ而者御役人中人足御召連御出張為遊、波間御見合、艀を御引付ケ被下、乗組一同無怪我上陸助命仕候処、焚火ニ御あて、食事・衣類等品々御手当被下、漸人心付候ニ付、被仰聞候者、当所之儀者、伊豆国附三宅嶋之内坪田村字船戸浜之趣承知仕候、且又、被仰聞候者、浦賀御切手幷往来手形其外諸書物所持いたし候哉之旨御尋御座候、右者瀬戸内のミ往還仕候船ニ付、浦賀御切手所持不仕、国許役人往来手形者、無相違所持仕候旨申上候処、猶又被仰聞候者、漂着ニ事寄、怪敷船ニ者無之哉之旨、厳敷御尋御座候得共、前断(段)申上候通、備中国神ノ嶋外浦徳蔵船ニ而、直乗船頭・水主共七人乗組、於沖合逢難風漂着仕候ニ相違無御座旨申上候処、当嶋之義者、流人被差置候嶋方ゆへ、逗留中流人与出会間敷、流人共ゟ国地好身之方江文通伝言たり共被相頼候儀、重キ御法度之旨、精々被仰聞、承知仕候

船頭徳蔵はまだ若い、一七歳の青年であった。船は彼の持船である。備中国神ノ嶋（現在の岡山県笠岡市神島）を出帆したのが嘉永二年十一月三日であった。出帆した時、瀬戸内海は西風で順風追風であった。二日後の十一月五日には阿波国モヤ浦（現在の徳島県内だが、それ以上は不明）に到着した。ここで塩二六〇〇俵と米二俵を、中嶋屋弥一郎店から買い入れた。徳蔵は塩を江戸まで運び、売却する心づもりであったらしい。米は乗組員の食糧米である。積荷作業を終えた船は、その日に出港している。順風の西風であった。幸先の良い順風を無駄にしたくなかったのだろう。翌六日には古座浦（現在の和歌山県東牟婁郡古座川町、または西牟婁郡すさみ町ヵ）に入津している。ここで二日滞船し、八日には順風を得て伊勢国志摩の苫浦を目指して船を進めた。九日に熊野勝浦（現在の和歌山県東牟婁郡那智勝浦町）まで来たところで風様が悪く、ここで勝浦湊に入津している。ここで風待ち滞船し、勝浦湊を出帆したのは、月も改まった十二月一日であった。西からの順風を受けて出港した。

伊勢国大王岬の沖合に差しかかったのは翌二日であった。烈風・高波に襲われて、船は陸地から離され、船の安全を保つのが困難になった。彼らは上荷を海中へ刎捨て、帆柱を切り捨て、船の安定を図った。しかし、烈風・高波はさらに強くなるばかりであった。夜になり、彼らは途方に暮れた。三日から六日までは自分たちがどこにいるのかも分からなくなり、ただ漂流を続けた。梶の羽が損傷し、船の各所が破損した。浸水も生じ、このままでは沈没することは避けられず、積荷を手当たり次第に海中へ投棄した。しかし、どうしても浸水をくい止めることができなかった。高波が襲い、方角も分からない状況に陥ったのである。乗組員全員が髪を切って神仏に祈った。力尽きるまで働きに働いた。

二月七日のこと、遙かに島山を見つけた。一同力を得て船をそこへ寄せようと、あらゆる手段を用いた。仮の帆柱を立てたりもした。島で目当ての焚き火を上げているのが見えた。それを目当てにして、何としても船を近づけたいと懸命に働いた。しかし、烈風に加えて潮流がすさまじく、船を島に近づけることができない。夜になり、碇三頭を綱六房につけて海中に降ろして、船の安定を図ったが、これも高波・潮流に阻まれてうまくいかず、かえって碇をつけた綱が摺り切れた。次第に船は島から引き離されていった。やがて島山も視界から消え、再び漂流状態に陥った。

翌日の八日に再び島山が見えた。ただ神仏に祈り懸命に働いた。高波・烈風の上に、船は傷んでおり、島を見ながら近づくことができない。

九日、彼らはついに本船を捨て、全員艀に乗り移ることにした。島まではおよそ七〜八里程あったが、島を目指して懸命に漕いだ。乗組員一同は力尽きて思うように船は動いてくれない。十日の昼九ッ時（正午頃）、やっとの思いで磯近くに漕ぎ寄せたところ、海岸には島役人をはじめ大勢の村人たちが集まっていた。波間を見計らって村人たちが艀を陸へ引き上げてくれた。乗組員一同怪我もなく上陸し、助けられた。焚き火で暖められ、食事と衣服などを与えられ、手厚く介抱された。ようやく人心地がついたところで、ここは伊豆国三宅島の坪田村船戸浜であることを知った。

島役人からは浦賀御切手・往来手形、その他の必要書類の提示を求められたが、本船は瀬戸内のみ往来する船なので、浦賀御切手はないが、国元役人発給の往来手形はあると提示している。また、漂流の状況を答弁し、決して怪しい船ではないと答えている。島役人から、三宅島は流人が置かれている島であり、逗留中に流人と接触することは禁止である。また、流人から国地への文通・伝言などを引き受けると、厳罰に処される旨を聞かされ、承知したことなどが、記されている。

この史料からいくつかのことが窺える。まず帆船であるところから、順風を得て上方から沿岸沿いに江戸へ向かっている。風向きの悪い時には、船がかりして何日でも順風を待っているのである。この徳蔵船の場合は紀州熊野で二〇日間出航できなかった。

船頭は一七歳の徳蔵だが、舵取は三五歳の金蔵で、彼の存在は重要である。新島での古老からの聞取りで、船頭は若くて決断力のある者が選ばれ、トモロ（舵取）は知識経験豊富な年長者がなるという。船頭はトモロの助言に従うが、決定権は船頭の専決権だという。徳蔵船の場合は船主が徳蔵で、直乗り船頭であり、若干の相違はあるが、船中社会の共通形態にあるとみてよい。

徳蔵船は伊勢沖合で遭難している。この時まず甲板上の船荷を海中に捨て、次に帆柱を切り倒して身軽になっている。このような方法は当時の一般的に行われる遭難船に見られる手順である。そして全員で髪を切り神仏に祈る。浸水して本船が沈没する間際に、備え付けの艀に全員が乗り移り脱出するのである。

幸運なことに、徳蔵船の乗組員全員は救助された。遭難し救助された場合、まずその地の役人の尋問を受ける。伊豆諸島の場合、最初に質問されることは、浦賀御番所切手の有無である。次いで船手形や荷主の送状などの提示が求められる。これらを確認した上で、遭難事情を説明することになる。外国人との接触は特に厳重であった。鎖国政策の維持のために、キリシタンとの接触を極度に重要視したものと思われる。徳蔵船の場合は、外国人との接触はないと判断されたので、それに関する記述はない。

尋問が終わると、次にその地の特に注意すべき順守事項が申し渡される。伊豆諸島の場合は流人との接触が禁じられていることが特記されている。

徳蔵等は本船を捨て、艀に乗り移り救助されたために、ほとんど無一文の状態であった。そこで徳蔵は艀および道具一式を島役人の手を通して売却している。入札の結果、艀は銀二二匁五分、櫓・櫂・艀帆・手縄・早紐・もやい縄・矢帆・見縄を加えて合計銀六六匁四分になっている。在島中の乗組員の生活費用と、帰還費用に充当するためである。かくして、土地の役所が発給する浦手形を支給される。

この海難事故については、江戸の代官（江川太郎左衛門）所と浦賀御番所に、浦手形の写を添えて報告される。彼らは三宅島の島役人に付き添われて、江戸へ送られた。

注

（1）　現在の兵庫県神戸市灘区大石。
（2）　鳥打村・宇津木村。現在八丈小島は無人島になり廃村。
（3）（4）　長戸路武夫家所蔵文書。
（5）　陸地からの風で、船は沖へと流され、陸地から離される。当時の船は陸地を見ながらの航海法なので、陸地が見えなくなると、漂流する危険性が増大した。

(6) 新島村役場所蔵文書　整理番号M2―12。
(7) 長戸路武夫家所蔵文書。
(8) 新島村役場所蔵文書　整理番号M2―19。
(9) 新島村役場所蔵文書　整理番号M2―33。
(10) 「䑺」は作字。颿（ハン）は馬が風のように早く走る意味で、帆に通じて用いられるところから、帆走を表現した作字であろう。伊豆諸島では、書に精通する知識流人を書役に起用しており、このようなことが、時に古文書に見られるところである。

第五章　北からの船

一　天明四年奥州南部船

(1) もう一つの魔の海域

上方から江戸へ向かう下り船にとって最大の難所は、遠州灘であった。近世にはそこで遭難する船が実に多かった。特に冬期に頻発したことは、実例を以て触れてきたところであるが、本章では奥州などの北から南下して江戸へ向かう船の遭難について取り上げてみたい。

本来、茫漠とした海上では、天候の急変によって、どこであっても遭難する可能性は常にあった。江戸時代には太平洋（東日本）航路で、特に房総半島沿岸での海難の頻度が高かった。本州を南下する親潮（寒流）を利用して、陸地を右に見ながら江戸へ向かう船は、季節により多少の違いはあるが、房総半島の沖合付近で、北上する黒潮（暖流）に出会うことになる。

房総半島の沖合で激突する暖流と寒流は、日本屈指の豊かな漁場ではあるが、反面海難事故の多い海域でもある。『千葉県史』資料編には海難史料が多く収録されている。しかし、実数はそれに数倍することはいうまでもない。さらに海難の理由には、「潮流」のほかにも「風」などの要素が複雑に加算される。

当時は外洋運搬船である廻船ばかりではなく、漁船も帆をかけて、動力として「風」を利用していた。穏やかな順風はいたって少ない。悪風や烈風は常である。船を操る者は、瞬時の決断を求められる。しかしながら、往々にして人間の判断を遙かに超越する自然の猛威は、いつ発生するか予断を許さない。特に遮るものもない広漠とした海上では、海難事故に直結する危険性は、常に存在するのである。

新島にも奥州から南下して来た船の難破記録が残されている。例えば、

天明四年（一七八四）奥州南部山田浦長兵衛船遭難

寛政九年（一七九七）江戸木場伊兵衛船遭難

文化十二年（一八一五）松前唐津茂兵衛船遭難

などがある。これらのほかにも嘉永六年（一八五三）および安政六年（一八五九）に奥州仙台船の遭難事故があり、『新島役所日記』に断片的に記録されている。この海難については、後に触れることにする。

（2）船頭および水主からの口書き

天明四年（一七八四）閏正月十三日付の「船頭・水主口書証文之事」[1]は、奥州南部山田浦長兵衛船の遭難記録である。

閏正月三日未明のこと、無人島で新島持ちの式根島に渡り、漁をしていた新島の漁民たちがいた。彼らは沖合に漂う一見して尋常でない船を見つけた。もし人がいる漂流船ならば、助けなければならないと、彼らは思った。漁船を寄せてその船に近づいてみると、力尽きて息も絶え絶えな様子で、五人が横たわっていた。難風に遭い漂流しているので助けてくれと言う。とにかく持っていた水を与えた。村人たちは直ちにその船を野伏浦に曳航し、五人に粥を与えた。本島の陣屋へ急ぎ通報すべく漁船を走らせた。知らせを受けた島役たちが式根島へ急行した。事情を尋ねたところ彼らは次のように答えている。

私共儀、南部大膳大夫様御領内、奥州南部山田浦直乗長兵衛船、水主共ニ三人乗、外ニ同御領分同国船越村亀蔵・同人女房いせ弐人、同国さかりの細浦ゟ便船、都合五人乗ニ而、右山田浦江走セ廻り候積

すなわち、伊豆国からは遙かに遠い奥州南部領の船であった。現在の岩手県三陸海岸の「さかりの細浦」（現在の岩手県大船渡市）から、それほど離れていない、北に位置する山田浦（現在の岩手県下閉伊郡山田町）に向かった三人乗りの小型船であった。亀蔵・いせという夫婦二人が便船人として乗船していた。都合五人であった。現在の大船渡市は釜石市の南に接し、山田町は釜石市に隣接する大槌町を挟む町である。「さかりの細浦」から山田浦までは直線距離で、約五五キロであるが、リアス式海岸であるため、航海距離は詳らかではない。

便船人の夫婦の行先である船越村は、現在は山田町に含まれている。旧船越村は山田浦の南に隣接する村で手前にある。わずか半日行程の距離というところであった。このため船は空船で、乗組員の必要最小限度の食糧（米・稗・大根）のみを持っているだけであった。「さかりの細浦」から「山田浦」までは、それほど遠い距離ではないので、いわば軽装備というところであった。

天明四年の正月二日朝、空船で「さかりの細浦」を出た時は南からの風であった。この船は長兵衛が細浦で買い求めたもので、いわば彼らにとっては初乗りの船ということになる。山田浦は北方にあるので、南風はいうまでもなく追風順風で、絶好の航海日和である。

船が途中の国吉浜（現在の大船渡市吉浜湾カ）沖に差しかかった頃、風向きが替わった。陸地方面からの申酉（南南西）風になり、次第に吹き募り大風・高波へと急変した。船は沖へ沖へと吹き流され、陸地から引き離された。当時の陸地を見ながら航海する船にとっては、陸地が視界から消えることによって、致命的ともいえる状況に陥ったのである。彼らは船の転覆だけでも防ぐ手段として、綱に碇を付けて海中に垂らし、船の安定を図った。しかし、翌日の

三日になると波風ともにますます強くなり、碇綱が褶り切れた。乗組員は髪を切って諸神に願かけしている。

四日の昼九ツ時（正午）頃、風は戌亥（北西）に変わり、少しだけ穏やかになった。船の位置関係はまったく分からなくなったが、陸地へ近づこうとして帆を上げ、午未（南南西）へ向けて船を走らせた。暮時には南風になり、戌亥（北西）の方向へ船を走らせた。五日も同じ方向からの風が続いていたのでそのまま走り、六日の朝には仙台の「よおり崎」（現在の宮城県女川町ヵ）の山が見えた。安堵した彼らの様子が忍ばれよう。寄磯崎は牡鹿半島の先端で、金華山の北・女川湾の入口にあたる。そこで船頭の長兵衛は、その方角を目指して、船を向け走らせた。しかし、昼七ツ時（午後四時）頃から申酉（西西南）風に変わり、その上、風波が強まり船は再び陸地から非情にも引き離された。それからは再び自分らの位置関係がまったく分からなくなった。ただ波風に船を任せるだけで、完全な漂流状態に陥ったのである。

十五日頃には、もはや飯米や水もなくなった。稗と大根がわずかに残るだけで、燃料もなく、生のまま齧り、ようやく露命を繋いだ。十八日頃風は南に変わり大時化・高波になり、舵の羽は損傷し、船は危険な状態に陥った。そこでまた、碇一頭に綱三房を垂らしに引かせ、波風に任せて漂流を続けた。波風は強くなるばかりで、垂らし綱は褶切れた。さらに危険が高まり、彼らはもう一度髪を切って諸神に願かけしている。なすこともなく彼らはさらに漂流を続けたのである。

月も代わって二月三日未明、どこの国とも皆目分からないが近くに島を発見した。彼らはそこに着岸したいと念じ祈り続けた。「永々食事等乏敷労れ候間、一向働不相成罷在候」と、長いこと何も食べていないので、全く力を出すことができなかった。絶望しきっている時に、「漁船漕参り、様子被尋候」と、一艘の漁船が漕ぎ寄せてきて、様子を尋ねてくれた。彼らは「灘ニ而段々遭難風候」と、難風に遭い長いことずっと漂流している旨を伝えると、漁船の

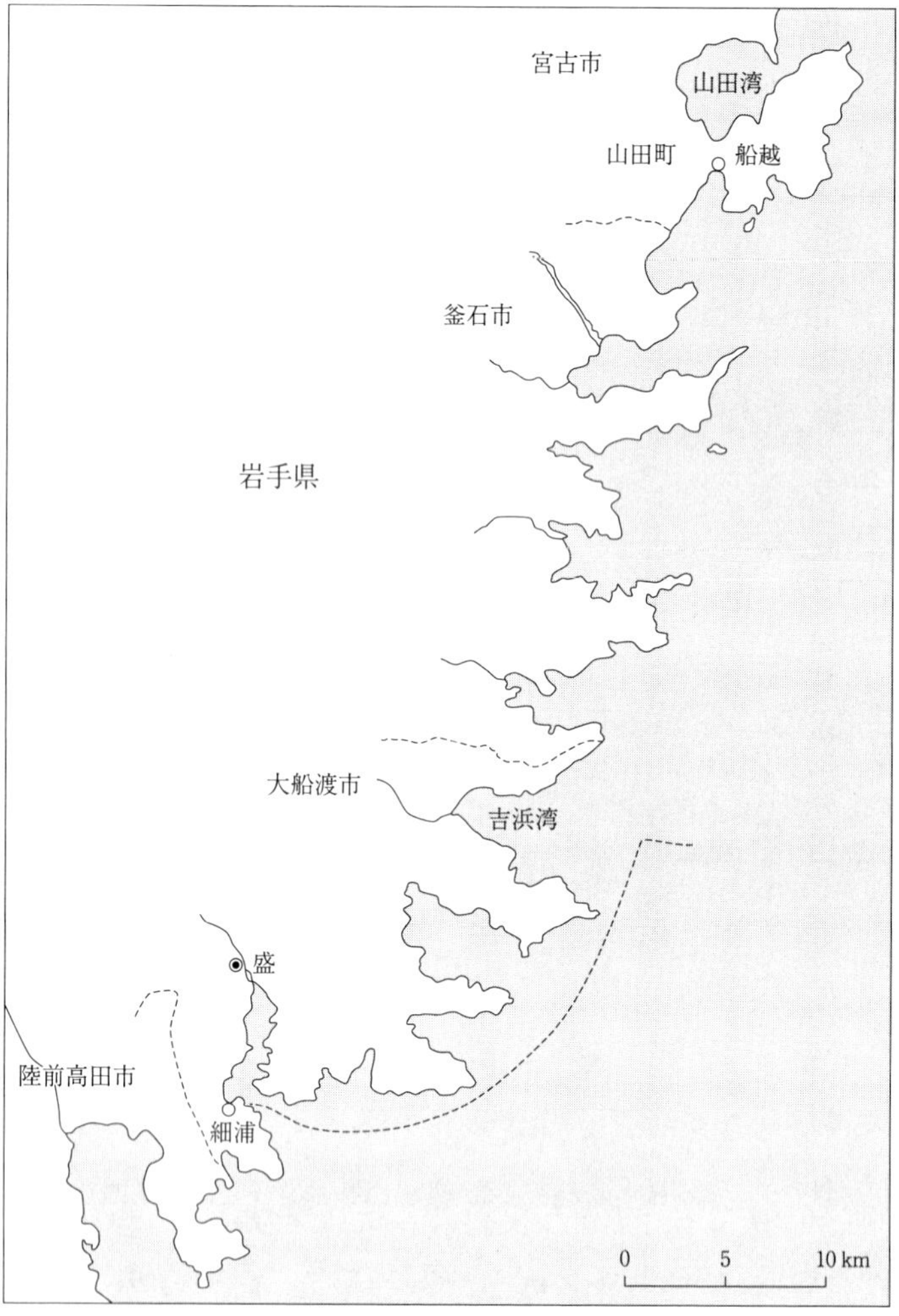

図6　南部山田浦長兵衛船航路概念図

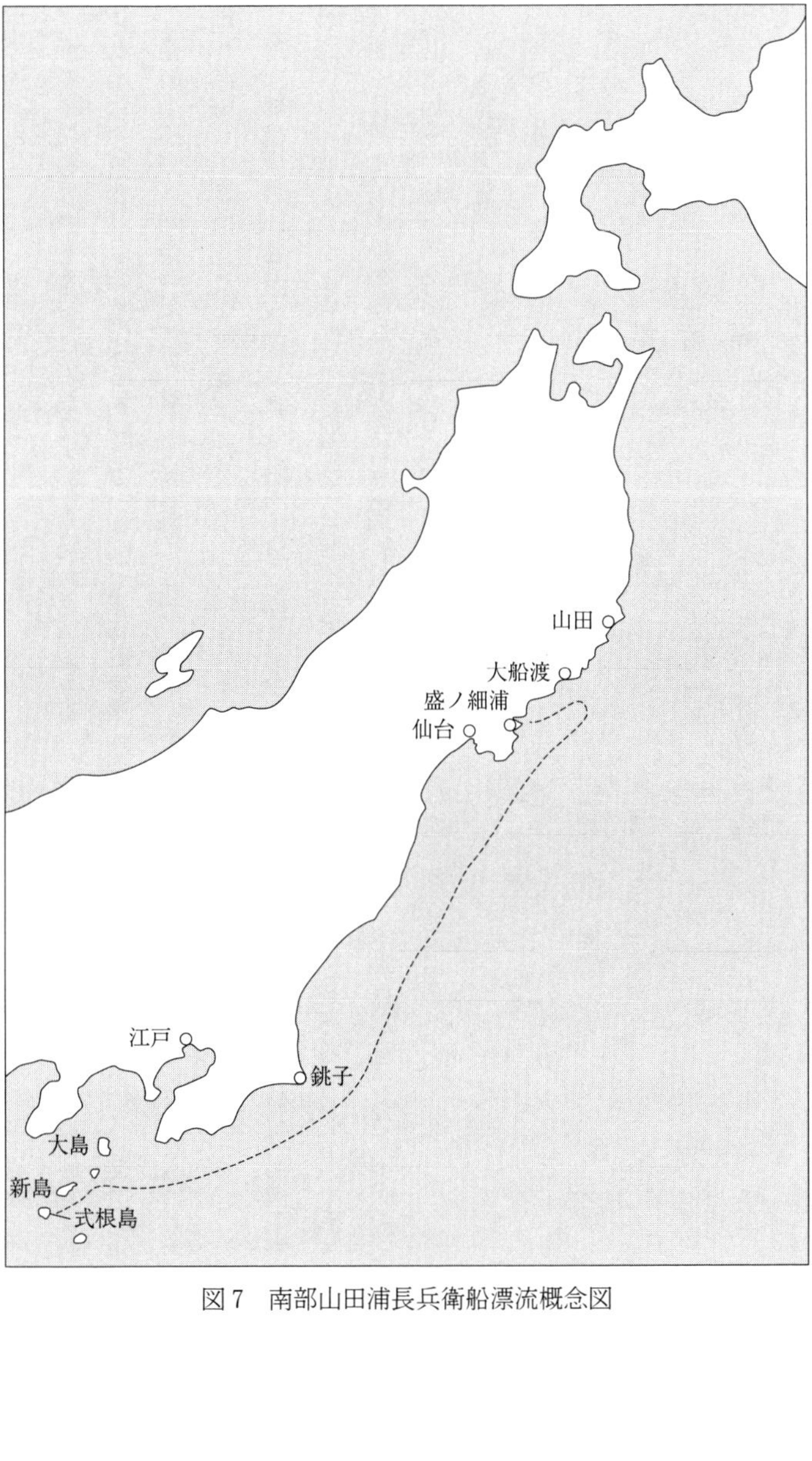

図７　南部山田浦長兵衛船漂流概念図

衆が水を与えてくれた。そして、船を曳航して、その島（式根島）の入江に引き込み繋ぎ止めた。食物を与えられた。生き返った。

漁船の衆の知らせを受けて島役人が本島から急ぎ来た。浦賀御番所の切手や往来手形などを所持しているかなど色々尋ねられた。「此度細浦ニ而船相求、山田浦江走せ廻り候積、空船ニ而出帆仕候」と、奥州細浦で船を買い求めて、近くの山田浦へ向かっただけの小船であり、江戸廻りの船ではないので、通行手形などは所持しておらず、遠くこの地へ漂流してきたことを申し述べた。

丹念に検分した島役人は、「其上綱碇不足ニ候得者、当浦ニ而難繋候間、本嶋前浜江引揚可被下旨」を説明した。船の修復は可能であると判断し、船具の不足を補充すれば、船は十分使用に耐え得るとみたのである。その上で船を修理するために、本島の前浜まで漁船で曳航し、村人の手で陸揚げした。本島に移送した上で、改めて船中くまなく検分している。その時の検査によると、船中に残っているものは次の通りであった。

有物之覚

一　檣　壱本　但痛　　　一　桁　壱本
一　楫　壱羽　但痛　　　一　櫓　四梃　内弐梃痛
一　木綿帆　八端　　　一　碇　壱頭
一　檜綱　壱房　　　一　くるみ綱切レ　弐筋
一　大渡シ　壱房　　　一　すゞ入交セ綱切　壱筋
一　はやを　四房　　　一　楫道具　一式
一　わら綱切レ　壱筋　　　一　苧物小道具　一かけら

一　苧物切レ　壱筋
一　くくり　壱筋
一　わら綱切レ　壱房
一　すかい　八本
一　かぎ　壱本
一　飯米櫃　壱つ
一　ごとく　壱つ
一　ごとく　壱つ
一　小桶　三つ
一　かつき桶　弐つ
一　古筵　三枚
一　みなわ　壱房
一　わら細物　壱房
一　水棹　四拾本
一　苫　六拾弐枚
一　あか取ひしやく　壱本
一　へつつい　壱つ
一　釜　弐つ
一　飯□　壱つ
一　水樽　壱つ
一　道具箱　壱つ　細工道具入
一　銭　壱貫五百文

〆三拾六口

是者御改之上御渡被成候

船は大破していたが、当地で入念に修繕すれば、十分航海に耐え得ると判断し、新島の船大工が手当した。その上、大工の手間賃や不足の船具などを補充したものの、彼らは支払うべき代金は持参しておらず、江戸まで送った上で、金二分・銀一二匁六分を受け取ることにした。

また、江戸までの航路も不案内なので、水先案内として水主を一人雇いたいと申し出た。無理からぬことと判断した陣屋では、長次郎なる者を付けることにした。

新島役所としても、この顚末を江戸の代官所へ報告しなければならず、島役人を差し添え、江戸まで行くことを彼らに伝えている。ともあれ、前掲の品物以外はまったくない。彼らは命を助けられ、島で手厚く介抱されて、感謝の言葉もない。後日のため口書証文を提出するところであると述べている。

口書証文は奥州南部山田浦船の直乗船頭長兵衛・水主清兵衛・同巳之松と、同国船越村亀蔵・同人女房いせの五人の連名で、新島地役人・名主・年寄に宛てたものである。この口書証文に奥書を付し、新島役所から奥州南部山田浦役所宛に発給している。後代になると「口書証文」は名主・年寄宛に提出させ、地役人が奥書署名する形式に定着するが、天明期頃はまだ書式が定着していなかった段階と考えられる。新島役所では、口書証文および浦手形の写しを添えて、伊豆代官所などに報告していることについては、関係史料は現存していないが、いうまでもないことである。

二　寛政九年江戸深川伊兵衛船

(1) 記録

寛政九年（一七九七）の江戸深川木場船の遭難に関する記録は、巳二月付「破船御届幷諸書付扣」[2]と、寛政九年巳二月付「伊兵衛船破船一件書物写」[3]がある。

まず、巳二月付「破船御届幷諸書付控」には、次の史料がある。

①寛政九巳年付　乍恐以書付御注進奉申上候

寛政九年正月十八日、新島持ち式根島に漁業で滞在していた村人が、野伏浦口に破損した遭難船を発見した。船は羽州御廻米積船で、江戸木場町伊兵衛船の由、一九人乗りであるとの通報を陣屋へ伝えてきた。積荷の米は上杉弾正大輔預かりの天領年貢米で、島民を動員して回収作業を行った旨を新島役所から勘定方三河口太忠へ届け出ている。

②寛政九巳年二月付　乍恐以書付奉願上候

干立てた濡米を新島で買請けたい旨の願書で、新島役所から勘定方三河口太忠へ提出。

③寛政九巳年二月付　乍恐以書付奉申上候

羽州御廻米の回収米は三千二百余俵で、上・中・下に区分し、それぞれの分量を書き上げ、新島役所から勘定方三河口太忠役所へ報告。なお、「貼紙」には買取希望価格が記載されている。

④寛政九巳年二月付　乍恐以書付奉願上候

干立米は三二六四俵（一一八〇石八斗七升二合）の「分一」下付願い。

⑤寛政九巳年付　乍恐以書付奉願上候

新島からの希望通りに、濡米の売却が決定した場合に、提出する願書である。豊漁なら一年以内に皆済、不漁ならば三ヵ年賦の支払いを希望するという内容になっている。

⑥寛政九巳年二月付　乍恐以書付奉願上候

これは木場船の遭難に直接関係のないもので、混入したものと思われる。

⑦正月七日にあった拾得物にかかわるもので、木場船遭難とは無関係。

また、寛政九巳年二月付「伊兵衛船破船一件書物写」には、以下の史料が含まれている。

⑧寛政九年巳二月付　口書証文之事

伊兵衛船が遭難するまでの経緯を記述し、遭難後の積荷の回収作業についての、日ごとの記録である。沖船頭庄吉以下全員の連名で、新島役所へ提出した口書証文。
⑨寛政九巳年二月付　覚
回収した濡米三二六四俵と一包、ほかに船中食糧米六〇俵の、等級区分を行ったもので、沖船頭伊兵衛以下全員の連名で、新島役所へ提出した覚書。
⑩寛政九年巳二月付　一札之事
新島での逗留中の心得を順守する旨の一札で、沖船頭伊兵衛以下全員の連名で、新島役所へ提出した一札。
⑪卯九月朔日付　覚（貼紙）
無関係なもので混入している。
⑫寛政九巳年二月付　乍恐以書付御注進奉申上候
木場船遭難の経緯と回収について、新島役所から勘定方三河口太忠への注進状。
⑬寛政九巳年二月付　乍恐以書付奉申上候
回収し干立てた御米を等級区分し、さらに本俵と痛俵に仕分けした分量を、新島役所から代官三河口太忠役所へ提出した書類。
⑭寛政九巳年四月付　乍恐以書付奉願上候
濡米の現地売却にかかわる入札・落札金額に、増金を申し付けられた新島惣百姓一同からの願書。
⑮寛政九巳年四月付　乍恐以書付奉申上候
内容は⑭と同じであり、増金はできかねる旨を述べている。
⑯寛政九年巳四月十七日付　乍恐以書付奉申上候

買請金六〇両を七ヵ年賦での支払い許可申請書。
⑰寛政九年巳四月十七日付　差上申手形之事
遭難者一九人の江戸送りの船であり、その通行許可申請を、新島役所から浦賀御番所へ提出。
⑱寛政九巳年四月付　御請
濡御米買請にかかわる請書で、新島役所から勘定方三河口太忠の手附下宅兵衛宛になっている。

（2）江戸から奥州へ

寛政九年（一七九七）付の「正月十八日新嶋持式根嶋ニテ致破船候」[4]という記録がある。遭難した船は伊兵衛船といい、江戸深川木場所属の船である。

伊豆諸島近海での遭難事故のほとんどは、上方からの江戸下り船であるが、この江戸深川木場の伊兵衛船は奥州から南下し、江戸へ向かう船で、まったく逆方向から来ている。潮流で見ると、上方からの船は黒潮を利用し、奥州からの船は親潮を利用している。

季節により多少は異なるが、黒潮と親潮はほぼ房総半島付近でぶつかる。伊豆諸島はその近海に点在するという地理的条件により、北方からの船が漂着することは当然のことといえる。ただ、江戸時代の海運は圧倒的に上方から江戸下りの船が多かったことはいうまでもない。

千葉県には房総半島沖合での海難記録が多い。海流や風などの気象条件によって遭難し、伊豆諸島に漂着する船もあった。伊豆大島の波浮湊は奥州から南下する船舶の避難港・風待港として、上総国周准郡の秋広平六が、寛政十二年に築港したことは、すでに広く知られているところである。江戸深川木場伊兵衛船遭難は、それより三年前ということになる。

江戸深川木場町（現在の東京都江東区木場）の伊兵衛船には、沖船頭庄吉を始め水主・炊の総勢一八人が乗って、寛政八年十一月一日に空船で江戸品川を出帆した。目的は出羽国置賜郡の米沢藩主上杉弾正大弼が預かる天領地の年貢米を、江戸へ回送するものであった。翌二日には神奈川（現在の神奈川県横浜市内）に入津した。三日にはそこを出港し、その日の内に浦賀に入津して、浦賀御番所（観音崎の南に位置する場所で、現在の神奈川県横須賀市久里浜）の検査を受けている。浦賀を出発したのが十一日で、その日に三崎湊（現在の神奈川県三崎町）に入った。十四日に三崎湊を出帆した伊兵衛船は外洋に出て、房総半島を廻り銚子湊（現在の千葉県銚子市）に入津したのが十六日であった。ここで二日間停泊し、十八日に出帆したものの、「風様悪敷出戻」っている。銚子湊ではさらに二日間風待ちをしてから、改めて二十日に出帆、翌二十一日には常陸国平方湊（現在の茨城県北茨城市平潟）に入津した。ここでも一〇日間風待ちをしている。月も改まり十二月一日に出港、五日後の同月六日に、ようやく目的地である奥州寒風沢（現在の宮城県松島町で松島湾内）に入津している。

伊兵衛船の軌跡をたどって見ると、奥州への太平洋東廻りと、その後に仙台藩が独自に延長開発した航路を北上していたことが分かる。太平洋の東廻り航路は、幕府が江戸の豪商河村瑞賢に命じて開発したもので、伊達・信夫地方の天領年貢米（城米）を、安全に江戸まで輸送する目的であった。当初は阿武隈川の水運を荒浜（現在の宮城県岩沼市）まで改良し、荒浜から南下する海岸の要所要所に監視・救難所を設置した。房総半島を廻って、相模国三浦、または伊豆国下田に至り、そこから反転して江戸湾に入る航路であった。

伊兵衛船はこの航路を利用しているが、奥州置賜郡（現在の山形県長井市〈西置賜郡〉と、南陽市・白鷹町・飯豊町・小国町〈東置賜郡〉、および米沢市・高畠町・川西町〈南置賜郡〉の地方である）天領米は、阿武隈川を利用して、荒浜に集荷してはおらず、それより北方の湊に集められていた。荒浜以北の航路は仙台伊達藩が江戸への航路整備として、野蒜

（現在の宮城県松島町）・塩竈（宮城県塩竈市）・磯崎・石巻（現在の宮城県石巻市）などの港湾整備を行っている。伊兵衛船が向かった寒風沢は野蒜湊のことである。

伊兵衛船は寒風沢で出羽国置賜郡内天領の年貢米（御城米）を船積みしている。その積荷は次の通りであった。

御米　一三六五石
　此俵　三四一二俵二斗
　内御様俵　四俵　内二俵箱入・二俵布袋箱入
此仕訳
　御米　一三〇〇石　御廻米
　　此俵　三〇五〇俵
　米　六五石　欠米
　　此俵　一一二俵二斗
　外
米　一一〇俵　但四斗八升入　船中粮米
　内二俵　上乗飯米

年貢米輸送責任者である上乗りは、年貢上納の羽州置賜郡天領諸村を代表して、佐沢村の村役人であろうと推定される善之亟であった。寒風沢からは一八人＋一人の都合一九人ということになる。

（3）出帆から遭難まで

寛政八年（一七九六）十二月二十六日、船は奥州寒風沢湊を出帆し江戸へ向かった。奥州へ向かう時には常州平方

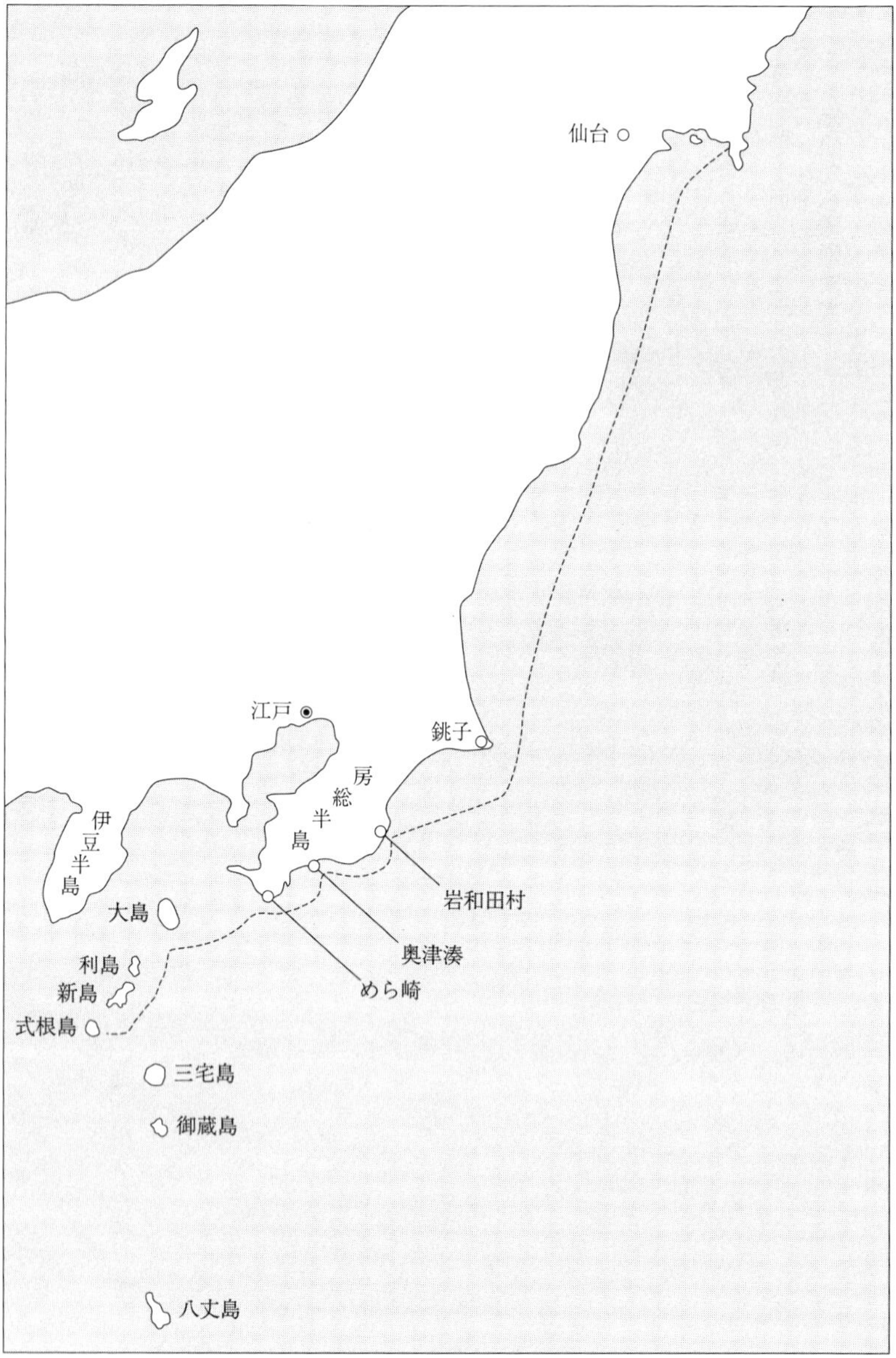

図8　江戸伊兵衛船航路概念図

湊で二日、上総国銚子湊で四日の風待ちをしている。銚子ではいったん出帆したものの引き返したりしたが、帰りは順調であった。上総国の沖合に差しかかったのが、十二月二十八日であった。二日でここまで来たことは極めて順調な航海だったといえる。だがここで一変した。

年も押し詰まった師走二十八日の夜に入って、突然雷雨に襲われ、大北風に加えて大雨にも見舞われた。船は暴走し帆柱が折れた。翌二十九日も漂流し続けた。御米は大切に囲い込んでいる。三十日は凪になった。近くに漁船を見かけ、招いて事情を伝え、近くの湊へ船頭と水主一人が乗せてもらって上陸した。岩和田村（現在の千葉県御宿町。慶長四年〈一五九九〉ポルトガルのフイリピン総督ドン・ロドスゲスが乗っていたサン・フランシスコ号が座礁し、上陸した所がこの岩和田村であった〈千葉県指定史跡〉）である。事情を知らされた名主庄五郎は、浦役所のある次浦の奥津湊（現在の千葉県勝浦町から千倉町の間にあった湊と思われる）まで漁船を使って曳航した。沖船頭庄吉は事情を上申した。浦役所から房州内浦役所（現在の館山市または木更津市ヵ）へ報告し、そこから江戸表へ注進した。その間に船中の検分が行われている。年も改まり正月十日には江戸から米沢藩の役人が到着、年貢米等の検査をした。さらに船中の状況を念入りに点検し、船頭らから「口書」を取っている。

奥津湊で船の帆柱・桁・帆や小道具などの修復・補充を完了して、さらに上杉藩の最終検査を受けている。かくして、ここを十四日に出帆したが、風が悪く出戻っている(5)。

十六日に改めて奥津湊を出帆し、その日の暮れ六ツ時（午後時）頃には「めら崎」（現在の千葉県館山市米良岬）を回ったところで、北風が強く吹き付けてきた。そこで船は相模国三浦は風上に位置していることもあって、西南方の伊豆浦（現在の静岡県下田市）を目指して走った(6)。風はさらに強まり波も高くなってきた。すでに夜中になっていたが、彼らは「波風ニまかセ」ながらも必死に働いた。翌十七日の夜が明けてみれば、船は大島（現在の東京都大島）の南方海上にあった。雨が降り大時化になり、ますます風は強まり、船は思うようには進まなかった。碇を入れて船を止めようとしたがままならず、その日の暮方からはさらに風波が強まり、凌ぎ難くなった。船頭・水主は髪を切り神に祈った。御米だけは守り続け、さらに苧綱二房を垂らし、船の安定を図った。

正月十八日少しばかり凪いで海上は穏やかになった。垂らした綱を切り捨て、帆を少し揚げ、風に任せて走り、島岸へ逃げ込みたいと懸命に働いた。入江が見えたので懸け留めを試みたが、潮の流れが速く殊に高波が襲ってくる。潮の流れに押されて、船は入江の入口の岩に激突し破船、忽ち浸水を始めた。

たまたま、この無人島（式根島）に新島の漁人たちが、泊まりがけで漁業に来ていた。漁民たちは浜小屋に滞在していた。伊兵衛らは遭難の事情を新島の漁民たちに伝えて、本島への連絡を依頼した。しかし、海が荒れており、漁船は本島に向けていったん式根島を離れたが、高波で押し返された。少し高波が穏やかになったのを見計らって、漁船は本島へ知らせに走っていった。

待っている間に、近くにもう一艘の漁船が見えた。頼み込んで船頭と水主がこの漁船に乗り、本島へ連絡しようと漕ぎ出したところに、先に依頼した漁船の知らせを受けたらしく、陣屋から島役人が急行してきた。早速現状を確認してから、島役人は浦賀御番所切手や、その他の関係書類の提示を求めた。御切手や送状その他の重要な書類は船頭が大切に守っていた。ただ御用船の提灯だけは流失したことを述べている。

翌日の正月十九日から村人大勢を動員し、村役や船頭庄吉らも立ち会って、積荷の回収作業を開始した。その夜中から二十日にかけて大風雨になった。入江は北向きで波が激しく、全員必死に働いたが、作業は容易ではなかった。積荷の米は海底にも沈み、岸に打ち上げられているものもあった。毎日のように村人たちは本島から式根島に渡り、凪間を見計らっては数十艘の漁船を出して、回収作業を継続している。たとえば二十一日は「雨晴、少々風静り候間、猶又、大勢人足差出、船中幷海底・磯辺・入江口・沖迄もむくりを入、御米取揚候」と、むぐり（潜水）までして回収作業をしている。かくして、回収できたものは「左之通取揚候」として次のように記録されている。

米　三六〇俵内　三三〇俵　本俵
　　　　　　　　三〇俵　痛俵　以上は一月十九日・二十一日回収分
米　一四八二俵内　一四二二俵　本俵
　　　　　　　　六〇俵　痛俵　以上は一月二十二日・二十三日回収分
米　三五四俵内　三〇九俵　本俵
　　　　　　　　四五俵　痛俵　以上は一月二十五日回収分
米　五六四俵内　五一〇俵　本俵
　　　　　　　　五四俵　痛俵　以上は一月三十日回収分
米　三五八俵内　三一二俵　本俵
　　　　　　　　四六俵　痛俵　以上は二月四日回収分
米二〇六俵・一包内　一七五俵　本俵
　　　　　　　　三一俵　痛俵
　　　　　　　　一包　大痛　以上は二月八日回収分

合計　米三三二四俵　内六〇俵　船中糧米の分

本俵は無傷俵であるが、痛俵同様汐濡れしている。少なくとも痛俵の容量は減少しているはずである。当初、奥州寒風沢湊で船積みしたのは、六七三四俵余であった。回収されたのは三三二四俵である。一九七俵は「汐行早キ場所ニ付、沖江払出流失いたし候ニ紛無之」く、回収できないままになった。回収率は約半分である。海上遭難の通常回収率は〇％であることに比較すると、無人島とはいえ湾内であったため、回収率約五〇％は不幸中の幸いといえる。なお、心当たりの場所があれば、遠慮なく言って欲しい、探索は続行するからと、島役人から親切に言われたが、村人たちが残す所なく捜索しており、これだけで十分であると船頭は答えている。しかし、回収作業は継続されたようで、さらに一九八俵が回収されたらしい記述があるが、詳らかではない。

回収された米も「其儘ニ而数日差置候而者、腐ニ可相成ニ付、干立可申」と、早急に天日干ししないと腐ってしまう。また、船は「水込船」になっており、渚に引き寄せて繋ぎ止め、船道具は岡に揚げる。艀は無事なので、本船の解体作業に利用する。この作業には大工や人足が必要などと相談し決めている。この「口書証文之事」には、

船頭　庄吉
舵取　太兵衛
水主　新助・平四郎・新兵衛・勘兵衛・喜作・与右衛門・幸助・松之助・万次郎・要吉・三太郎・馬之助・元吉・
　　九助・甚八
炊　石松
上乗　善之亟　羽州佐沢村（現在の山形県東置賜郡高畠町佐沢）役

の乗組全員の署名と印又は爪印がされている。[27]この「口書証文之事」と一緒に記録された、寛政九巳年二月付の「覚」によると、取揚濡御米は三二六四俵と一包で、この干立て高は一一八八石八斗七升二合であった。このうち二九九八俵で、本俵（三斗六升九合入）の石数は一一〇六石二斗六升二合ということになる。このほかに米六〇俵は痛俵で、船中糧米の分（但四斗一升入）がある。この石数は二四石六升である。回収された俵数は三三二四俵と一包で、

千立て俵数は三二六四俵と一包で、六〇俵の減少差がある。この理由は、痛俵の二六六俵が含まれていることに起因すると考えられる。乗員の船中糧米六〇俵は別記されている。ともあれ、米の計量方法に石計算と俵計算が混在しているので、実に厄介なことといわざるを得ない。しかも千立て後の仕立俵の分量が不統一であり、さらに複雑にしている。ともあれ、回収された年貢米の内訳は次の通りである。

本俵　三〇五八俵
痛俵　二六六俵
大痛　一包
計　三三二四俵一包

千立て後の俵数は三三二四俵とあったが、上・中・下御米に区分された計は三一六三俵になっている。下御米で本俵数プラス痛俵数に、一〇一俵と数字的に矛盾しており、明らかにはできないが、俵仕立てに際して、一俵あたりの内容量の違いも、その理由になっているのではなかろうか。そこで俵仕立てについて記すと、

千立総石数　一一六〇石八斗七升二合
内訳　本俵仕立　一俵の内容量は三斗六升九合入
　　　痛俵仕立　一俵の内容量は二斗八升入

とあって、一俵でも大きな差がある。このため、石数計算の方が遙かに正確であるといえる。「痛俵」では、「本俵」と同量の俵仕立てができなかったのではないかと推定されるところである。回収された濡米は、千立てないと腐敗す

表9　千立てされた年貢米の内訳

区分	本俵	痛俵	計	石数
上御米	一一〇〇俵	五一俵	一一五〇俵	四二〇石一斗八升
中御米	九六一俵	七五俵	一〇三六俵	三七五石五斗六升九合
下御米	九三七俵	一四〇俵	九七七俵	三九五石八升三合
計	二九九八俵	二六六俵	三一六三俵	外一包　一斗三升

るので、本島へ移送し、村人が分担し、早急に天日干しを行っている。

(4) 滞在

遭難者には滞在中の心得として、次のような「一札之事」が申し渡され、署名捺印が取られる。

一札之事

一　拙者共儀、当嶋ニ逗留仕候ニ付、被申聞候者、当嶋之儀、従　公儀様被為仰付候流人在嶋致候間、右流人与出会候儀、堅停止ニ候、尤出国之砌、内通状者勿論、音物・口頼・伝言ニ而も、一切取次申間敷旨被申聞候事

一　火之用心大切ニ可致事
　附り　くわへきセる堅無用之事

一　博奕賭之諸勝負一切致間敷事

一　喧咊・口論可相慎事

一　昼夜共ニ郷中徘徊無用之事
　附り　山林畑等猥ニ不可致徘徊事

右之通被申聞、逸々承知致シ候、依之、印形差出申所、仍如件

寛政九年巳二月

江戸深川木場伊兵衛船

沖船頭　庄吉　印

舵取　太兵衛　爪印

(以下　水主一五人・炊一人　略)

上杉弾正大弼御預所羽州佐沢村
上乗　善之亟　爪印
印形流失致シ候ニ付、爪印致シ候

滞在中に流人と接触することを禁止し、国地への内通・伝言等の厳禁、火の用心、博奕等諸勝負の禁止、喧嘩・口論を慎むことや、島内での徘徊の禁止を求めている。島役所からは、この海難事故について、伊豆代官所と、江戸の米沢藩邸へ注進がなされている。その中に「分一」法のことが言及されている。回収した積荷に対する島の取得権分である。「取揚濡御米三二六四俵ト一包」で、干立て石数は一一八〇石八斗七升二合であった。このうち一〇分の一は「分一」により、新島の取得分で、次のように記録されている。

干立石百拾八石八升七合　　十分一被下置候様奉願上候

「分一」は幕府が定めた当然の権利であるが、形式上「奉願上候」とある。汐濡れの米は江戸へ回送しても使用に耐え得るものではなく、ほとんどが現地入札の手続きによって売却される。入札に際しては品質（干立て具合）により、上・中・下の三区分で、落札値段は次のようであった。

一　上御米　金一両ニ付　五石六斗替
一　中御米　同断ニ付　　七石二斗替
一　下御米　同断ニ付　　八石八斗替

入札では個人が落札する場合もあるが、新島では右記金額は「惣百姓一同落札直段ニ而御買請仕度旨相願申候ニ付、一同御買請奉願候」と、村で買請けしようと言うのである。ここに「貼紙」がある。宛先等は記入されていないが、次のように記されている。

乍恐以書付奉願上候

一　濡御米代金之儀者金六拾両、当時上納可仕候、残金之儀者、困窮之嶋方御座候得者、急出来難仕御座候間、
何卒御慈悲を以、七ケ年ニ上納被仰付被下置候様、偏ニ奉願上候、以上

濡米は「分一」により一割を減じて、その残り一〇六二石七斗八升五合を新島が買い受けることにした。そこでとりあえず金六〇両を支払い、残りは七ヵ年賦で買い受けるというものであった。この値段は新島から提案した要望であって、「尤右破船濡御米御払之積ニ付、直段精々吟味代付仕、手本米相添（中略）年寄藤右衛門召連出府仕候」とあり、値段の交渉に入っている。しかし、「落札直段ゟ増金可仕旨再三申聞候処、汐濡故怔合不宜、其儘ニ而者難用候得共、穀物不足之嶋方ニ付、如此様ニも粮物ニ付、夫食ニ仕度」とある。新島から提案の買取り価格を、安値と見た江戸幕府は、落札金額に「増金」を「猶又、再応吟味増金為仕、別紙ニ奉申上候」と要求しているが、今のところ別紙が見当たらず、買取り価格について、現存する史料からの最終価格は不明である。新島の年寄藤右衛門は、遭難者一八人を伴って江戸へ行き、伊豆代官所を通して交渉に入ったものと思われる。

買取り価格交渉の相手は天領預かりの米沢藩ではなく、幕府勘定方の三河口太忠になっている。太忠はこの遭難事故のあった直前の寛政七年（一七九五）から同九年まで、伊豆代官の職にあり、伊豆諸島の巡検もしており、新島の事情を良く知る人物であった。

三　文化十二年松前船

（1）前浜での救出劇

この遭難に関する史料は「浦証文下書」[8]だけである。しかも、この「浦証文之事」は欠損部分があって詳らかではないが、書き出しは「当亥十一月四日、北風ニ而午下刻頃、廻船壱艘帆少し巻上ケ、当嶋前浜近く走参、海岸ゟ拾町程沖ニ而帆を下ケ掛留候」とある。文化十二年（一八一五）十一月四日の昼頃のこと、北風に流されて、一艘の外洋運搬船である廻船が少し帆を巻き上げた状態で、新島本村西海岸の前浜から約一キロの沖合に停留しようとしているのが見えた。無人島地内島の島陰付近と思われる場所であろうか。

村役が村人たちと海岸に出て、遭難船ならば救助しなければと思っていたが、北風が強く風波が激しく、とても漁船を出すことができない状況で、ただ見守るだけであった。遠目で見たところ船は壊れた様子はなく、そのまま無事に走り去ればよいがとただ念ずるだけであった。

夜に入る頃になって、海は幾分穏やかになった。そこで漁船を出し、廻船の側近くに行き様子を尋ねた。村人は「此沖ニ而者、西風ニ吹替り候而者、出帆難成事故、只今之内いづ方江成共走行候様申聞ケ候」と、停泊しているこの場所は、風が西に変わると危険だから、どこか安全な場所に避難した方がよいと助言した。しかし、船頭・水主らは、この辺りについては不案内なので、浦賀までの水先案内人を頼みたいと言う。そのことについては島役人に相談しなければ、私共の一存では「挨拶難成事故」に、その旨を早速島役人へ伝えようと、その村人は答えている。これに対して「左候ハヽ、夜明ケ候而掛合可被致積故」と、水先案内人の依頼は明朝することとしたので、漁船は廻船から離れた。

翌日の明け七ツ時（午前四時）頃から、北風だったのが西に吹き変わり、次第に風波が強まってきた。凌ぎ難くなったと見え、廻船から艀が降ろされた。それに六人が乗り移り衣類・手道具類などの身の回り品を積み、迎え綱を本船に結び付け、海岸を目指した。本船にはまだ三人が残っている。「残り三人茂、又候、右之手段ニ可致与一同申合」

たらしく、本船と海岸の間を一本の綱で結び、残り三人も同様の方法で艀を使って脱出する申合せだったらしい。しかし、海岸近くにまで来た艀は、強い岸波に遭い「即時ニ打被返」されて転覆している。六人は海中に投げ出された。見ていた村人たちが駆けつけて海中に飛び込み、六人全員を救助した。焚火で暖を取らせ、粥を与えている。さらに「艀者流れ居、其外浮荷之分共取揚」げている。

一方、艀まで利用できなくなったため、「元船三人之者、苧綱不残取集、おろし置候碇綱へ結付、段々継足むかへ綱ニ致、地方江元船を流し寄せ候得共、右綱海岸迄者届兼候」とあり、本船にはまだ三人が残っていた。垂らしてあった綱を利用して、村人と協力しながら、船を少しずつ海岸へと近寄せたが、綱の長さが不足して、海岸に着けるのは無理であった。三人は「無是非手放し候」と、この方法では無理であると判断した。幸い元船はしばらくの間、高波によって少しずつ海岸へと近づいていた。彼らは細綱を船に結び付けて、海岸にいる村人に向かって投げ、「命綱ニ致候」たが、残念ながら、それでも届かなかった。そこで三人のうち一人が細綱を持って海中に飛び込み、海岸を目がけて泳いだ。これを見ていた村人も「飛入、綱人共ニ引揚」げ、ようやく、一本の綱で海岸と元船を繋ぐことに成功した。残る二人は「追々綱を頼りニ飛込」み、全員怪我もなく救出されたのである。かくして、村人たちは凍えた彼らを焚火で暖め、粥を与えて介抱した。

無人になった本船は高波によって海岸に打ち当たり、皆して見守る中で破船散乱した。刎捨てを免れて、まだ元船に残っていた荷物は沖へと流失し、村人たちはわずかな品を回収すべく危険な作業をした。この作業には遭難船員も立ち会っている。

(2) 遭難まで

その後、乗組の九人は名主宅に案内され、さらに介護を受けている。ようやく彼らが落着いたところで、遭難に至るまでの事情説明を求め、詳細に聴取している。彼らは次のように説明している。

船は奥州松前唐津内町（奥州松前とあるが、現在の北海道渡島支庁松前町）の阿部屋茂兵衛船で、船頭・水主共四人乗りの船であった。ほかの五人は松前で雇った増水主で、計九人乗りである。「蝦夷地サウヤ御場所」(9)（現在の小樽・類棚・江刺方面ヵ）で鮭九二〇束を買い付け、同所を出帆し、松前湊に着いた。

十月五日に「沖ノ口御番所」(10)で船改めを受けた。荷を積み入れたその日に松前湊を出帆した時は西風であった。その日の夜の八ッ時（午前二時）頃に箱館湊（現在の北海道函館港）沖に汐懸かり停泊している。十二日には乾（北西）風を受けて箱館湊を出帆し、十四日には奥州南部の宮古（現在の岩手県宮古市）に入津した。二十七日も乾からの風でそこを出帆し、翌二十八日には仙台金華山沖で船がかりしている。さらに走り続け、二十九日には丑寅（北東）の風で、金華山沖を出帆し、その日は小竹村沖合まで来て、再び汐懸かりしている。その日の夕方七ッ時（午後四時）頃に風は乾に変わり、再び船を走らせた。その頃から風雨が強まってきたので、常陸国平方湊（現在の茨城県北茨城市平潟）に入ることを心がけたが、風雨はさらに募り、同夜八ッ時（午前二時）頃には帆を下げて走ったものの、夜分でもあったことから、平方湊を通り越してしまったと語っている。

仕方がないので難所でもある房州の犬房之崎（現在の千葉県銚子市犬吠埼）を細心の注意を払って航海しなければならないと心に決めて、中之湊（現在の茨城県那珂湊）沖合まで来たところ、丑（北々東）風になり、犬房崎の沖合へと吹き出されてしまった。

十一月一日は雨天で、風波はさらに強まった。水主たちは懸命に働いたが、船に危険が募ってきた。太神宮へ祈願し、「鮭四五拾石目・粮米三拾弐俵、外ニ薪不残刎捨候」と、鮭四〇〜五〇石、米三二俵、外に薪を残らず刎捨てた。犬吠崎も見えない程遠く、七〇里も坤（南西）方向沖合へと船は流された。幸いなことに、翌二日には風は丑寅

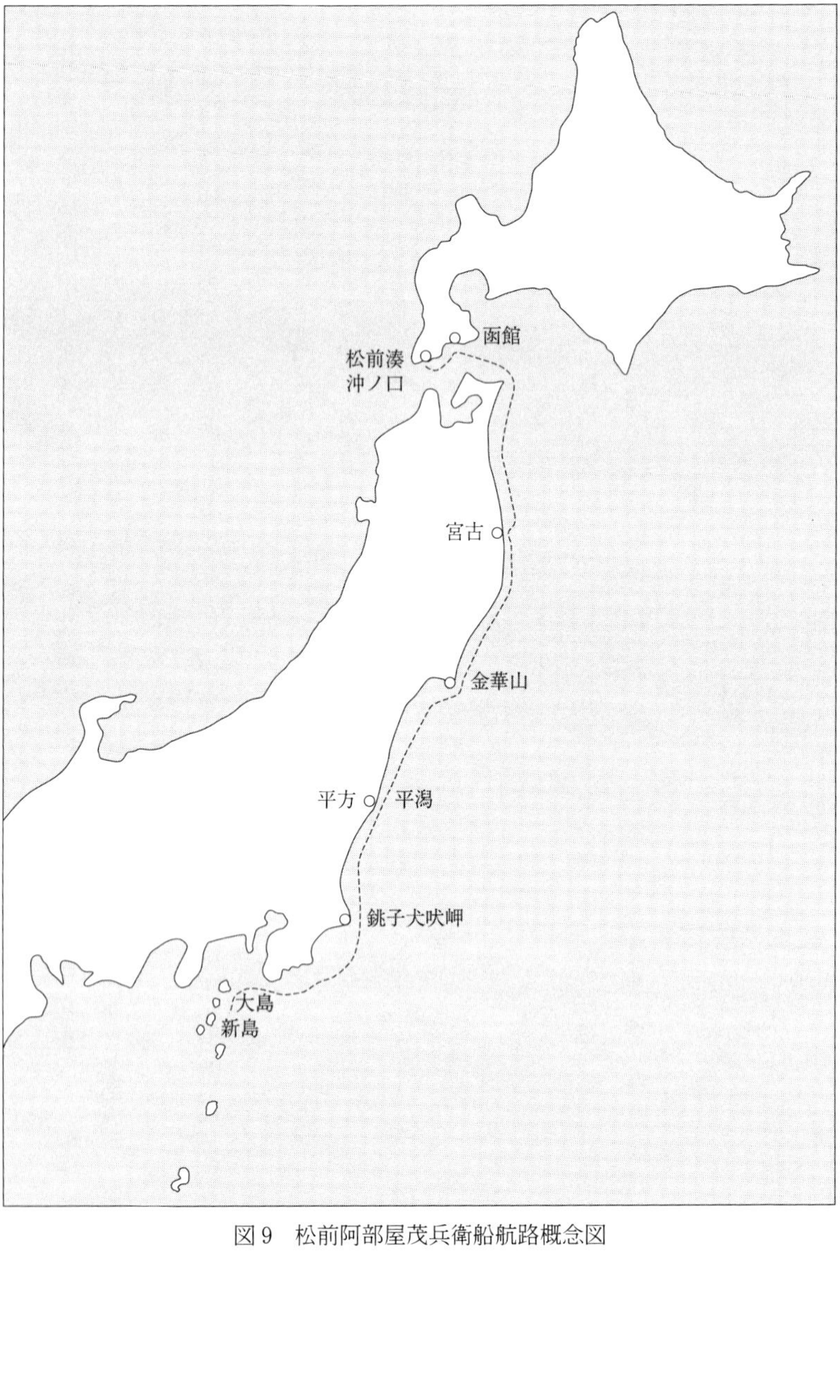

図９　松前阿部屋茂兵衛船航路概念図

(北東)に吹き替わり、陸地に近づき、淵の崎沖で船がかりしている。三日には雨を伴って北風が強まり、再び沖へと吹き流されるというように風に弄ばれる状態に陥っている。雨天で風雨がさらに強まり、乗組員は必死に耐えながら働いた。金毘羅に願かけし、一同髪を切っている。ここでも積荷の鮭四〇〜五〇石を海中に投棄している。

雨が止み島山が見えた。伊豆大島と思われた。島の東端の島陰の海岸近くに避難しようと、碇三頭に苧綱二房ずつ結び付けて海中に入れたが、再び風雨が強くなり、船は碇を引きずって沖へと流された。

四日に雨が止み明るくなった。風下に島山が見えた。「風波又候烈敷相成、掛ケ船難凌に付」、碇の苧綱を切り捨てざるを得なくなった。風波に船を任せ帆を少し巻き上げ、島を目指して船を寄せた。島の西方へ廻り込むと白浜が見えた。浜辺には岡上に囲まれた船も見え、人家も見えた。ここまで来たのだから、「万一破船いたし候而も、人命相助り可申与存」じた彼らは、「拾町程沖江碇三頭卸し、船掛留メ候趣」を決めた。それが新島であった。かくして彼らは救助されたのである。しかし、大勢の人々が見守る中で船は砕け散った。

(3) 回収作業

十二月八日に風も静まり、艀と島の漁船二艘に分乗して、近くの海岸から海底に至るまで捜索し、流れた荷物の回収作業をした。回収したものは表10の通りであった。ただし前欠部分があるのですべてではない。

手荷物(乗組員の身回品)については、「此八品歩合之儀、水主中難渋申立、用捨願候ニ付、歩合引取不申候」とあり、「分一」を免除している。「分一」による新島の得分について、彼らは在島中に処理したいというので、納得の上、書類は船頭・水主に渡された。かくして、新島役所から「浦証文」が船頭に発給されたのが、文化十二年十一月であった。残念なことに『文化十二年　新島役所日記』は現存しておらず、これ以上は不明である。

表10　回収した船具類

回収品名・数量・代金	分一
［浮物］	
（不明）	銀三匁一分五厘
いちび細物　一筋　銀七匁八分二厘	銀七分八厘二毛
細物　四筋　銀一二匁五分	銀一匁二分五厘
内訳　碁石綱　一筋	
つぐ綱　二筋	
いちび綱切　一筋	
碇　三頭　金四両二分	銀二七匁
計　金七両三分　銀一一七匁四厘二毛 （合計九両二分　銀一二匁四厘二毛）	銀五八匁二分二毛
［沈物］	
いちび綱　二筋　金一両　銀二匁五分	銀六匁三分五厘
菊綱　一筋　銭五二四文 この代金四匁六分二厘二毛	銀四分六厘
細綱　一筋　銀二五匁	銀二匁五分
苧綱切　三筋　銀五〇匁一分	銀五匁一分
身縄　二筋　金一両三分　銀二匁	銀一一匁七分
細苧綱　一筋　金二分　銀一匁五分	銀三匁六分九厘
同ざつは　銀三匁九分	銀一分五厘四毛
同板ざつは　銀三匁五分	銀一分七厘五毛
檜綱　二筋　金三分　銀三分三厘	銀二匁二分六厘六毛
計　金二両　銀七二匁八分一厘 （合計三両　銀一四匁八分一厘）	銀九匁七分四厘
［その他］ 明荷一駄・煙草箱一ツ・柳大骨柳一ツ・柳小骨柳五ツ 以上八点	

（4）東太平洋航路

取り上げた三件のほかにも、嘉永六年（一八五三）十二月二十九日に仙台男鹿郡石巻船が、米三千余俵を積んで、江戸へ向かう途中、新島近海で遭難し、一六人全員は救助されたが、船頭だけが新島で病死している。(11) 安政六年（一八五九）二月には仙台藩米を積んだ江戸北新堀船（一五人乗）が遭難し、全員が艀で新島前浜に上陸、村人に介抱されている。(12) この二件の遭難事故については『新島役所日記』に記録が見られるだけである。

寛文十一年（一六七一）河村瑞賢（一六一八〜九九）は幕命によって、奥州の天領年貢米を太平洋沿岸に沿って江戸まで、安全に輸送するための東廻り航路を開いた。彼は海路の危険箇所や港湾の現状を自ら踏査し、新たな施設の配置などの方策を行っている。瑞賢は現地調査を行い、阿武隈川河口の荒浜から船を南下させ、房総半島を廻って、相模国の三崎、または風向きや潮流によって、伊豆国下田に行き、西南の風を待って、そこから引き返し、江戸湾に入ることにした。(13)

それまでは奥州からの航路は日本海沿岸、または太平洋航路ならば常陸国那珂湊か、下総国銚子湊口で、一旦積荷を川船に

積み替えて、利根川から関宿・行徳を経て江戸に達するという、やっかいな手間を掛けていた。(14)

しかし、河村瑞賢の新開航路によって、海難事故がなくなったわけではない。むしろ船舶数が増えたために海難が増加している。今回取り上げた三つの実例は、瑞賢の東廻り航路の開発前後の海難事故である。

寛政十二年（一八〇〇）秋広平六は、伊豆大島の開発神である波浮姫神社の御手洗池を外洋に接続して、避難港を開港した。今の波浮港である。奥州からの船の避難港としてであった。平六は宝暦六年（一七五六）に上総国で生まれ、幕命を受けて伊豆諸島の産業振興に努める中で、避難港の必要性を幕府に進言して、築港工事を行った。この工事は平六の出身地の上総国周准郡の人々を招き寄せている。築港後は波浮地区の請負人（名主格）に任ぜられて、以降港湾の管理を世襲している。

注

（1）新島村役場所蔵文書　整理番号M２―７。

（2）新島村役場所蔵文書　整理番号M２―17。

（3）新島村役場所蔵文書　整理番号M２―18。

（4）「寛政九年巳二月　伊兵衛船破船一件書物写」（新島村役場所蔵文書　整理番号M２―18）に含まれる、寛政九巳年付「乍恐以書付御注進奉申上候」。

（5）「同十四日同所（奥津湊）致出帆候処、風様悪敷、内浦湊江戻入津、同十六日同所出帆走参、同日暮六ツ時同国めら崎沖へ乗懸候得共、北風強罷成候ニ付」とあり、奥津湊を出帆したものの、内浦に出戻りしたとあるが、その後に「同国めら崎」とある。奥津湊は外房にある湊で「めら崎」を越えないと内浦湊へ入津することはできない。内浦は江戸湾内にある湊であり、そこから改めて荒れる外洋にでる必要はなく、文章は明らかに矛盾している。出戻った湊は奥津湊でなければ辻褄が合わないのである。

（6）「めら」（布良）岬を廻る北からの船が、江戸湾に入る最短コースは、相模国三浦半島の三崎湊であるが、北風が強かったため、南西方向の伊豆浦（下田）湊へ向かわざるを得なかった。当時の帆船航海で、河村瑞賢は東廻り航路に三崎湊と下田湊への二コースを想定していた。

（7）上乗善之亟については「印形流失致シ候ニ付致爪印候」とある。村役人なので当然「印鑑」を所持しているが、破船事故によって流失したらしい。

（8）新島村役場所蔵文書　整理番号M2―31。

（9）北前船など本州方面からの船の発着港で、近世では交易の最重要港湾で、口番所が設置されていた。

（10）松前湊に設置された幕府の船番所。現在の税関に相当する役所。

（11）『嘉永六年　新島役所日記』十二月二十九日条。

昨廿八日夜四ッ時頃、羽伏池之原辺江、奥州仙台男鹿郡石之巻利海宇之吉船拾六人乗ニ而、奥州米三千「（空白）」俵積ニて漂着いたし、今朝本村江漸く届ケ出ル、尤、船頭者浜江上リ候へ共、今朝死失ニ付、長栄（寺）江仮埋いたす、右ニ付、奥旦那其外役人中出役ス、若郷村江茂右之段申遣ス、両村組壱人ツ、人足当ル、浦仕舞入札、郷中江触ル右さつぱ類一式落札人長三郎、右代金六両弐分弐朱ト銀七匁弐分也

（12）『安政六年　新島役所日記』二月七日条。

夜ニ入、おせつ沖へ仙台侯御廻米積、江戸北新堀惣助船拾五人乗、湌之道出来いたし候ニ付、前浜へ艀ニ而上リ候ニ付、夫々手当致、役人中出役致ス

（13）渡辺信夫「かいうん」・「かわむらずいけん」（『国史大辞典』3、吉川弘文館、一九八三年）。

（14）丹治健蔵『近世関東の水運と商品取引』七頁（岩田書院、二〇一三年）。

第六章　人間の漂流

一　享和三年阿波国新浜船

(1) 記録

享和三年（一八〇三）五月の阿波国小まつ嶋村新浜乙右衛門船遭難に関する史料[1]は、

①享和三年亥五月付　乍恐以書付御届奉申上候

新島役所から代官萩原弥五兵衛役所宛の報告書。

②享和三年亥六月二十六日付　口書証文之事

新島役所で遭難船水主紋蔵からの調書。

③享和三年亥六月二十六日付　乍恐以書付御届奉申上候

水主紋蔵の口書調書を添えて、新島役所から代官萩原弥五兵衛役所へ提出した上申書。

④享和三年亥六月付　差上申手形之事

紋蔵を伴い、江戸へ向かう船であることを新島役所から浦賀御番所へ提出し、通行許可を求める書類。

の四点である。

流されているのを村人が発見した。直ちに助船を出して、漂流している男を収容し、介抱している。彼は心身ともに朦朧とした状態であったが、懸命な介護の甲斐あって、少しずつ話ができるまでに回復した。彼の名は紋蔵といい、二九歳だという。島役人の事情聴取に、彼は次のように答弁している。(2)

私は阿波国「小まつ嶋新浜乙右衛門船」の水主で、沖船頭は藤蔵といい、八人乗りの廻船でした。

四月十三日新浜で塩を積み入れて出帆し、二十一日に江戸に到着、積荷の塩を完売いたしました。「当五月六日江戸川出帆」(3)とあって、江戸を離れ、七日には浦賀湊に入津し、御番所の船改めを受けました。そして、その日の夕方に順風を得て出帆、夜明け時分には伊豆国白浜沖まで参りました。

その頃から北風が強まり、雨天になりました。段々と風雨ともに強まり、激しさが増してきました。帆を下げ「小帆」に替えて船を走らせました。八日の暮れ七ッ時（午後四時）を過ぎた頃には、それでも船は志摩国大王崎辺りの沖合まで参りました。しかし、さらに風雨が強まり、船は高波に翻弄されました。そこで「又々、帆下ケ走セ参り候処」、激浪で舵柄廻りが打ち折られ、「元船被突廻」れ、船は回転し自由が利かなくなりました。「其上、あかの道出来」浸水も始まりました。全員が懸命に働きましたが、いよいよ増す大風雨に加え、高波が船中に打ち込むようになりました。神仏に願かけしたものの、その日の夜に入っての五ッ時（午後八時）頃、ついに船はバラバラに砕け散ったのです。

皆々必死に生きることのみ考えました。私は近くに流れて来た「櫓板」に取り付き、「夫へ乗移り」漂流しました。それ以降仲間の様子についてはまったく分からなくなりました。「気分取登セ、一向之様子も覚不申」と、

（2）漂流

享和三年（一八〇三）五月十一日の暮七ッ時（午後四時）頃、新島本村の前浜沖合を「船こうら」に乗った人一人が

記憶は混乱し、自分のことすら覚えていないのです。私は記憶を完全に喪失してしまったのです。

五月十一日の暮れ七ッ時（午後四時頃）に、漂流していた私は新島で救助されました。「殊更右之通り、三・四日も高波之中漂流仕候事ゆへ、甚気分不宜候処、段々薬用等、其外種々御介抱被成被下候ニ付、段々気分も宜敷相成候」と、大変お世話になりました。病気「痂積」も除々に快方へと向かいました。お礼の申しようもないことです。ありがとうございました。

このように朦朧とした状態なので、「所持之品々ハ勿論無御座候、其外水主共如何相成候哉、一向存不申候」と述べている。

紋蔵は志摩国の沖合で海中に放り出されたのが五月八日の夜の八時頃で、伊豆国新島で奇跡的に救助されたのが、十一日の夕方午後四時頃であった。三日間ただ一人だけで、荒れ狂う大海原を壊れた船板に乗って漂流していたことになる。彼は新島で一ヵ月半滞在し、病気も全快した。そして、六月二十六日に、新島役人（年寄）又右衛門に付き添われて生きて江戸へと送られていった。

二　文政十一年尾張国大井村船

（1）記録

文政十一年（一八二八）尾張国知多郡大井村長八船の遭難記録の綴りには次の九点の史料がある。[4]

①文政十一子年二月付　一札之事

新島には公儀流人が在島しており、滞在中に流人と接触しないとの誓約書で、水主定吉・同源七の連名により、新島役所へ提出。

②文政十一子年付　一札之事

内容は①と同じだが、帰国に際して書状・音物・口頼・伝言の取り次ぎをしないこと、後に露見したら処罰されることにも触れている。定吉・源七から新島役所へ提出。

③文政十一子年二月付　差出申一札之事

遭難の経緯を長八船水主源七・定吉の連名で、新島役所へ提出。

④文政十一子年二月付　差出申一札之事

溺死した仲間の埋葬を源七・定吉が長栄寺に依頼する。

⑤文政十一子年二月付　浦証文之事

新島役所から源七・定吉に発給。

⑥文政十一子年付　口書証文之事

遭難の経緯に関する事情聴取に源七・定吉が署名して、新島役所へ提出。

⑦文政十一子年二月付　乍恐以書付御届奉申上候

長八船水主源七・定吉の口書証文を受け、新島役所から代官柑本兵五郎役所宛に上申。

⑧文政十一子年三月付　乍恐以書付御届奉申上候

新島年寄作左衛門付添いで、江戸出府する届で、新島役所から代官柑本兵五郎役所宛の届出。

⑨文政十一子年二月付　一札之事

新島役所から尾張国大井村役所、および定吉・源七宛の発給文書。

（2）漂着

「尾張・伊豆・摂津船漂着一件」は、三件の海難記録を一冊にまとめ、表紙を付したものである。勿論後代にまとめたもので、表紙は次のようになっている。

文政十一子年 尾張国大井村長八船　　摂津兎原郡御影村仁兵衛船 伊豆国須崎村吉右衛門船　　漂着一件　水主漂着一件 一札 浦証文 口書　　　　控 便船手形 御下知済書物 二月

尾張国大井村長八船にかかわる海難は文政十一年（一八二八）二月一日、伊豆国須崎村吉右衛門船は同年二月二十九日の海難事故（本書第四章―四）である。摂津国御影村仁兵衛船の遭難事故は、それから八年後の天保七年（一八三六）四月二十八日である。一括綴の表紙には「文政十一年二月」とあるが、天保七年以降にとりまとめたものであり、表紙はその際に書き加えられたものと考えられる。

『文政十一年　新島役所日記』の二月一日条に、次のような記事が見られる。

小二月朔日未　北風　曇　八ツ時頃　雨天
一　尾張船漂着人、破船ニて船板ニ乗リ、式根江弐人流寄、尤壱人ハ溺死いたし候ニ付、右助命之者ゟ一札取り、
長栄寺へ葬ル
一　若郷村伊沢江船板へ乗り弐人流寄ル、後壱人ハ溺死いたし候ニ付、法姓庵葬ル

さらに二月二日条以降にも、尾張船に関連する記事がある。

二日申　西風　日和
一　若郷村漂着人、長兵衛殿同道ニて連レ参ル
五日亥　北風　日和　夕方　西風　曇
一　尾張船漂着人有之候ニ付、片町ゟ六人ツ、拾弐人人足取リ、式根・地内其外尋舟出ス、尤漁舟頭善兵衛乗船
七日丑　北風　日和
一　漂着人定吉・源七両人呼出し、口書一札取置申候
二十三日巳　北風　日和
一　先達而漂着人定吉・源七両人呼出し、口書証文取り、浦証文読聞ケル

文政十一年二月一日、壊れた船板に乗って、二人が新島持ちの無人島である式根島に、また、二人が新島の北端に

位置する枝村の若郷村に漂着したが、同じように一人が溺死し、それぞれ一人ずつが生存していた。

旧暦の二月一日は、まだ春も浅く、北風・雨天であったから、冷え冷えとした日であったと推定できる。式根島の溺死人は本島に運び本村の長栄寺に、若郷村の溺死人は若郷村の法姓庵（新島若郷村の法性庵）にそれぞれ埋葬されたとある。生存の二人からはその日に事情を聴取している。翌日の二日には若郷村に漂着した者は本村の陣屋に連れて来られたとあるから、ここで二人は再会したと推定される。若郷村に漂着した源七に付き添って陣屋まで来た「長兵衛殿」は、若郷村の年寄役職の村役人である。

別々の場所に漂着したこの二人は、ともに尾張国大井村長八船の水主で、定吉は三〇歳、源七は二八歳といった。本村では二月五日に原町と新町の両町（本村は原町と新町の二町から構成されている）から六人ずつを動員して、式根島・地内島（本村西側の海岸〈前浜〉の沖合に、船揚げ場を強い西風から守るように横たわる小さな島）の無人島を中心に、漁船を使って海上から海岸を捜索している。

二人は尾張国知多郡大井村（現在の愛知県知多郡南知多町大井）長八船の水主仲間で、破船し、荒れ狂う海に放り出された。彼らは当初から、まったく別々の船板に乗り漂流していたらしい。式根島に漂着した者は定吉、若郷村に漂着した者の名は源七と名乗っている。船は直乗り船頭長八船で一四人乗りであった。

文政十年（一八二七）十二月三日に長八船は尾張藩米六〇〇石を積み受けて、名古屋湊を出帆し、江戸へ向かった。最初に立ち寄った湊が母港でもある大井村で、五日にそこを出港している。七日には伊豆国長津呂湊へ入津、翌八日の朝にはそこを出帆し、九日に浦賀に入津した。そこで御番所の船改めを受けている。かくして十四日には無事江戸に到着し、藩米を送り届け、お役目をつつがなく終了した。

帰りは尾張家の御用孤包や武家方の箇物などのわずかな荷を積んで、年も押しせまった十二月二十七日に江戸を出帆した。二十九日には浦賀御番所での船改めを無事に済ませたところで、浦賀湊で新年を迎えた。年が変わって文政十一年正月五日に浦賀湊を出港、翌日には伊豆かき崎湊に入津、ここで風待ちをしている。

正月二十九日に北風を受けて「かき崎湊」を出帆した。その日の七ツ時（午後四時）頃には遠州御前崎の沖合に差しかかった。急に北風が強くなり、「楫廻り面楫ゟ淦水」とあって、舵回りのあたりから浸水し、船が傾いた。そこで帆を降ろしたままで五里程流された。西風に吹き変わり高波が襲いかかってきた。三十日の朝六ツ時（午前六時）頃ついに船は砕け散った。

夜明けとはいえ、荒れ狂う海に放り出された乗組員は、「散乱之船板」などに必死に取り付き、激浪に弄ばれ、「銘々前後之差別なく、ちり〳〵に相流れ」、お互いの様子はまったく分からなくなった。定吉と菊蔵、新兵衛の三人は同じ船板に乗り漂流したが、結局助かったのは定吉一人だけであった。

定吉はとある島の海岸近くに流れきた時に、納屋を見た。必死になってその島にたどり着きたいと念願した。その時棹のような棒が手近に流れてきたので、それを使って水を掻き、「岩根江取付、磯へ上り」、命を取り留めた。二月一日の朝五ツ時（午前八時）頃であった。定吉がたどり着いた島が式根島で、「ふきのえ磯」と呼ばれている荒磯であった。式根島に奇跡的に上陸したのである。

海上から見た納屋を目指して歩いて行くと、山中で薪を伐っていた女性に出会った。定吉は「漂着之者ニ候得者」と、助けを求めた。彼女が「高声ニ而」仲間を呼ぶと、すぐに「男衆両三人参り」と、声を聞いた数人の男衆が集まってきた。彼ら村人たちは、湯治で式根島に来ていたところであった。話を聞いた村人は、定吉を早速東納屋へ連れて行った。火を焚き、暖かい粥が与えられ、「種々御介抱被下候」て定吉は生き返った。

そこへ島役が村人を伴って来た。定吉は事情を尋ねられた。村役人は本島の若郷村に漂着者がいたので、もしかすると同様の遭難者がいるのではないかと思い、数人の村人を連れ、漁船で式根島まで探索に廻ってきたのだということであった。「段々御糺之上、浦賀御番所御切手之義御尋被成候処、是ハ船頭大切ニ所持いたし候故、拙者共ハ一向存不申候」と定吉は答えている。村役人は定吉を連れて本島に帰り、そこでも手厚い介護を受けている。

源七も数人の仲間と船板に乗って漂流したが、こちらも助かったのは彼一人だけであった。源七は定吉が式根島に漂着した同じ日（二月一日）の明け七ツ時（午前四時）頃に、若郷村井沢の磯に漂着している。定吉が式根島に上陸した二タ時（四時間）前に、若郷村に上陸したが、力尽き途方に暮れた。草原で倒れ込み、次第に明るくなったところで、岡を目指して歩いた。畑を見て人家があることを確信しさらに歩いた。「夜も明ケ」途中で村人に出会った。「漂着之者ニ而御座候、何卒助呉由申候」との、事情を聞かされた村人は、直ちに村へ連れて行き役人に知らせた。そこで手厚い介護を受けている。

翌日の二月二日に、源七は陣屋のある本村へ連れて行かれ、事情を尋ねられている。孤独であった定吉と源七はここで再会した。一緒に「船板へ乗り、死骸弐人海岸江流れ来り、壱人ハ若郷村井沢江流着いたし、壱人ハ式根嶋かん引へ流着」いたのは二月一日で、「漁舟江取揚、村方へ連れ参り、定吉・源七へ為見届」せ、溺死した仲間は新兵衛と菊蔵だと二人は確認している。

陣屋では二人が漂着した場所を中心に、範囲を広げて探索を続けたが、何ひとつ見つけることができなかった。陣屋では両人からの口書証文を取り、それを添付して代官柑本兵五郎役所へ報告している。また、両人へは浦証文を手渡している。島民たちは彼らを温かく介抱し、食事を与えて、二人の回復を待った。その間に、またもや遭難事故が発生している。伊豆国須崎村吉右衛門船の遭難であった。

（3）滞在中

関係史料の中に「一札之事」が二点ある。（A）文政十一子年二月付と（B）文政十一子年付である。（A）は五項目で、流人との接触禁止・火の用心・博奕賭事の禁止・喧嘩口論の禁止と島内徘徊の禁止であり、（B）は流人にかかわる禁止事項で、逗留中流人との接触禁止に加えて、帰国後でも違反の事実が明らかになれば罪科に処するとある。

定吉は式根島、源七は若郷村と別々の場所に漂着した時に、彼らはそれぞれ二人ずつであった。しかし、生きて上陸できたのは定吉と源七で、一緒に船板に乗ってきた仲間は上陸できずに溺死したのであった。最後に力尽きたのであろう。定吉・源七は検死に立ち会い、溺死した仲間が新兵衛と菊蔵であることを確認している。「拙者共（島役）対談之上、当所日蓮宗長栄寺ニ而土葬ニ取置申候」と、定吉・源七は溺死した仲間の新兵衛・菊蔵の埋葬を島役所に願い、島役所は長栄寺と折衝して、彼ら二人の願いをかなえている。溺死した二人の遺体は長栄寺の墓地に埋葬され、定吉・源七は長栄寺に「右死骸之義ニ付、如何様之義出来候共、私共申披仕、貴寺様江少茂御苦労相掛ケ申間敷候」との「一札」を入れている。若郷村で溺死した一人は最初法姓（性）庵に埋葬したとあるが、式根島で溺死したもう一人とともに、本村の長栄寺墓地に改めて埋葬された。

二月二日には陣屋は漂流者や溺死人の有無を漁船を出して海から捜索したが、「一向見当り不申候」という結果に終わっている。

定吉・源七は体ひとつで海上を漂流していたので、何一つ「所持之品ハ勿論、決而無御座」、一緒に海中に投げ出された「外水主之者共、如何相成候哉存不申候」と、「浦証文」に記している。

新島役所では早急に二人を江戸まで付き添い諸事を済ませて国元へ帰そうとしたが、「定吉儀者、足痛ニ而歩行難相成、源七儀も甚不快ニ付、快気次第可罷出積り」であると記している。さすがに荒れ狂う大海原を長く漂流した彼らは、心身ともに病み疲れきっている様子が窺えるところである。

二人が救助された同じ二月の二十八日に、五人乗りの伊豆国須崎村船が本村の前浜に漂着破船した。定吉と源七の二人は五月になって須崎村船の五人と一緒に江戸へ送られ、伊豆代官所で事情聴取、十六日奉行所で取調べの上、「一同勝手次第帰国可仕旨」を申渡されている。

三　天保七年摂津国大坂船

(1)　記録

天保七年（一八三六）二月の摂津国兎原郡御影村大坂屋仁兵衛船の遭難記録[5]にかかわる関係史料に次のものがある。

①天保七年申年四月付　口書証文之事

漂着人宇之助二〇歳が新島役所の質問に答えた陳述書。署名して新島役所へ提出した調書。後に整理綴冊したために、「浦証文之事」と前後している。

②天保七申年四月付　浦証文之事

宇之助の「口書証文之事」に、彼を最初に救助した新島の百姓三郎左衛門の証言を加え、新島役所から船主大坂屋仁兵衛宛に発給した浦証文。

③天保七申年六月二十一日付　差上申手形之事

名主吉兵衛が宇之助を伴い、江戸へ出府するための通行許可申請書で、新島役所から浦賀御番所宛に提出。

④天保七申年六月付　乍恐以書付御届奉申上候

宇之助の出府に付添として名主吉兵衛が出頭する旨、新島役所から代官羽倉外記役所宛に提出。

⑤天保七申年七月十三日付（奥書は申七月十四日付）差上申一札之事

宇之助から奉行内藤隼人正役所への提出書（七月十三日付）で、新島名主吉兵衛が奥書している。奉行所の審査も終了し、帰国の許可を受けた旨を代官羽倉外記役所へ提出した報告書（七月十四日付）。

（2）漂着

『天保七年　新島役所日記』[6]四月二十六日条に、まゝ下浦へ板子に乗って漂着した者がいたとある。新島の南端まゝ下浦に漂着した者は宇之助で、摂津国兎原郡御影村（現在の兵庫県神戸市）大坂屋仁兵衛船の水主の一人であった。その様子を『新島役所日記』で確かめてみる。

大四月

廿六日寅　西風　日和

一　摂州ミかげ大坂屋仁兵衛船水主拾七人乗、外ニ便船人三人、都合弐拾人乗□□板子江乗漂流いたし、まゝ下浦江参り、壱人上陸、助命ニ付、役元江連参、介抱いたす、早速役人人足召連、残り四人之者共見届□□

一向行衛相知れ不申候

廿七日卯　北風　日和

一　まゝ下浦江死骸寄候旨届ケ参り候故、早々役人人足召連、右場所へ参り、死骸取上ケさせ、長栄寺ニ而、都合四人之死骸為取置申候

小六月

廿一日酉　南風　日和

一　藤右衛門船江戸表へ出船、名主吉兵衛殿漂着之者召連出府いたす

当初大坂屋仁兵衛船には、船頭・水主ら一七人と、便船人三人の計二〇人が乗っていた。遭難したのは天保七年四月二十三日であり、その中の一人がまゝ下浦に板子に乗って漂着した。

宇之助の申し立てによると、一枚の「船かす」に乗って一緒に漂流したのは五人で、宇之助のみが生きて上陸し、残り四人の生死が分からず、新島あげての捜索をしたが見当たらなかった。翌日になって同じまゝ下浦に一人の死骸が流れ寄っているのが発見され、さらに捜索を継続したところ、三人の死体が見つかった。四人の遺体は長栄寺に埋葬された。六月二十六日に名主吉兵衛に伴われて漂着人が江戸へ向かって新島を離れたとある。しかし、この『新島役所日記』だけでは、漂着人の名前や人数も詳らかではない。そこで、先に掲げた関係史料を通して、もう少し調べを進めてみる。

四月二十六日のこと、新島の百姓三郎左衛門が畑で仕事をしていた時のことであった。「水主躰之者壱人参り、漂流之者故、助ケ呉候様」と言われた。見ると船乗り風体の男が救いを求めてきたという。三郎左衛門は直ちに「名主方へ連れ参り、彼是介抱」した。名主たちが彼から聞き取ったところ、「摂州兎原郡ミかげ大坂屋仁兵衛船」の水主宇之助二〇歳であることが判明した。以下は宇之助の陳述による。

宇之助が乗っていた船は大坂屋仁兵衛船で、沖船頭治兵衛・水主ら一七人乗りであった。天保七年二月下旬に国元の大坂表を出帆した。江戸まで来て、頼まれ荷物をそれぞれの送り先へ無事届けた。それは四月十日のことであった。

仕事を終え、帰り荷物として「ほしか（干鰯）」と、いくつかの荷物を積み込み、四月十五日に江戸を後にした。「ほしか」は九十九里浜などの特産品で、イワシなどの小魚を砂浜に干し広げて造る肥料である。江戸深川には江川場という干鰯問屋などがあって、全国的に販路を広げていた。米の収穫が上がり、当時はかなり干鰯の需要があった。大坂屋仁兵衛船は、その日に浦賀湊に入津、浦賀御番所で船改めを受けている。ここで三日程風待ち滞在している。船は順風を得て出帆し、伊豆国「かうら」に入津、ここでも風待ちをしている。「かうら」で滞在中に土地の船問屋に頼まれて「紀州熊野之者三人便乗致させ」ている。

船は総勢二〇人を乗せて、四月二十三日の四ツ時（午前十時）頃、伊豆国「かうら」を出港した。船は順調に「勢州大王沖迄走り参り候処」、北風が急に強くなり、忽ち高波に襲われた。船はきしみ浸水した。「淦留いたし候得共、古船故哉所々相痛、暫時淦水差入、弥危く相成候儀ニ付、檣切捨て切掛候処、其内暫時船くたけ、一同海中江落入申候」という状況になった。船の転覆を避けるために帆柱を切り倒しにかかったが、船は砕け散り、全員は荒れ狂う波間に放り出されたのである。

水主の宇之助ら「七人船かすへ漸游付」いた。それに乗ったが、「七人之内弐人波ニ而打落され」た。残る五人は潮に流され、「段々汐風ニ任せ」漂うばかりであった。

二十六日の夜明けに島山を見た。その島にたどり着きたいと神仏に祈った。「段々地方手近く相成候得共、至而西風強、高波ニ而凌かたく、其上両三日海上ニ漂流致居候事故、甚相労れ」、自力ではどうしようもなかった。波に乗り岸近くまで来たが、壊れた船板に乗っていた五人は、高波に打ち返されて、「海底江揉込れ候」たが、幸運にも次の波が宇之助を海岸へ打ち上げた。生きていたのである。

彼はそこで四人の仲間を待った。しかし、「一向形チ見へ不申」誰一人として姿を見せる者はいなかった。四人は一緒にここまで来たのに、力尽きたのだろうか。宇之助はあきらめきれずにいたが、やがて彼は一人だけで「山手江登り人家」を求め、丘を目指して上った。畑があった。「弥人家も可有之と、力を得候」てさらに歩いた。村人に出会った。助けを求めると、その村人は名主宅へ連れていってくれた。

村役人は宇之助が打ち上げられたまゝ下浦へ、村人たちを伴い急行し、直ちに探索を開始した。その間、宇之助は手厚く介抱されている。しかし、「四人之者形チ一向相見へ不申」と、一緒に漂流してここまで来た仲間を見付けることができなかった。その夜も村人たちはまゝ下浦に詰め、探索を続行している。

翌二十七日の朝、一人の死骸が波によって打ち上げられていた。村人たちは「早々引上ケ候処」さらに三人の死骸も波にて打ち上げられたので、「是又引上ケ」て、「四人之死骸村方江」運び、「夫々面躰見届ケ候」ところ、一緒に船板に乗っていた利吉・留蔵・浅吉と八蔵であることが判明した。寺に埋葬して欲しいと宇之助は懇願し、島役所から長栄寺に交渉して、手厚く埋葬された。

その後、「私上陸いたし候荒浜江（中略）檣波ニ而打上られ候ニ付、其方船之若シ檣ニも可有之哉」と尋ねられ、現物の実見を求められた。「見受候処、私船之檣ニ相似寄り候由申上候」ところ、引き渡された。しかし、どうすることもできないので、「入札いたし呉候様相願候」た。役所では「惣百姓江入札御触出しニ而、則入札」の運びになった。結果は金二両一分二朱ト銀五匁七分四厘で落札・売却された。うち「分一」により、二〇分一の七匁四分一厘を引き、残る金二両一分ト銀五匁八分三厘が宇之助に渡された。「其外何ニ而も海岸江流れ寄り候品一切無御座候」とある。

宇之助の健康回復を待って、六月二十一日に名主吉兵衛に付き添われて、新島の藤右衛門廻船に便船人として乗船し、江戸へ向かった。その際、吉兵衛が代官所へ提出した報告書がある。

乍恐以書付御届奉申上候

一　当四月廿六日、当嶋字まゝ下与申浜江漂着之者有之ニ付、委細相糺候処、五人連ニ而、宇之助与申者壱人上陸仕、外四人之義ハ溺死仕、死骸波に被打上候ニ付引上ケ、宇之助江相談仕、当所長栄寺江土葬ニ為取置申候、委細口書証文取之、今度名主吉兵衛差添、出嶋為仕候、尤口書証文幷浦証文写相添、御届奉申上候、宜御下知被成下候様、奉願上候、以上

天保七申年六月

伊豆国附新嶋

若郷村

年寄　長兵衛

名主　勘兵衛

本村

年寄　新右衛門

同　与五兵衛

同　作左衛門

同　市左衛門

名主　吉兵衛

神主　地役人　前田筑後

羽倉外記様

御役所

その時、宇之助は二〇歳の若者であった。

注

（1）新島村役場所蔵文書　整理番号Ｍ２—20。

（2）紋蔵の答弁は「寛政十三年酉付　口書証文之事」であるが、その他の史料により補強している。

（3）史料には「江戸川出帆」とあるが、現在の東京都と千葉県の境界である「江戸川」ではない。ここで言っている「江戸川」は現在の「隅田川」のことである。現在の「江戸川」は当時「利根川」又は「古利根川」と呼んでいた。後述するが、新島の廻船二艘が「江戸川」滞船中に大火に遭い類焼している。これも現在の隅田川のことである。

（4）新島村役場所蔵文書　整理番号Ｍ２—33。

（5）新島村役場所蔵文書　整理番号Ｍ２—23。

（6）新島村役場所蔵文書　整理番号Ａ２—26。

第七章　伊豆諸島船の遭難

伊豆諸島の船にとって、伊豆の海域は自分の庭のようなものだったらしいが、風波は常に穏やかではなかった。海は急激に変貌し、荒れ狂って大きな災害をもたらすこともあった。伊豆諸島ではこのような海難は数多くあるが、各島は災害が多く古文書の残存率は極めて低い。最も多く現存しているのは新島で、皆無に近い島もあって、片寄りがあるのは否めないところである。ここでは主として新島の古文書に依存した記録である。このため正確とは言いきれない恨みがあるが、今後の調査・研究に期待しているところである。

一　大島船

宝暦八年（一七五八）「三月下旬、若郷漁船四艘、元嶋漁船弐艘、利嶋漁船三艘、うと間沖ニ而水船壱艘、若郷村引付申所ニ、右之船ニ何ニても船具一切無御座、此船大嶋かちや船申船御座候処、右嶋大嶋江書状認遣し申候、後、大嶋舟ニ而紛無御座候」(1)という記事がある。「うとま」は「鵜戸間（根）」のことで、新島と利島の中間に位置し、新島寄りにある岩礁群で、好漁場である。その海域で若郷村・本村（以上新島）と利島の漁船が操業していた時に、一艘の水船を見つけた。水船とは水に浸かった船のことである。彼らはこの水船を最も近い若郷村に曳航した。船に船具等は一切なかったが、新島の役人は大島のかじや船であると判断し、大島役所へ通知した。その結果、水船は大島かじや船であることが判明したというのである。「かちや船」は鍛冶屋の船で、近隣諸島で造船などに際して呼ばれることがあったらしく自前の船を持っていたようである。この水船の乗船者についての記録はない。ちなみに「伊豆国附嶋々様子大概書」(2)に、「此島（大島）ニ鍛冶三人有之候」と見える。

『天保四年（一八三三）　新島役所日記』十一月五日条に次の記事がある。

昨夜大嶋波浮湊平六押送り船、利嶌江用事有之、渡海いたし候処、波至而強相成、若郷浦伊沢江掛り居候処、今朝破舟いたし（候脱カ）旨、若郷村より書状を以届参候ニ付、年寄与五左衛門見届として即刻遣ス

平六は大島波浮湊の請負人で、名主格の人物である。彼が所持する押送り船が利島へ向かったが、波に阻まれて着岸できず、漂流して新島の若郷村の伊沢浦沖まで流されてきたが、今朝破船したとの知らせが、若郷村から本村にある陣屋へあった。そこで早速年寄役の与五左衛門が派遣された。

二日後の七日条には「右破舟乗組□□」とあるが、欠字部分があって、詳らかではない。しかし、二〇日後の二十三日に「大嶋平六船破舟水主之者共、若郷村勘兵衛漁船仕立、送り遣ス」とあり、若郷村の名主勘兵衛の漁船で大島へ無事に送っている。

「押送り船」は、いわゆる快速の伝馬船で、漁船が釣り上げた鰹をその場で沖買いし、最大の消費地「江戸」の市場へ直行することが記録にある。新島漁船から沖買いする「押送り船」は国地と大島船であった。大島の平六が押送り船を所持していたことがこの記録によって分かる。

『天保八年　新島役所日記』四月一日条に、「差木地新吉漁舟漁業ニ出、風様あしく、無拠乗組七人無別条、当嶋羽伏浦江夕七ツ時頃流着いたす」とある。大島には新島村・岡田村・差木地村・泉津村と野増村の五村がある。『南方海島志』(3)に「新島・岡田ノ二村ハ通載ハ船二十三艘有リ、漁船三十八隻・小舟十隻（中略）野増・差木地・泉津ノ三

村、昔シハ藍ヲ煮コトヲ業トシ、塩釜有リシ故、釜百姓ト称ス」とみえる。羽伏浦は新島の東海岸の砂浜で、その海岸に漂着した。時刻は夕方の午後四時頃であった。

安政三年（一八五六）七月十一日「大島波浮湊平六漁船、汐ニ取られ参ル、仍而上陸ス」と、平六所有の漁船が潮に流されて新島に漂着した。さほどの損傷はなかったらしく、六日後の十七日に大島へ帰っていった。

二　利島船

『南方海島志』によると、利島には「艜船二隻アリ、島ノ北ノ方ニ船ヲ置ク処アリ」と、廻船二艘を保持していることが記されている。また、「伊豆国附嶋々様子大概書」によると、島での集落は島の北側に一ヵ所だけで、人口は三二八人であると見える。

「宝暦六子年（一七五六）二月八日ニ当所前浜江真木少々積之、油大樽壱ツ□□式根舟の志き・帆はしら、地内舟かす少々い□す、綱切ニ而上申候、当所ゟ仕立船便き為知ニ遣し申候所ニ、同廿日利嶋ゟ右之訳ニ而被参申候、右船かす・かい・はしら共ニ不残利嶋衆中江相渡し申候、利嶋文右衛門舟」(4)であるという記事がある。新島の前浜に一艘の廻船が漂流してきた。積荷は薪と油樽が一つで、船は破損しており、式根島や地内島などに散乱していたらしい。調べてみると、利島の船と推定されるので、新島役所から利島へ通報したところ、利島の文右衛門船であることが判明したとある。

新島の記録に利島で船を建造したいので、新島から船大工を派遣して欲しいとの要請があり派遣している。

話は別だが、元来御蔵島には廻船がなかった。御蔵島は属島扱いで、三宅島の地役人が支配していたが、三宅島の地役人が御蔵島のツゲを担保に不正を働いた。それを知った御蔵島が反発して、三宅島地役人の支配からの独立運動が起こった。独立の手段として、独自の輸送手段を持つ必要を痛感した御蔵島は、代官所に廻船建造を申請し、許可されている。享保十二年（一七二七）のことである。たまたま利島で中古船を譲ってもよいとの情報を得た御蔵島はこの船を譲り受け、独自の輸送手段を獲得している。(5)

三　新島船

1　『南方海島志』と「伊豆国附嶋々様子大概書」

新島の概要について『南方海島志』の村里の項によると、

本村―島ノ中央ニ在テ西ニ向ヒ、麓ノ平地ニシテ海ヲ前ニス

若郷―本一村也、元禄中支郷ニ分ツ、島ノ北端ニテ戌亥ニ向フ

人口　一八八五人、流人一〇九人

と見える。

安政三年（一八五六）三月に作成された「伊豆国附嶋々様子大概書」には、新島の人口は一八八五人（男八三八人・女一〇四七人）、流人一〇九人とある。寛政三年（一七九一）に作成された『南方海島志』と全く同数になってる。

式根島は無人島で、本島の南一里程の沖合にある。また、地内島も無人島で本島の西一〇町の沖合にある。本島には船がかりの湊はなく、西面の荒浜（前浜）に廻船・漁船が出入りしている。船の陸揚げもこの前浜である。式根島

には西南および北向きの船がかりできる入江が二ヵ所ある。八丈島御用船・流人船や、神津島・三宅島の船は「渡海之節、日和見合として船懸り仕、右入江ニ船繫申候」とある。新島の船も「荷物積立国地江出帆難相成節は右入江江参り船繫候而、順風見合候」と、式根島の入江（野伏浦・中之浦）を風待ちや日和待ち、および避難港に利用している様子が窺える。

新島の外洋運搬船である廻船は、次の八艘である。

六人乗・一二反帆　四艘
五人乗・八反帆　二艘
四人乗・六反帆　二艘

また、新島の漁船（四反帆）は四六艘あった。「伊豆国附嶋々様子大概書」によると、海難について次のように記されている。

一　此島江御城米幷御用之品積船漂着之節、早速嶋役人共欠（駆）付、人足不残差出、右荷物取上ケ、昼夜番人足幷漂着之船頭・水主附置取揚候品々大切ニ相囲、漂着之儀口書取之、浦手形相渡、右水主之内壱両人、島役人差添、一件書物持参、支配之御代官所江訴出、差図を請取計ひ来候、尤何品ニ不寄、沈荷物は拾分一、浮荷物ハ弐拾分一、島方ニ被下来候、且又、私領手船、諸商ひ船漂着之節は、其品々揚、是又漂着之儀、口書取之取揚候品者、右同様分可取申候、荷物浦手形共、右漂着人江相渡、島役人差添、便船次第出帆為致、一件書物支配御代官所江差出、差図請申候、

一　旅船破損所有之、或は逢難風流来候時ハ、乗組之もの、前々ゟ島江揚不申、随分介抱いたし、船破損所等為取繕、漂着之次第吟味之上、怪敷儀も無之候得ハ、口書取置、順風次第早速出船為仕候、破船ニ候得ハ、前ケ

条之通取計ひ申候

一 自然寄船幷荷物流来候時者其品物取揚、支配御代官所江訴、右品大切ニ預リ置、半年過迄荷主無之節者、尚又訴、差品を受取計漂着申候

一 八丈島両艘之御用船渡海之節、此島へ乗懸候得者、漁船ニ而役人共罷出申候、若順風無之、此島之枝島式根島之入江ニ御用船留メ候得ハ、挽船・番船附置候而、出入之注進、支配御代官所江申届候、尤御用船逗留中ハ、無油断相勤申候、且又、外島江被遣候流人船渡海之節も、右同様此島江乗懸ケ候節者、漁船ニ而役人共罷出申候、順風無之、式根島入江江船繫滞留之節者、昼夜番船申付、拾人宛乗組を附置、用事相達候、尤式根島江番船遣候節者、水主壱人ニ一日米五合宛村入用ニ而飯料相渡、人足船相勤申候

第一項は、新島に天領年貢米および御用荷物を積んだ船が漂着した場合の対応である。早急に島役人が陣頭指揮を取り、全島民を動員して回収作業を行い、年貢米を大切に取り扱い、乗組の者を番に付けて、万全に保管すること。遭難に至るまでの事情を聴取してから、「浦手形」を発給すること。乗組の者の中から一・両人を伴い、島役人が関係書類を持参の上、江戸の伊豆代官所へ出頭し、指図を受けること。

また、海底に沈んだ荷物を陸揚げした場合は一〇分の一、海上に浮遊している積荷を回収した場合は二〇分の一を島方に支給する。このことは従来から慣例にしてきたところである。これは諸藩船の場合も同様であり、商い船の場合も同様である。

第二項は、旅船（一般の船）が新島に漂着した場合の対応である。乗組の者には十分な介抱を施し、船の破損箇所を修復の上、事情を聴取し、直ちに出船させる。破船（沈没または水船等により航行不可能に陥った船）は第一項と同様である。早急に島から離れるよう指示する理由は、新島には公儀の流人が在島していることであった。

第三項は、自然寄船（生存者のいない難破船）や漂着物については、直ちに代官所へ報告し、六ヵ月間大切に保管した上で、船主または荷主の申し出がない場合は、再び代官所へ申し出ること、拾得物の取扱いについての処理手続きを述べたものである。

第四項は、八丈島御用船が新島に乗りかかった時の対応である。役人が御用伺いのため漁船で出向く。滞留する場合は番船を付けて警護にあたる。流人船の場合も同様にする。番船の警護番人は一〇人で、一人一日米五合宛を支給する。八丈船は幕府からの貸付けであり、民間船とは異なり、御用船の扱いになってる。

このように、新島で実施していることを列記しているが、代官江川太郎左衛門英征の幕府への上申書という性格の史料であるから、これらの事項は、代官所の指示によるものとみてよい。

2　大吉船と与次右衛門船の遭難

文化十四年（一八一七）九月十日、八丈島に雇われた新島の大吉廻船が、式根島野伏浦に滞船中、時化に遭い破損した。その際に打荷、すなわち、沈没を免れるために積荷を海中投棄している。そこで陣屋では引船を派遣して、本島の前浜に大吉船を曳航し陸揚げし、修理をしている。村人に対する動員令は、本村だけではなく、若郷村からも「人足拾四五人も差越」したと全島にも及んでいる。この作業は式根島での打荷の回収と、まだ船中に残る荷物を「御蔵」に運ぶものであった(6)。

文政九年（一八二六）十一月二日、与次右衛門船が薪を積み込み、本島を出て式根島で江戸へ向かうために風待ちしていた。前浜を出た日は北風で快晴であった。翌日も快晴であった。廻船は帆船で、無風状態では船を出すことができなかったらしい。しかし、ここで天候が急変している。『新島役所日記』によれば、

五日午　北風　雨天

一　夜中乾風、大風雨ニ而村方所々屋根・垣等風損、野伏滞船与次右衛門船破船

とあって、式根島の野伏浦で風待ちをしていたその間に天候が急変し、与次右衛門船は破船したというのである。このいきさつを新島役所から、江戸の代官所と島方役所（会所）に、次のように報告している。

乍恐以書付御届奉申上候

一　当嶋与次右衛門船、当十一月二日薪積入、前浜出帆仕候処、急ニ風様悪敷相成候ニ付、当嶋式根嶋野伏浦江乗廻シ、滞船仕候得共、順風無御座、日和見合セ罷在候処、同月五日夜乾風大風雨ニ相成、殊ニ高波ニ而掛留□一同必至ニ相働、掛留候得共、弥増風烈敷、碇綱摺切、海岸江波ニ而被打付、即時ニ破船仕候、尤水主之者者、一同別条無御座上陸仕候、依之、御届奉申上候、以上

文政九戌年十一月　　伊豆国附新嶋

年寄

名主

神主　地役人(7)

嶋方

御役所

右御届書付弐通、嶋方御役所・御支配様江差出ス

大吉船も与次右衛門船もともに一二反帆の廻船で、新島には一二反帆の廻船は四艘だけであった。与次右衛門船が破船した四ヵ月後の、文政十年三月に、同じ一二反帆の茂兵衛船が、鵜渡根の東方二里の沖合で沈没している。

新島では外界（特に江戸）を結ぶ手段は、この廻船が頼みである。廻船の大半を失ったため、島社会が成り立たないと切実に訴えている。この遭難後すぐに、新島惣百姓一同の名で、代官所および島会所に、廻船の再建造に援助を要請している。(8)

3　島役の遭難

（1）年寄弥五兵衛の行方不明事件

文政五年（一八二二）九月十五日、新島は北風の穏やかな日和であった。伊豆諸島では北風は穏やかな日で、特に江戸からは追風になり、新島からは伊豆国（たとえば下田）方面への船にとっても順風であった。伊豆諸島には西風が悪風で、特に冬季の西風には船の遭難記録が多い。

『新島役所日記』(9)に次のような記事がある。

越前国御預り所御米積受候、予刕忢山久次郎船、前浜沖江漂流、まね上ケ候故、漁船滑参り、(ママ)地内切レ間へ引遣ス、尤役人乗船ニ而繋留メ、淦水人足ニ而かへ取らセ申候

この記事から越前国の天領年貢米を積んで、江戸へ向かっていた伊予国松山の廻船が、新島本村の前浜へ漂流してきた。海岸から見守っていると、その船から救助要請の「まね」が上ったので、直ちに漁船を出して前浜沖に横たわる無人島地内島の島陰に引き入れた。漁船には島役が乗り、その松山船の曳航を指揮し、無事に係留した。しかし、松山船は浸水していたらしい。浸水を防止するために、「あかみず」のかき出し作業は村人が行っている。

翌十六日の『新島役所日記』の記事を見ると、地内島の島陰に松山船を係留したが、さらに安全な式根島へ漁船数艘で曳航し、野伏浦に入れて係留した。この曳航作業には島役人が乗船し指揮を取っている。係留し終わったところ

で、島役人は船頭と舵取二人を陣屋に伴い、それまでの経緯を問い糺している。翌十七日に船頭ら二人は式根島に係留中の船に帰っている。

さらに『新島役所日記』は九月十八日にも伊予船について、次のように記録している。

漂着船御米、野伏ゟ当村江為運送、若郷村共漁船不残遣ス、尤役人差添、舟ニ船持上乗申付

右御米惣人足ニ而、御蔵幷御陣屋江運はせ申候、則、漂着船頭幷楫取・水主壱人付添参ル

浸水をそのままにしておくと、やがては沈没するので、急ぎ積米を船から運び出す必要があった。そこで漂着船から積荷の米を運び出すために、全島の漁船を残らず動員した。そして本島にある「御蔵」と「陣屋」へ運び込んでいる。式根島は無人島で、収納施設などは設置されていないからである。二十二日にも、米の運送は、若郷村を除き本村だけの漁船二二艘を動員して行っている。

九月二十九日、新島の利兵衛船が代官所へこの報告のため、江戸へ向かって出帆した。松山船の漂着経緯を、越前国天領支配の代官所へも報告するためもあって、松山船の水主一人を伴い新島陣屋から年寄弥五兵衛が出府した。「越前国御預所御米積」とある。これは事情報告のために濡れ具合や天日干し具合の見本米のことである。弥五兵衛らが帰島したのは十一月九日であった。

代官所からの指示がどのようなものだったのかは不明だが、その間に新島では松山船を修復していたらしい。『文政五年　新島役所日記』十二月四日条を次に引用する。

四日辰　同（北風）　天気　曇　終日雪寒　凪

一　漂着人久次郎船、野伏浦ゟ引廻し、御米無難米・小沢手・中沢手、前浜ニおいて積入、合七百八拾弐俵弐斗、上乗・水主共十一人、外ニ年寄弥五兵衛差添十二人乗、酉上刻前浜出帆、運送漁船廿壱艘、若郷村漁船共人足

拾弐人乗ッ（ママ）、、夜ニ入北風時化、夜半頃ゟ風吹出雨強シ

文政五年十二月四日には修復が終わった松山船を、式根島から本島に回送している。汐濡した米のうち小沢手米・中沢手米と、無難米の総計七八二俵二斗を前浜で積み入れて、西ノ上刻（午後六時）頃に、江戸へと向かって出帆した。松山船には新島役所から、この海難事故を担当した年寄弥五兵衛が、差添として同乗した。出帆してから「夜半頃ゟ風吹出、雨強シ」と天候は急変し、大時化になった。三日後の七日に前浜に「大檣ふさ身縄付」が打ち上げられているのが発見された。松山船遭難の思いが強く働き、十二月の記事を書かせたのではなかろうか。十月二十九日「海上無難之御祈禱」が、総鎮守社・長栄寺と龍王様で執行されている。

文政五年十二月付の新島役所から江戸の七島宿嶋屋源左衛門や、伊勢屋庄次郎・甚三郎宛の書状[10]がある。松山船に差添として同乗した年寄役弥五兵衛にかかわる情報が入ったら、直ちに知らせてくれるようにとの依頼である。「十二月四日夕方出帆致候処、夜分ニ掛り北風吹出、時化ニ相成、翌五日迄風雨強打続候故、定而危難之様子与一同案心（安）不致、心痛之儀ニ被存候、此度与次右衛門船江戸表へ出帆為致候故、若シ江戸ニ而様子可相分歟与存、委細船頭江申含メ遣し、善悪共嶋方へ為知之書状、貴様方江御願差出候」とか、「何卒天運ニ叶ひ危難を遁れ、無事之様子承り度存候ニ付、何地へ漂流いたし候共、江戸表江御注進可有之義ニ被存候」と切実である。

文政六年五月付の「乍恐以書附奉願上候[11]」に、年寄役弥五兵衛にかかわる記録がある。そこにも「去十二月四日年寄弥五兵衛、差添出帆為仕候処、何国江漂流仕候哉、今以行衛相知れ不申、一同心痛罷在」とあって、半年を経過してもまだ行方不明のままであるが、後任人事はなく、一縷の望みをもって、年寄役は空席のままにしている。

松山船の修繕には、新島にとって多額の費用がかかったが、これも悩みの一つであった。修理費用は船頭久次郎に貸付けたもので、回収の目途がないのである。新島役所から伊豆代官所に「何卒御憐憫を以、書面之金高宜、然様奉

蒙　御慈悲度」と、貧村新島の切実な様子が窺える。
松山船が行方不明になってから一年経過した。文政六年十二月三日条には次のような記述が見られる。
三日酉　西風　同（日和）
一　予州忢山久次郎船御城米積、翌四日当嶋出帆之処、其夜ゟ翌五日迄北風・大時化ニ而行衛不相知、一周忌為心差施餓鬼供養、役所内ゟ大寺へ申込、両日三日供養有之、役所御寺へ罷越、御布施金壱両弐分也、金二両諸入用ニ納ル也、都合三両弐分
松山船に差添として同乗して江戸へ向かった、新島の年寄役弥五兵衛は、松山船と諸共に杳として行方不明のままであった。新島役所では、弥五兵衛の生存を信じ、彼の後任人事をしていない。しかし、一年経過して、供養の法事をせざるを得なくなった。

文政七年、ついに生存の期待を断念して、「然処、年寄役当時無人ニ罷成、諸御用向等都而差支ニ相成候故、惣百姓相談仕、吉兵衛与申者、跡役ニ仕度旨、一統御願申上候[12]」ということになり、地役人・名主・年寄および百姓代連名で、代官杉庄兵衛に願い出て認可されている。この新任の吉兵衛は、やがて名主役を勤めるようになるが、その在任中に、島抜けした流人によって、惨殺される。
（2）年寄作左衛門遭難
『天保九年（一八三八）新島役所日記』を読むとなぜか例年とは異なる雰囲気が漂っている。二月に入る頃から毎日大工のことが記録されている。二月四日の記事には「大工権兵衛御陣屋取繕出ル」とあって、新島役所の修理工事であることが読み取れる。二月十八日には「御陣屋奥替ニ付、太郎右衛門出ル」と見え、誰か「おえらいさん」が来るので、その準備なのだろうと推定される。

もう一つ気になることは、鉄砲の稽古がこれも毎日のように行われている。これは三月六日から頻繁に記録されている。

三月六日　役所内御鉄炮稽古有之
　七日　御鉄炮打子於陣屋庭上稽古
十四日　奥旦那・年寄作左衛門幷治郎左衛門召連、若郷村江御鉄炮稽古為見分罷越ス
二十一日　役人中御鉄炮玉入稽古有之

このような鉄砲稽古の記事は続いている。さらに気を引く記事がある。「宮塚山備場所為見分、名主吉兵衛殿・年寄作左衛門・与五兵衛罷越ス」（三月二十六日条）、「宮塚山道拵江として役人中参ル」（四月五日条）。

これら一連の記事は例年の『新島役所日記』には見られないことだが、切迫したこれらは次に掲げる四月十日条の記事によって解決できる。

御支配羽倉外記様、今般嶋々被遊御渡海候旨、兼而御沙汰有之候処、当月二日大嶋江御着船之由、仍而為伺御機嫌、早々右嶋へ奥旦那可被成渡海之処、打続日和悪敷、漸今日御同人幷年寄作左衛門罷越ス

すなわち、代官羽倉外記が伊豆諸島を巡察するということである。鉄砲の稽古とか、備場の整備は代官の現地視察のための準備なのである。かくして、四月十二日には「御代官様大嶋御用済ニ而当嶋（新島）江御渡海被遊候趣ニ付、水夫、料理人彦兵衛・次郎左衛門・才右衛門・吉三郎頼ミ、尤長栄寺御旅宿ニて、彦左衛門・惣八両人相頼む、膳椀之外共渡ス」と、いよいよ新島に代官が来るという張り詰めた雰囲気がさらに濃厚になった。そして翌日「御代官様大嶋ゟ巳ノ中刻御着岸被遊候」とあり、外記が新島に到着している。

伊豆代官羽倉外記は海防という国策の一環として、伊豆諸島巡検の幕命を受けた。外記は天保九年四月二日に大島に到着、これより伊豆諸島を巡ることになった。新島からは奥旦那（前地役人）が年寄作左衛門を伴って「為伺御機嫌」として罷り出ている。大島での検分を済ませ、十三日には新島に着岸した。外記は巳ノ中刻（午前十一時）頃に陣屋に入った。代官船は式根島中之浦に回送し係留している。利島・神津島の島役人たちがご機嫌伺いのため新島に来た。

外記は翌十四日には鉄砲の稽古を検分し、鎮守社と島内本山長栄寺に参詣している。十五日には新島の属島式根島を検分。十六日は利島の若者たちの鉄砲訓練の成果を見ている。さらに海防の御囲蔵と宮塚山や若郷村の御備場も検分している。十七日には正装して改めて鎮守社を参詣、その日に新島の漁船で利島へ渡っている。翌日の十八日は利島の視察をして、新島に戻って来た。二十一日外記は神津島に渡り、二十三日に新島に戻っている。二十五日未明に式根島へ渡った。中之浦に係留してある代官船に乗り、巳ノ中刻（午前十一時頃）三宅島へ向けて出帆した。新島役所から島役人たちが式根島へ随行して見送っている。

閏四月四日に三宅島の検分を終了した外記は御蔵島へ渡海した。その際に年寄作左衛門が乗っていた新島船も随行していたが、「沖合ニ而俄ニ西風高波ニ相成、船くつかへし溺死いたす」という、突発的な海難事故が起きた。(13) この時、年寄作左衛門以下、新島から来た全員が溺死した。のちに閏四月十二日、代官外記からは「米壱俵、金五百疋香奠」が送られてきた。葬式には新島役所からは「香典三百疋遣ウ、尤役所内名主殿迄葬式ニ出ル、いつれも袴羽織着用」とある。

さて、三宅島と御蔵島を検分し終えた外記は、三宅島から八丈島へ向かった。その辺りについて、『天保九年　新島役所日記』の閏四月二十二日条は次のように記述している。

廿二日巳　同（北風）日和

一　御支配様三宅嶋ゟ八丈嶋江先日御出帆之処、風様悪敷相成御出戻ニ而、今午ノ中刻（午後一時頃）当嶋沖御通船、依而奥旦那・役人中為伺御機嫌として漁船ニ而御出向申候処、式根嶋中ノ浦江御滞船ニ相成り申候

三宅島および御蔵島の検分を終わった外記は、三宅島を離れた。次に向かう八丈島を目指して出帆したが、船は八丈島のある南方へ向かうことができなかった。代官船は風に翻弄され、まったく逆方向へと流され、正午過ぎに新島沖にあった。おそらく代官船を発見したのは山番（この役は流人が務めている）で、その急報を受けたものと思われるが、奥旦那ら島役人たちは代官船へと漁船を駆って急行した。代官船は式根島中ノ浦に避難した。

翌二十三日未ノ中刻（午後二時頃）、代官外記の船は改めて八丈島へ向け帆を上げた。順風北風の日和であった。ところが二十九日「御支配様未ノ下刻（午後三時頃）野伏浦江出戻、滞船」している。八丈島へは行けず、再び式根島に引き返しているのである。五月一日に外記は新島の陣屋に入った。三日巳ノ上刻（午前十時頃）に、代官船は式根島を出帆した。その日も順風北風であった。しかし、翌日の四日に「御支配様御乗戻ニ相成、巳ノ中刻地内ゟ当村江御上陸、御滞船」している。五日地内島の島陰に係留した代官船に、午ノ中刻（正午頃）外記は乗り込んだ。代官船は村人の見送りの中で出帆した。しかし、「風様悪敷申ノ中刻、又々当所へ御上陸」と午後四時頃に出戻っている。六日も順風北風に帆を上げて「御支配様午ノ中刻、中之浦ゟ八丈嶋江御出帆」し、今度は新島に出戻ることなく、無事八丈島に着岸した。

（3）若郷村名主勘兵衛と百姓代与市兵衛の遭難

元治二年（一八六五）十一月八日はすでに慶応元年である。改元は四月七日であるが、離島の日常生活にとっては、まったく問題にならないことであった。その日の『新島役所日記』は次のように記述されている。

八日巳　北風　時雨

一　今夕三宅嶋庄左衛門漁船為従使船着岸ス、先達流人警護役ニ而、上松勘兵衛・前田与一兵衛乗船ニ而、三宅嶋渡海之処、無滞御用相済、去月廿一日同所亀松船ニ而出帆之処、北風強く三宅嶋前浜ニ而破船し、勘兵衛殿・与一兵衛殿、船頭・水主不残溺死ス(14)

流人護送は江戸から三宅島までは御船手奉行役人（武士）があたるが、八丈島へ送られる流人は、三宅島で約半年滞在する。八丈島流人は改めて三宅島から八丈島へ護送されるのだが、この警護の役目は伊豆諸島の島役人（百姓）が行うことになっている。元治二年十月の八丈島への護送担当は、新島船の番であった。新島役所からこの警護番にあたったのが、若郷村名主勘兵衛と百姓代与市兵衛の二人であった。

彼らは三宅島から八丈島への流人護送の役目を終えて三宅島に帰ってきた。十月二十一日に三宅島の亀松廻船に便乗して、新島に帰島するため三宅島を出た。しかし三宅島前浜沖合で難風に遭い船は破壊し、全員溺死したというのである。その知らせを三宅島の従使船庄左衛門漁船が新島役所へ通報したのが十一月八日である。九日と十日に二人の葬儀が行われ、役所から香典として一両ずつが納められた。役所からは全員が参列している。三宅島からも、従使船で通報してきた島役人がお悔手紙を差し出している。二十五日には長栄寺で二人の施餓鬼供養が行われた。

名主を失った若郷村は、後任として名主勘兵衛の弟幸吉を代官所へ推薦（元治二年十二月二十二日）、慶応二年（一八六六）四月五日に「若郷村名主勘兵衛弟幸吉へ名主役申付」られている。幸吉は世襲名主名の勘兵衛に改名している。

4　天保四年大吉船の遭難

（1）記録

天保四年（一八三三）伊豆国新島大吉船の遭難事故に関する史料[15]は、前欠文書である。このため、残念ながら全体像を把握することができない。欠失部分はおそらく遭難の経緯を記述した部分であろうと思われる。しかし、『天保四年　新島役所日記』に、わずかではあるが、この遭難に関連する記事があり、その欠落部分を補っている。

『天保四年　新島役所日記』八月四日条に次のような記事がある。

一　当八月朔日、大吉船八丈嶋雇船ニ而、式根之内中之浦ニ滞船いたし居候処、辰巳風大時化ニ而、船大痛ニ相成候ニ付、家役壱人ツヽ人足出シ、積荷物揚させへくと、尤役人参ルへき処、延引ニ相成ル

八丈島に雇い上げられた新島の大吉船が、江戸で荷物を積み入れて八丈島へ向かう途中海上が荒れた。避難のため、式根島中之浦に滞留中の八月一日辰巳（東南）風の大時化によって、航行不能に陥るほどの大きな損傷を受けた。流出した積荷や、水浸しになって船内にある積荷を陸揚げするため、戸別一人宛の動員指令が陣屋から出た。作業の指揮をとる村役人も出張する予定であったが、天候不良のために海上が荒れて延期になったというのである。

大吉船が破船した八月一日の同じ日に、八丈島流人を護送していた新島の茂助船は、風待ちのために、同じ式根島のもう一つの避難港である野伏浦に入津していた。流人御用船が野伏浦に滞船していたこともあって、大吉船は野伏浦を避けて中之浦に入った。

茂助船は八丈流人を三宅島から乗せ、八丈島へ向かう御用船であった。流人を乗せて三宅島を出帆した。しかし、船は南へ向かうことができずに、まったく逆方向に流されて、式根島に避難したものと推定される。このような事例

はそれまでに何度もあったことである。野伏浦と中之浦はともに天然の避難港ではあるが、開口部の方向が異なっている。

大吉船が避難のために式根島中之浦に入津したのが、八月一日の午前零時頃であり、この日の天候について、『新島役所日記』は次のように記録している。

（七月）晦日戌　南風　日和　昼過　折々□
小八月朔日亥　巽風　雨天　昼過　西風ニ成　夕方□
一　右辰巳大風雨ニ而、所々屋根・垣・諸木風損

『新島役所日記』は陰暦である。まぎれもなく、台風襲来期の真っ只中であった。前欠の古文書は次の記述で始まっている。

□強ク、神津嶋西沖江相ひかれ、同夜九ッ時頃、漸式根嶋中之浦江入津仕罷在候処、当八月朔日辰巳、大時化ニ相成候

この記述から、大吉船は江戸から八丈島へ向かっての航海中で、新島・式根島を通過して、神津島の西沖合まで来た。その頃、天候や潮流に危険を感じたらしく、式根島に緊急避難することにした。すでに野伏浦には流人御用船が停泊しており、このため中之浦に逃避せざるを得なかったものと思われる。七月三十日の深夜零時に近い時刻であった。

七月三十日の新島は穏やかな南風で日和、昼過ぎに「折々□」とある。欠損文字は「雨」であろうか。その前日の二十九日も昼過ぎは「折々雨」とある。台風特有の南風で時々午後から驟雨という不安定な天候だった。想像をたくましくするならば、夜に入って台風本体が伊豆諸島に接近してきたと思われる。

八月一日は巽（東南）風で雨が降っている。午後には風は西に廻った。一日中大荒れの典型的な台風である。新島では民家の屋根や垣根、さらに樹木が吹き倒されている。「大寺長栄寺本堂風損ニ付、組壱枚ッ、苫出させ」るほどの被害が出ている。

「当八月朔日、辰巳大時化ニ相成候ニ付、乗組一同必至相働キ、船中有切り之道具不残所々岩根江繋留候」と、式根島中之浦に停泊中の大吉船は、船にあるすべての用具を使って、船を岩根に繋ぎ止めたが、風波はいよいよ増すばかりであった。船頭・水主たちは髪を切り神仏に祈った。それでも「船難保相成候」状況に陥った。便船人は手荷物だけ抱えて上陸し、船頭・水主は船に止まって懸命に働いた。しかし、「弥増大時化ニ而湌道出来候ニ付」、ついに船員も船から離れ、泳いで岸までたどりついている。船内には海水が流れ込み、危機一髪だった。

危険を侵してやっとの思いで、船を繋ぎ留めた綱は無残に擦り切れ、船は「沖之方江被吹出」た。中之浦は天然の避難港ではあるが、出入口が北側に開いた入江で、台風特有の巽（東南）から北そして西へと廻る強風は、中之浦をまともに吹き付けたのである。「然る処、苧綱切れ、船沖之方江被吹出候」と、綱を切られた無人の大吉船は入江から外海へと吹き出された。そして「八ッ時（午後二時）頃西風ニ吹替り、船又々湊江吹込」まれるという状況になっている。しかし、押さえの利かなくなっている無人の放れ船は「直様岩根江被打付、所々相破れ、水船ニ相成、荒磯江被打上候」で、破損し浸水したが沈没だけは免れて、荒磯に打上げられた。

船頭・水主・便船人全員は、船内に残る荷物の陸揚げ作業に必死に働いた。また、船が転覆したり、二度と潮に引かれないように帆柱を切り捨てたりしている。夜に入った頃には幸い風も弱まり少し凪いだ。翌二日には俵物などを陸揚げし、狼煙を立てて本島へ救援を求めたが、まだ海上は荒れたままで、救助の漁船は本島を出ることすらできなかった。ようやくのこと村役人が大勢の村人を連れて救助に来たのは、八月四日になってのことであった。

本格的な回収作業が開始されたのは凪になった八月六日である。大勢の村人たちが、水船になった船中から、濡れた荷物を運び出して陸揚げした。船頭たちは立会って、俵数を確認している。濡れた積荷は干立てのため、直ちに本島へ移送され、そこで再度俵数や荷印などを改めることにした。しかし、その後も北風時化が続き、大吉船は破壊したとある。だが、『新島役所日記』の同じ二十日条には「難船大吉船中之浦ゟ引参ル」とあることから、破船したものの、修理のために本島まで曳航できる程度の損傷だったと思われる。

一方、野伏浦に避難していた八丈流人御用の茂助船は、海上が凪いだ六日には、本島に曳航されている。「茂助船野伏浦ゟ引参ル」とあるだけで、それほど大きな損傷を受けたとの記述はない。船体点検の上、再度八丈島に向けて出帆したらしい。これに対して大吉船は、約半月後の二十日に「難船大吉船中之浦ゟ引参ル」とある。特に「難船」と記してい

表11　回収した積荷の品目

荷印	品目	数量	分一法	備考
𠆢三	濡麦 干麦	三八俵 八俵	一俵ト二斗六升六合	
𠆢三	濡麦 干麦	四三俵 七俵	一俵ト三斗三升三合	
仝	濡粟 干粟 濡米 濡麦 干麦 濡麦 濡空豆 干大豆 干蕎麦	九俵 九俵 九俵 一四俵 六俵 四俵 一俵 一俵 一俵	 二斗七升 一斗二升 三斗三升三合 六升 一升五合 一升五合 一升五合	
イ一	干粟	二俵	三升	
二	干麦	一俵	一升六合六夕	
𠆢二	濡麦 干麦	三六俵 一二俵	一俵ト三斗	
𠆢三	濡麦 干麦	一〇俵 三一俵	一俵ト一斗八升三合三夕	
𠆢三	濡空豆 干空豆	一俵 一一俵	一斗八升	
仐	濡米 干米	三俵 一三俵	二斗　四合九夕	内一俵大腐ニ付むし立 一斗五升

る理由は、修繕を必要とするために、本島へ曳航されたことを意味しているものと思われる。

(2) 積荷回収

八月二十三日には、「八丈荷訳手俵印仕分人足、片町ゟ八人ツ、出ス」とある。大吉船から回収した積荷の仕分け作業に、本村の原町と新町から八人ずつ動員されている。この時に仕分けされた積荷のリストが「M2—34」文書である。「船中ゟ取揚荷物、左之通」とあって、実に詳細な書き上げになっている。「分一」法が適用されていることも記載されている。まず、理解しやすいように表11を作成した。

これを品目別にまとめると、表12になる。

表12は穀物のみ示したものだが、大吉船には穀物以外に日用食料品・雑貨から趣向品に至るまで、多種多様の品々があった。当時の離島民の日常を知る、一助になろうと思うので表13にまとめてみた。

以上の荷物は陸揚げの上、村役人が現地式根島で俵数などを確認している。確認作業には大吉船の便

∧	干麦	一俵	一升六合六夕	
	干米	一俵	一升三合三夕	
△	濡麦	三一俵		
	干麦	六俵	一俵ト一斗三升三合三夕	
合	濡米	一一俵	一斗四升六合六夕	
	濡粟	六五俵		
	干粟	二俵	二俵ト一斗　五合	
	濡麦	二俵	三升	
	濡麦	一〇二俵	三俵ト二斗	
田	干麦	一俵	一升六合六夕	
□	干麦	四俵	六升六合六夕	
个	濡麦	二俵	三升三合三夕	
	干麦	一俵	一升五合	佐楽荘誂
キ一〇	干空豆	一俵	一升五合	
⧗	干米	一俵	一升三合三夕	
𠆢	干麦	一俵	一升六合六夕	
合	濡麦	一俵	一升六合六夕	
□三	濡粟	九俵		
	干粟	一六俵	三斗七升五合	
ヨ	濡麦	三俵	五升	
⊕	濡米	二俵	二升六合六夕	
✡	濡麦	三俵	五升	
	濡米	一俵	一升三合三夕	

乗人として現場にいた、八丈小島の名主権三郎らが立会っている。

この「口書手形」は本島で干立てた後で作成されたもので、大吉船の直乗船頭、舵取平四郎、水主与五右衛門・三右衛門・佐七・三吉、および炊甚兵衛の七人が連名で新島役所へ提出し、便乗人八丈小島の鳥打村名主権三郎ら五人が奥書捺印している。

㊁	濡麦 濡米	六俵 二俵	一斗 二升六合六夕	
□一	濡米	一俵	一升三合三夕	
↑	干麦	一俵	一升六合六夕	
[illegible]	干麦	四俵	六升六合六夕	
※	干麦	二俵	三升三合三夕	
↓	濡麦	一俵	一升六合六夕	
[illegible]	濡米	三俵	四升	
[illegible]	濡麦	一俵	一升六合六夕	
《二	干麦	一俵	一升六合六夕	
一	濡舂米 濡空豆	二俵 一俵	二升六合六夕 一升五合	

5 廻・漁船の海難

新島船の遭難事故は、新島近海とそれ以外の場所でも発生した。新島近海は漁船が多く、それ以外の場所では廻船の事故がある。廻船と漁船の行動エリアの相違によるもので当然のことといえる。

(1) 新島廻船の危機

文政十二年（一八二九）九月、八丈島御用御雇船になった新島の権左衛門廻船（二二反帆）が、十六日に江戸を出て八丈島へ向かう途中難風に遭い、船の所々が損傷し漂流した。船は志摩国まで流され、からくも二十四日に安乗湊に入ることができた。ここで「破損於其場所作事仕」と安乗で修理をしている。十月十七日に安乗湊を出帆、十一月六日に新島持ち式根島野伏浦に着船した。もはや「八丈嶋江之渡海時節」を失い、無人島式根島に御用積荷を陸揚げした。海の荒れる冬期の恐ろしさを知っている船乗りたちは、航海を断念して、春まで待つことに決めた。輸送責任者

「上乗」の八丈島百姓惣代組頭作右衛門と、権左衛門船の船頭が合意決定したところであった。陸揚げした積荷は、新島役所が管理することにして、代官田口五郎左衛門役所へ届け出ている(16)。

表12　品目別の総計

品目	数　量	分　一　法
大麦	三八一俵（一俵五斗入）	内一二俵三斗四升七合八夕　船中より取揚に付　三〇分一受取
米	四八俵一斗五升（一俵四斗入）	内一俵二斗四升四合五夕　船中より取揚に付　三〇分一受取
粟	一一四俵（一俵四斗五升入）	内三俵三斗四升五合　船中より取揚に付　三〇分一受取
空豆	一五俵（一俵四斗五升入）	内二斗二升五合　船中より取揚に付　三〇分一受取
麦	八俵（一俵四斗五升入）	内一斗二升　船中より取揚に付　三〇分一受取
大豆	一俵（一俵四斗五升入）	内一斗五升　船中より取揚に付　三〇分一受取
蕎麦	一俵（一俵四斗五升入）	内一斗五升　船中より取揚に付　三〇分一受取
惣俵数合計	五六七俵一斗五升	但　江戸積高の内　流失一〇九俵

この届出を提出した翌十二月のこと、新島の廻船藤右衛門小船（六反帆）が、新島の産物を積んで、江戸の島会所に販売を依頼した。かくして、三日に江戸を出帆し帰路についた。帰り船の積荷は「小前諸買物」、つまり島民からの注文を受け、江戸で島会所を通して買い受けた生活用品が主であった。伊豆諸島の産物の販売や、島民が必要とする物品の購入は、すべて江戸の島会所を通じて行う仕組みになっていた。これに違反すると「抜荷」として処罰された。

藤右衛門小船は江戸を出た後に順風が得られず、途中の大島波浮湊に入津した。十三日になって、ようやく順風を得て出帆したところ、「俄ニ大風・高波ニ相成候ニ付、打驚、碇差入船掛ケ留」めまではしたが、「碇綱摺切レ、暫時ニ荒磯江打付、破船ニおよび」という状況になった。幸い乗船者に怪我人は出なかった(17)。しかし、この時「所々より淦之道出来、淦水差込可防手段無御座」く、人命に危険が迫ったので、是非なく「多分荷打仕」と積荷を海中に刎捨

表13　小間物其外品々

𠆢〇七り鉢	一箇
𠆢〇古夜具	一包
𠆢〇麻苧	一包
火鉢	一ツ
水瓶	二ツ
𠆢五印京	二箇
五印麻	六箇
柳こり	一ツ
〔〇印小箱	一ツ
二印干物	一箇
玊印柳こり	一ツ
夜具包	一ツ
玊印酒	一樽
カラカサ	二本
𠆢三印京	一箇
せん香小箱	一ツ
大〇印小箱	一ツ
𠆢五印鍋	一箇
𠆢五印茶	一本(八貫目)
✡小箱	一ツ
✡水油	一樽(無印にて名前付)
無印酒	一斗樽(権吉分)
𠆢サ志婦	一樽
からかさ	二本
小印志婦	一樽
尒印黒砂糖	一壺
エ印茶小包	一ツ
小樽	一ツ
小印箇物	一ツ
𠆢〇印鉄	一箇(六貫目)
仐印鍋小箇	一ツ

𠆢〇生糸	二箇
𠆢〇鍋類	三箇
用簞笥	一ツ
柳こり	二ツ
薬缶	三ツ
𠆢五印芳礼・上茶入	一箇
酒	三樽
麻・こさ	一箇
〔〇印かけ硯	一ツ
手こり	一ツ(是ハ三根清太郎行)
玊印京	一箇
ごさ	一枚
𠆢印小箱	一ツ
ござ	一枚
風呂敷包	一ツ
⊕印小箱	一ツ(幸太郎分)
手こり	一ツ
𠆢五印櫓	三丁
✡畳表	二箇
𠆢サ小箇物	一ツ
(小)印畳表	一箇
(小)印志ろほうき	二本
⍁小箱物	一ツ
エ印醤油	三樽
琉球包	一ツ
⊕印茶	一本
米	三〇俵(水主飯米分　一八俵取揚　一二俵流失)

𠆢〇木綿類・足袋股引・元結	一箇
𠆢〇芳礼	二箇
夜具包	一ツ
𠆢五印たはこ	一箇
𠆢五印醤油	二樽
塗物	一箱
かけ硯	一ツ
〔〇印柳こり	一ツ
二印醤油	二樽
𠆢印小箱	一ツ
芳礼小包	一ツ
夜具包	一ツ
𠆢三印木綿	一箇
たはこ	一箇
たはこ小包	一ツ
𠆢五印吸物椀	二箱
✡大箇	一ツ
✡せん香	一箱
水油	一樽(平蔵分)
𠆢サ味噌大樽	二樽
小印小箱	一ツ
小印醤油	二樽
尒印ひかさ	一本
山印大箱	一ツ(代蔵分)
尒印畳表	二五枚
𠆢五印碇	二頭
𠆢五印鉄	八箇
㊁印茶	一本(八貫目入)

てている。「水船ニ而大嶋波浮湊江入津仕」と、どうにか水船にはなったものの、波浮湊までは引き返すことができたという。(18)

同じ文政十二年春のことである。江戸で大火があった。その時に「当嶋廻船大吉船、利兵衛船、去春中江戸川滞船中焼失仕」と、新島の大吉船と、利兵衛船の廻船二艘が江戸川（隅田川のこと）滞船中に焼失している。(19)

当時、新島は次の廻船九艘を所持していた。

十二反帆　四艘　大吉船・利兵衛船・藤右衛門船・権左衛門船
八反帆　四艘　茂兵衛船・与次右衛門船・佐兵衛船・勘兵衛船
六反帆　一艘　藤右衛門小船
計　九艘(20)

新島にとっては、一二反帆廻船のうち三艘が使用不能となり、外界とのパイプが失われた状況に陥ったのである。「誠ニ以難儀至極仕、此後大船三艘通船無之候而者、自然漁業等無之節者、真木産物等積出し候砌差支、誠ニ以小前一統難儀仕候」と切実である。新島では少なくとも大吉船と利兵衛船の建造をしたいと代官所と島方役所に補助金の支給を訴えている。(21)

翌年さらに追い打ちをかけるような、海難事故が生じた。文政十三年（一八三〇）正月二日のこと、大島から源兵衛の従使船が帰ってきて次のように伝えた。

藤右衛門船右嶋（大島）波浮湊ニ而破舟いたし、乗組一統無別条上陸いたす、右船便舟人八人、利嶋迄渡海致居り、七人ハ従使舟江便舟いたし帰嶋、平六義ハ利嶋江残ル(22)

従使源兵衛船は漁船である。その漁船がもたらした情報がこれであった。大島の波浮湊で、唯一残っていた一二反帆の、新島の廻船藤右衛門船が破船したというのである。便船人は一五人いた。そのうち八人は利島に留まり、七人は源兵衛漁船に便乗して新島まで来ている。幸い怪我人はなかったというのである。利島に留まった便船人の中に平六がいる。平六は秋広平六のことである。初代平六は宝暦六年（一七五六）に上総国で生まれ、寛政十二年（一八〇〇）に大島波浮湊の築港を果たしている。右の史料に出ている平六は開発者の二代目で、初代に継いで波浮湊請負人（名主格）である。新島に用事があったらしく、新島からはその翌日利島へ迎え船を出し、新島に迎えている。「破船」とは沈没または水船になった状態で、修復不可能な程のダメージを受けた船のことである。

従使船源兵衛漁船に乗船し、新島に帰った七人の名前は分っているが、新島役所は正月十八日にその七人を呼び出し、藤右衛門船の破船状況の事情聴取をしている。十九日には藤右衛門所有の漁船が大島から帰帆し、同乗して来た藤右衛門船の水主ら五人からも事情聴取している。

水濡れになった荷物は藤右衛門所有のもう一艘の廻船（六反帆の藤右衛門小船・前年に水船になったが修復した）で、新島に搬送し、個人の身の回り品である「手こり・ひつ、其外」の品は、銘々に渡している。「水揚り荷物」のうち、小買物分は陣屋に運び、米は名主宅と船元宅に運び、樽物類は商人へ直接渡している。これらの作業は藤右衛門小船が到着した日（二月十三日）に完了している。なお、その翌日には再び水主・便船人を呼び出し、銘々の物はそれぞれに渡している。水濡れで不用になった荷物は入札などと雑多な仕事を処理している。藤右衛門は一二反帆の廻船を大島の波浮湊で失った。それはまた、新島にとって大型廻船の全滅でもあった。

『天保十四年（一八四三）新島役所日記』の十二月十六日条に次のような記事がある。

十六日寅　同（北風）　同（曇）　夜中みぞれ降ル

藤右衛門小船、大嶋波浮平六ニ被雇出帆之処、大嶋沖合ニ而破舟いたし、伊豆国下流村漁舟に被□、右村ニ而介抱相成、紀相済候上、右村ニ逗留いたし候処、神津嶋久三郎漁舟、下田江為用達与渡海いたし居候ニ付、水主八郎兵衛・善蔵・便舟人平右衛門倅□松三人共右漁舟江便舟いたし、神津嶋迄参り、当嶋江送り参ル、舟頭惣八者江戸表江出ル

なんと、藤右衛門は残るもう一艘の廻船を同じ場所に近い所で失った。しかも、この小船は文政十二年十二月に、同じ場所で水船になったことがあった。乗組員らは伊豆国下流村の漁船に救助され、その村で介抱されている。事情聴取が終わって彼らはたまたま下田へ用達のために寄港した神津島漁船に便乗させてもらい、そのまま神津島まで送られた。船頭の惣八だけは江戸へ向かったとある。藤右衛門は新島の分限者で、間を置かず二艘の廻船を再建している。

その二ヵ月前の十月九日、新造の利兵衛船（一二反帆廻船）が江戸から新島に帰ってきた時のことである。「右（利兵衛）船帰帆之処、昼後時ニ相成、船危く相成、役人中不残浜江出張、惣人足出ス、流人仲間迄人足出ル、漸引揚ケ無別条」[23]と見える。離島にとって廻船は唯一の外界を結ぶ手段である。流人は船に触れることを堅く禁止され、処罰の対象であるが、法を侵してまでも、守らなければならない状況の中で、あえて役所は法を破り、流人に命じなければならなかったのである。

『天保十五年（一八四四）新島役所日記』五月十五日条に次の記事がある。

大吉船、去十二日式根ゟ八丈嶋出帆之処、風様悪敷三宅嶋江着岸難相成、伊勢地江漂流いたし、少々荷物も打捨、昨十四日夜半頃式根嶋江着

とある。新造の大吉船（一二反帆廻船）が式根島より八丈島へ向かっていた。大吉船が出帆した日は「北風　薄曇り昼後雨天」というまずまずの天候であった。しかし、海上では悪天候だったようだ。中継地である三宅島に入津しようとしたが駄目で、遠く伊勢国まで漂流し、海上で積荷の刎捨てまでして沈没を免れたという。幸い大吉船は母港新

島に帰還することができた。

弘化四年（一八四七）八月二十二日条に「利兵衛船、八丈嶋ゟ雇船いたし積来り候、八丈嶋持青ヶ嶋漂着」と見える。利兵衛船は八丈島からおそらく江戸へ荷物の輸送を請負い、八丈島を出帆したが、逆方向に流され青ヶ島に漂着したという。青ヶ島は湊のない絶海の孤島であり、伊豆諸島の船であったので漂着できたものと思われる。

『嘉永三年（一八五〇） 新島役所日記』六月九日条

藤右衛門船相州秘谷村浜ニ而破船いたし候ニ付、為見届ケと権左衛門大宮丸船頭外壱人、都合三人ニ而、浦賀滞船之場より罷越見届けいたし、不動丸船頭ゟ手紙権左衛門持参ス

またもや藤右衛門船の遭難が起きている。伊豆半島での沈没事故で、浦賀に停泊中だった大宮丸船頭らが確認のため急行している様子が窺える。この記事で大宮丸は権左衛門船で、不動丸は藤右衛門船ということが判明した。七月二十一日条には「不動丸水主・便船人呼出、難船之様子、荷主割合勘定取調」と、事情聴取をしている。

『安政四年（一八五七） 新島役所日記』閏五月二十八日条に次のような記録がある。

茂助船、野伏浦ゟ廿五日昼時分、地内切間ニ汐掛り致し居候処、昨夜、夜中時分ゟ辰巳風ニ而、今朝迄凌居候処、乾風ニ吹替リ、相分不申、依而若者或仲間ニ而為尋ト、地内迄漁船ニ而参候処、錠弐挺有之候故、錠者地内へ揚置、かゝす弐房持参候、但、便船共拾人乗

茂助船（一二反帆廻船）を二十五日に式根島から本島前浜の沖合に浮かぶ無人島地内島の切れ間に回送し、停泊中に忽然として消えた。若者組や仲間が探し回ったが、見つけることができなかった。便船人を含めて一〇人が乗っていたという。夜中に辰巳（南東）風が、まったく逆な乾（北西）風に変わっており、流されたものと思われる。全島民が心配する中、六月一日茂助船が帰ってきた。様子を聞くと次のようであった。

茂助船、先日廿八日切間ゟかゝすを切、乾風ニ而御蔵嶋ゟ拾四・五里東へ流れ、夫ゟ上総国たいとう之鼻沖迄流れ、昨夜九ッ時頃前浜江着船致ス、尤、乗組拾人無事ニ而上陸之事

五月二十八日のこと、繋ぎ綱が切れて船が流された。最初は南方の御蔵島沖合まで流され、そこで反転して上総国「たいとうの鼻」（現在の千葉県いすみ市太東岬）まで漂流した。幸いなことに、茂助船には船を操舵できる者がほとんどで、無事新島へ帰還できた。

この茂助船は万延元年（一八六〇）九月に「八丈行茂助船、志州鳥羽ゟ式根嶋へ滞船致」(24)と見える。八丈島へ向けて航海したはずの茂助船がなんと志摩国鳥羽（現在の三重県鳥羽市）まで漂流している。幸いなことに今回も無事に帰還しているのである。

（2）漁船

文化十二年（一八一五）九月には新島は鰹漁で沸いた。このような鰹漁の最盛期の漁場には、島の漁船のほかに、その場で釣った鰹をすぐ買い取る、押送り船が待ち構えている。押送り船は伝馬船である。本土や大島の船で、直ちに江戸へ輸送する。沖合で鰹一本いくらと取引きが行われる。たとえば「漁舟不残鰹釣ニ出ル、高瀬せんば、本ミち賑合、押送りニ売ル、八百文」(25)や、「かたせん場ニて鰹漁少し之賑合有之、押送りニ売遣ス、相場壱本二百文くらい」(26)などが記録されており、さらに「漁舟多分鰹ニ出ル、利嶋高瀬ニて賑合有之、押送り相場壱本百三十文ッ、ニ売」(27)などとある。

伊豆諸島では、土佐節と称する鰹節製造も盛んだった。鰹を追って土佐船が北上し、伊豆諸島近海で釣り上げた鰹は近くの島々に陸揚げし、鰹節に仕上げる。日本最大の消費都市江戸では高値で売れる。その製造方法を土佐の漁民から伝授されたので、「土佐節」と呼んでいるそうだ。高知県で調べたところ、当時土佐では紀州漁民から製造方法

を伝授されたといっており、伊豆諸島に伝授した者も紀州漁民だったかもしれない。

九月四日鰹の群を発見、知らせを受けた新島の全漁船が先を競って出漁した。その中に「利左衛門持漁船幷類船五・六艘者、前浜ゟ西の方、凡三里程隔テ字高瀬与申沖江罷出」た。昼頃から「北風次第ニ強吹出し」た。島から離れた漁場だったので引き返すことができず、「利左衛門船、高波ニ被打返破船」した。「乗組十二人散々ニ漂流」したが、類船に全員怪我もなく救助された。しかし、「船具、着類等者流失」した。その報告を受けた新島役所から、江戸の伊豆代官杉庄兵衛役所と、嶋方役所（島会所）へ届出ている。(28)

漁船を失った利左衛門は「早速船打替心掛度存候得共、不漁打続候上ニ而、入用金中々以難及自力ニ」く、漁船建造にはおよそ二〇両必要で、ほかの漁船から古くなった船道具などは借用するので、金一五両拝借したいと、新島役所を通して、嶋方役所に願い出ている。(29)

『文化十四年　新島役所日記』五月十六日条に、「藤右衛門船・源兵衛漁船、三宅嶋□□」と見えるが欠損部分が多く意味不明である。一〇日後の五月二十六日条を見ると、「利右衛門漁舟、先日三宅嶋江鰹漁ニ罷越シ候処、汐行風様悪敷、三崎辺迄流レ、今日帰帆」とある。推定するに新島の漁船の多くが、鰹漁のために三宅島近海へ出漁していた。そこで悪風に遭い散り散りになったらしい。

新島と三宅島の中間に大野原と呼ぶ好漁場があり、そこをめぐって両島は時々対立したり、協力したりしている。藤右衛門・源兵衛漁船については分からないが、利右衛門漁船は相模国三崎辺りまで流されている。当時漁船で江戸や伊豆下田までは行き来しており、新島島民もよく承知している海域である。当時の漁船も帆掛け装置を持っている(30)ので、風を利用することは慣れていたようだ。

『文久三年（一八六三）　新島役所日記』五月八日条

去月晦日、三艘類船ニ而大野原へ参り候処、三郎左衛門船、当月朔日夕刻、彼所出帆いたし、汐行・風悪敷候而、行衛相知不申候ニ付、右尋船とし而、彦三郎漁船風様浦手形差出し、今日出帆、尤右三郎左衛門船乗組、新町太吉・庄左衛門伜・伊左衛門伜・弥惣兵衛・弥兵衛・治五兵衛伜・戸右衛門弟・与大夫伜・才右衛門・勘左衛門召使・喜左衛門同断、〆拾三人

四月の晦日に新島の漁船三艘が連れ合って大野原へ出漁した。翌日の夕刻に帰帆したが、潮流悪風に遭い、三郎左衛門漁船が行方不明になったという。そこで新島から捜索のために彦三郎漁船が出帆した。行方不明になった三郎左衛門漁船には、一三人が乗り組んでいた。

『天保五年（一八三四）新島役所日記』

（九月）十二日戌　凪　日和

一　式根嶋に真木伐として漁船参ル、右之内原町市右衛門漁舟帰帆之節、灘ニ而波強水船ニ相成

一　浜吉郎兵衛伜与八、右市右衛門船難渋之様子見届、早速浜ゟ船出し骨折候ニ付、役所へ呼寄誉遣ス

一　原町久左衛門組・善左衛門組・与四右衛門組・八郎左衛門組、右四組同断骨折ニ付、役真木差免し遣ス

新島持ち無人島式根島での薪伐採は、村落共同体の作業であった。当時、薪は課税の対象である。この作業で、式根島から新島へ薪を運搬中に、潮の流れの強い灘で市右衛門漁船が水船になった。それを見た与八が船を出して救助した。原町の四組の者たちも協力したという。この四組の者たちは薪取り作業を一緒にしていた者たちであったろう。与八は陣屋に呼ばれ褒められており、四組には共同作業が免除されたとのことである。新島と式根島は地続きであったとの伝承もあるが、定かではない。両島の間は潮の流れが早く遭難の事例がいくつかある。

弘化三年（一八四六）四月七日の昼を廻った頃、西からの突風が海上を吹き抜けた。新島の漁船のほとんどは、前

浜沖で鰹漁をしていた。多くの漁船は「西風烈敷相成候ニ付、松魚船共早々乗戻候」たが、「次第ニ風波強」くなるばかりで、岸まで帰ることができずに流された。漁船頭役卯兵衛は船付流人らを引き連れて、多くの漁船が若郷村方面に流されているのを見て、若郷村へ急行した。若郷村には六右衛門漁船一艘だけが着岸できたが、善兵衛漁船は若郷にも着けずに流され、からくも隣の利島に着けることができた。なおほかの一艘は伊豆下田まで流されたとある。[31]しかし、さすがに新島の漁船は天候急変の場合での対処を、経験の中で体得していると見えて、致命的な遭難を切り抜けている。

次は海難事故といえるものに加えておくべきと思うところであるが、陸揚げしてあった漁船が、高波で引かれたり破損したりした事例がある。たとえば「今暁辰巳大時化ニ而、まゝ下へ上ケ置候市右衛門漁船・六右衛門漁船、両艘共吹割申候」[32]や、「中河原江揚置候治五右衛門・市左衛門漁舟、夜中右大風ニ而破舟いたす」[33]などがある。さらに『万延元年（一八六〇）新島役所日記』四月一日条は次のように記している。

昨夜大風波時化ニ而漁船数艘流失致ス分

原町浜

善兵衛・弥五兵衛・源兵衛・弥五左衛門・十兵衛

右五艘

新町浜

三左衛門・三郎兵衛・市郎兵衛・与次右衛門・利左衛門・八兵衛・市左衛門・十兵衛・八右衛門・惣左衛門・市右衛門・文右衛門・三郎左衛門・彦三郎

右拾五艘

〆弐拾艘

外ニ市右衛門楯網

八郎兵衛楯網　流失

東風ゟ辰巳風ニ相成、夜半頃高波大時化ニ而流失致ス、其外怪我致シ候船数多有之

と、甚大な被害が出ている。当時新島には漁船は四六艘あった。その半数近くの漁船が流失し、その上破損した船が多数あったという。新島にとっては致命的な打撃であることはいうまでもない。この被害について、新島役所は、「此度漁船・楯網流失之者、任願御箱金之内、金百五十両今日貸渡ス、尤委細支証ニ有之」[34]と、緊急に援助している。

『嘉永三年（一八五〇）新島役所日記』にサザエ漁のことが見える。二月一日条に「羽伏江むぐり参り候事」とあり、二十日条には、

十兵衛漁船栄螺船ニ而出帆之処、類船佐五郎船大嶋波浮湊口ニ而難船いたし船流失、船頭伊左衛門行衛知れずニ相成候ニ付、口書一札差出帰帆ス、尤、二月六日之事ニ候

とある。サザエ漁は「むくり」漁で、当時すでに式根島にサザエの生簀があったらしい。必要な時に生簀から水揚げし、漁船で江戸へ輸送して売却するのだが、伊豆・相模・上総・安房国など、江戸に隣接する漁場からのサザエには到底太刀打ちできず、江戸の島会所に援助を要請している。

鰹漁は釣り上げ、直ちに海上で本土の早船に売却することもあるが、新島に水揚げして鰹節に製造することもしている。新島など伊豆諸島で製造された鰹節は、大消費地江戸では高値で販売できた。これらに対して一〇分の一税という、課税の義務を負っている。

「むくり」漁は「素むぐり」漁である。それだけに危険と隣り合わせである。『嘉永六年　新島役所日記』二月二十

六日条には、次のような記事がある。

今日羽伏浦ニ素むぐり之死骸打上り候趣、届ヶ有之候ニ付、樽桶ニ入、長栄寺迄持運セ置、若郷村江右之段知らす文通差し出ス、尤、先頃若郷村ニ而、百姓某行衛知れずニ相成候届ヶ有之候間、右知り人召連、役人同道ニて、今晩中ニ参り候様申遣し候事

というような事故が発生した。漁業の多様化により、それなりの危険が伴ってきている。

四　神津島船

「伊豆国附嶋々様子大概書」には、神津島の人口は七九〇人（男三五一人・女四三九人）と、流人四人、船については廻船二艘（五人乗）・漁船は一八艘を保有していると記されている。

『宝暦五年（一七五五）新島役所日記』[35]の十一月十八日条に次のような記録がある。

神津嶋因幡殿舟、嶋を干物積立出船仕、西風ニ而当嶋敷根沖へ夜内参、船渡合掛り候共碇切、黒根浜へ打当り、船破船致候、舟具・荷物少々上り、干物数五百四俵・塩鯖三樽、数千百二口〆所ニ而売払、商人札を取、代金壱両十三匁七分也、所又、商人方ゟ銭壱貫文合力致候、〆壱両壱分ト銀十三匁七分成申候、両町ニ而こわりきニ而所ふちニ而、神津嶋相送申候、砕ケ五ツ者、十二月朔日漁船弐艘、人足かつき入取揚申候

因幡殿とは松江因幡のことで、神津島の神主兼地役人である。宝暦五年十一月、彼の所有する廻船が、干物や塩鯖などを積んで、江戸へ向かう途中のことであった。十一月十七日の夜半に、式根島の沖合を通り、新島との間の船渡合という所で、船がかりしようとしたが、碇綱が切れて船は漂流し、新島本島の黒根浜の岩根に激突し、座礁破船し

た。当然のことながら積荷は汐濡れになった。このため、江戸行きを断念し、積荷は現地新島で入札売却されることになった。結果は金一両ト銀一三匁七分であった。落札金額があまりに安値だったので、気の毒に思ってか、商人方より一貫文を合力し、金一両一分ト銀一三匁七分になった。船頭以下乗組の人たちは新島船で神津島へ送られた。新島では砕け散った神津島船の残骸を回収陸揚げしている。

『天保五年（一八三四）新島役所日記』三月十七日条に、次のような記事がある。

昨十六日、神津嶋源五右衛門船、式根沖ニ而走たおし、舟頭・水主・便船人共十一人乗、何れも右水船江取付流し参り候処、あじや岩根へ打当り、破舟いたし候故、右人数不残あじや浦へおよき上り、今暁七ツ時頃、新丁重兵衛方へ便（頼）り参り、右之趣申聞候ニ付、同人ゟ早速届ケ出候間、組壱人ツ、人足召連レ、尤、水主同道申付ケ、役人とも右場所へ罷越ス

神津島の源五右衛門廻船には一一人が乗り、式根島沖合まで来た時に、転覆し漂流した。全員は転覆したままの水船に取り付き、そのまま潮流に押し流された。船は新島本村の前浜沖を北へと流され、「あじや浦」の岩根に当たり破壊した。「あじや浦」は新島の西側の海岸で、本村前浜の北に位置する海岸で、岩礁の多い荒磯である。彼ら全員は泳いで荒磯にたどり着き上陸した。十七日の朝七ツ時（午前四時）頃、彼らは新町の重兵衛方に救助を求めた。重兵衛は早速陣屋へ急報した。陣屋では五人組一人宛の動員を指令し、直ちに現場へ急行している。

翌十八日には破船の品々について入札を行い、名主吉兵衛・漁舟頭善兵衛らが現地調査を行っている。二十日にも新町・原町から七人ずつが動員されてあじや浦で、梶や帆柱などの回収作業をしている。回復を待って、二十二日に治郎右衛門漁船を仕立て、神津島へ彼らを送り届けている。

天保十年二月二十六日のこと、神津島神主松江氏の漁船が新島若郷村の浜で破船した。この船の水主は四人であっ

た。彼らは若郷から陣屋のある本村に連れてこられ、陣屋が手配して庄右衛門方を宿にした。村では食糧として「いも幷切干」を集め、庄右衛門方へ渡している。水主の市郎兵衛は新島の漁船で神津島に送られている。この神主家の漁船は、伊豆下田から神津島へ帰帆する途中で悪風に遭い、新島の北端若郷村に漂着破船したのだという。(36)

弘化三年(一八四六)八月二十九日のこと、神津島船が新島役所に来て、「船甲・どとこ・帆切々」を沖合で拾ったことと、八ツ時(午後二時)頃、「赤根と申磯ニ死人有之」と知らせてきた。難破船は新島の「漁船之様ニ相見候趣申越候(37)」というので、明日島役の宇兵衛を神津島へ派遣することにした。翌日宇兵衛が神津島へ行くと、溺死人は濤響寺に葬られており、新島の佐治兵衛船員の惣左衛門であることが判明した。報告を受けた役所から、その旨を惣左衛門の親類に通知している。(38)

安政二年(一八五五)四月四日のこと、神津島の万右衛門漁船が新島役所に来た。神津島の伊助船が先日行方不明になったことについて、何らかの情報がないかと尋ねて来た(39)のである。別の島々へも探索船が派遣されている。このように行方不明の船があると、島は総力をあげて探し回るのが通例になっている。

五　三宅島船

1　天明二年御用雇三宅島新八船

(1)　記録

天明二年(一七八二)五月の八丈島御用雇船三宅島新八船の遭難記録は、「八丈嶋雇三宅嶋新八船破船一件書物留

書」(40)に一括綴りになっている。その内容は次の通りである。

①天明二年寅四月付　浦触
伊豆代官江川太郎左衛門の発給で、伊豆・相模国の浦々嶋々名主・年寄宛になっている。

②天明二年寅四月付　船中日記
江川太郎左衛門手代田中寿兵衛・及川東蔵・柏木直左衛門から船頭へ交付された日記帳。御用船の入津・出帆の場所・日時が記入されている。

③天明二年寅五月十五日付　御注進
新島役所から江川太郎左衛門役所宛の、御用船遭難に関する報告。

④五月十五日付　書簡
新島役所から江川太郎左衛門役所宛の、注進状に付された書簡。

⑤寅五月十五日付　書簡
新島役所から江川太郎左衛門手代田中寿兵衛・及川東蔵・柏木直左衛門宛の、注進状に添付された書簡。

⑥天明二寅年五月付　以書付御注進申上候事
御用船の船頭籐八（山三郎カ）・八丈島三根村名主仁右衛門から、江川役所への注進状。八丈島地役人菊地左大夫の奥書がある。

⑦年月不記（天明二年五月）　以書付奉申上候
八丈島三根村名主仁右衛門から、江川役所宛に破船後の積荷回収状況の報告。八丈島地役人菊地左大夫の奥書がある。

⑧年月不記（天明二年五月付）　以書付申上候事

八丈島地役人菊地左大夫から、江川太郎左衛門役所宛の報告で、破船後の手配を述べている。

⑨年月不記（天明二年五月付）（乗船者名・航路および積荷目録）

新八船沖船頭山三郎ら乗組七人・八丈島地役人菊地左大夫ら九人、航路は三宅島から江戸、江戸から新島までの入津・出帆の場所・月日が記されている。積荷は米麦など一一品目を書き上げている。

⑩天明二年寅五月付　船頭・水主口書証文之事

御用船遭難事故の中心的史料で、沖船頭山三郎ら乗組七人の連名で新島役所へ提出。

⑪天明二年寅五月付　浦証文之事

沖船頭・水主の口書証文を受け、新島役所から八丈島役所および三宅島役所宛の浦証文。

⑫寅五月二十二日付　書簡

新島役所から江川太郎左衛門代官手代田中寿兵衛・及川東蔵・柏木直左衛門宛に、注進状持参の上、新島名主青沼元右衛門を出頭させる旨を記している。

⑬天明二年寅五月十四日付　差上申一札之事

御用船沖船頭以下乗組七人の連名で、新島役所に提出した、積荷の回収に関する一札。八丈島三根村名主仁右衛門の奥書がある。

⑭寅五月付　御添触断書

三宅島新八船に替わって、新島権左衛門船が御用雇船になった旨を記した、新島役所の断書。

⑮（寅五月付）　船中日記継添

御用船交替に伴う船中日記の書き継ぎにかかわるもので、新島役所名による。

⑯五月二十五日付　書簡

新島役所から八丈島役所宛の書簡で、御用船遭難の通知。

⑰天明二年寅五月二十五日付　請取申金子之事

新島役所から八丈島地役人菊地左大夫に宛てたもので、権左衛門船雇い上げのうち金七両の請取書。

⑱五月二十八日付　権左衛門船八丈島江出帆

紙の余白に記載。

⑲五月二十八日付　書簡

新島役所から三宅島役所宛の書簡。御用船遭難の通知。

⑳五月二十八日付　追簡

新島役所から三宅島役所宛の添証文を船頭山三郎に渡した旨を記している。

㉑六月一日付　書簡

新島役所から三宅島役所宛の書簡で、三宅島新八船乗組員の三宅島帰還にかかわる様子の知らせ。

㉒六月一日付　書簡

新島地役人前田左近から三宅島地役人笹本佐兵衛宛の書簡。

㉓六月一日付　書簡

新島役所から三宅島役所宛の返書。

㉔六月一日付　書簡

新島役所から三宅島石井八郎左衛門宛の返書。

㉕六月一日付　書簡

新島役所から三宅島笹本佐兵衛宛の返書。

㉖六月一日付　書簡

新島地役人前田左近から三宅島石井八郎左衛門宛の書簡。

㉗天明二年寅六月十五日付　乍恐以書付奉申上候

八丈島御用物を無事送り届けた旨を述べ、すべての処理を完了したことを、新島役所から江川太郎左衛門役所宛に報告。

多くの海難事故の中で、三宅島新八船遭難に関する史料は、最も整っている。多角的な研究を今後に期待できるものと思っている。

「伊豆国附嶋々様子大概書」には、三宅島は廻船七艘（六人乗六艘・五人乗一艘）と漁船二〇艘があった。流人船についての記事によると、江戸から三宅島までは御船手同心が警護するが、三宅島から八丈島までは「惣百姓共罷出相勤め申候」とある。ここでいう惣百姓とは、年寄・百姓代や漁船頭などの島役を指している。三宅島船と新島船が流人御用船に指定されるので、その島の島役が御船手同心に代わって警護役を勤めることになっていた。流人の島替えもほぼ同じように処理されていた。

三宅島には伊ケ谷村・神着村・伊豆村・坪田村および阿古村の五村があり、人口は一五六九人（男七五一人・女八一八人）と流人一一六人であった。御蔵島は三宅島地役人の管轄下に置かれ、属島の取り扱いを受けている。一集落で人口は一三四人（男六五人・女六九人）と流人は五人。廻船は一艘・漁船二艘であった。

新島役場所蔵文書に、前に述べた天明二年寅五月付「八丈嶋雇三宅嶋新八船破船一件書物留書」という古文書群がある。これらによると、天明二年五月のこと、御用船として八丈島が雇い上げた三宅島新八船が、新島持ち式根島中之浦で破船した。新八船の乗組員は沖船頭山三郎、親仁与八、水主定吉・七蔵・助四郎・源吉と炊佐吉の七人であった。彼らは全員三宅島の島民である。便船人はすべて八丈島の島民で、八丈島地役人菊地左大夫、三根村名主仁右衛門、中之郷百姓代金右衛門・惣百姓太郎作、三根村百姓善五郎・弥八、同村年寄喜蔵の伜石次郎、御用船年寄与野右衛門の伜政之助、および地役人付小者郡次の一〇人で、都合一七人乗りであった。

（2）江戸から新島へ

天明二年四月、伊豆代官江川太郎左衛門は、次のような「浦触」を出している。

三宅嶋新八雇船ニ而、八丈嶋来卯年御用御端物御嶋本写、幷右嶋へ差遣候米麦積入、此度江戸出帆、八丈嶋迄差遣候、渡海之内、若風様悪敷、嶋々幷浦々江致漂着候共、積入候荷物麁略之儀無之様可致候、以上

天明二年

（押切）寅四月　江川太郎左衛門（印）

伊豆
相模
浦々
嶋々
名主
年寄

八丈島が雇い上げた民間の船とはいえ、伊豆代官の名で「浦触」が発給されたということは、三宅島の新八船は明

確に「御用船」ということになる。理由はその積荷で、「御用御端物御嶋本写幷夫食米麦」にある。「浦触」は船頭が所持し、入港した所の役人や、非常災害時にその地の役人に示し、幕府命令を伝えるということにあった。絶対的な幕府命令であるから、これに従わなければ、当然厳罰に処されることになる。

幕府が八丈島に対して、上納を命じていた年貢は「御端物」すなわち、黄八丈である。ここに出てくる「御嶋本」は「御縞本」のことで、織柄見本帳である。正本は幕府にあり、その副本が八丈島役所に保管されていた。幕府は江戸城内などで使用する黄八丈の織柄を毎年指定し、八丈島などからそれを年貢として上納させている。黄八丈年貢は八丈島だけではなく、青ヶ島にも年貢として上納させているが、青ヶ島は八丈島から黄八丈を購入して上納していた。

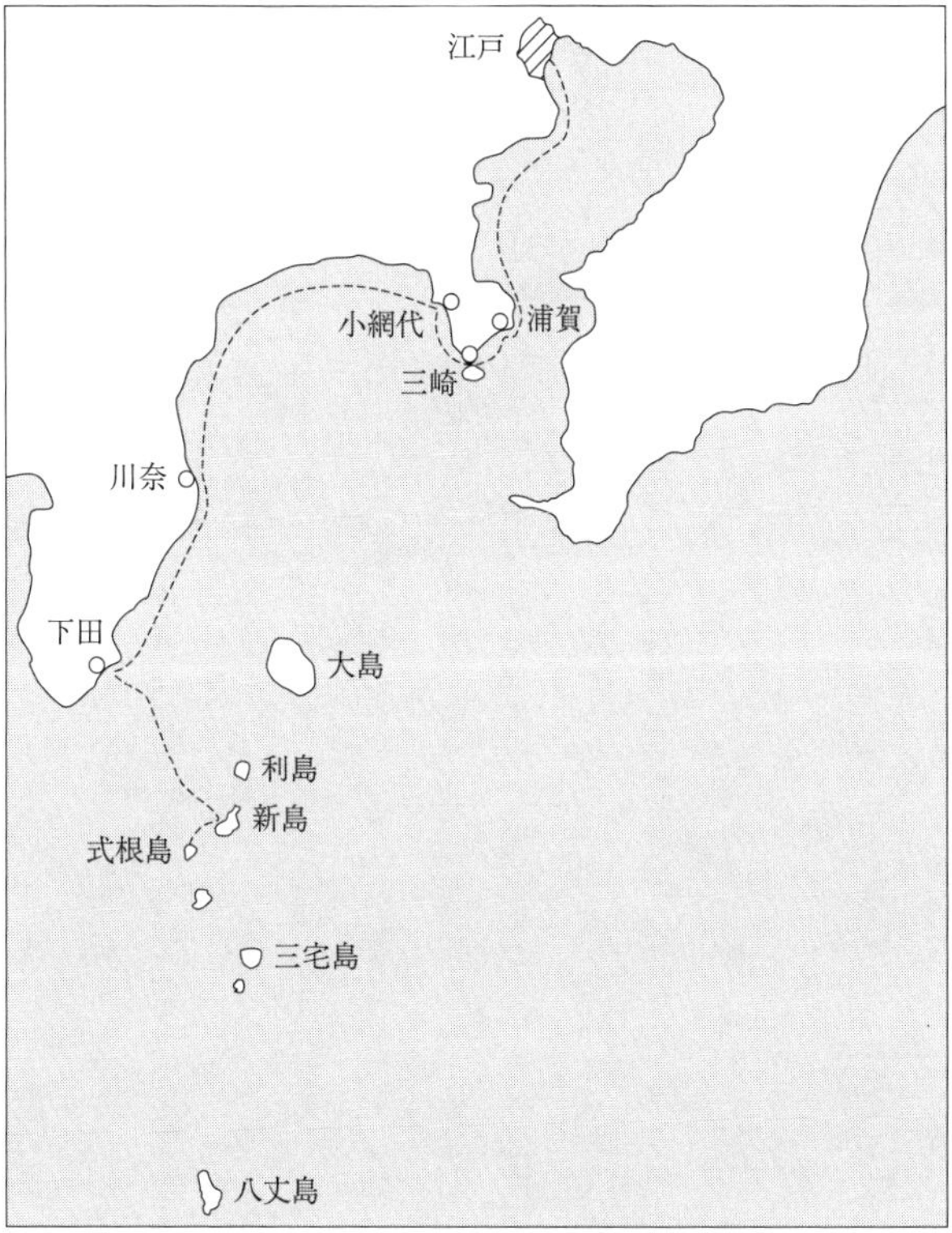

図 10　新八船の航路概念図

三宅島新八船は指定の柄見本と、幕府支給の非常救済の穀物を積んで、四月十九日に江戸を出帆した。便船人である八丈島地役人菊地左大夫ら一〇人は、これらを無事に八丈島へ持ち帰るための人たちであった。船は三宅島の個人所有の廻船だが、八丈島が御用物運搬のために雇上げた船であっても、その時点から「御用船」ということになる。

黄八丈は黄・樺・黒の三色を組み合わせた織物で、すべて八丈島自生の草木を材料とする染料によって染め上げた絹織物である。織方そのものは一般的な方法によっているが、三色に染め上げた絹糸で織り上げた模様が優れ、樺や黒が黄色を鮮やかに引き立たせて、名を高めた伝統的工芸品である。

黄染めはカリヤスという野草を刈り取り、天日で乾燥させたものを、平釜で一日中煎じ、その煎汁に生糸を一晩寝かせ、翌朝よく絞って強い太陽で干す。夕方には再び煎汁に一晩漬け込み、また、一日中干すという作業を二〇回ほど繰り返す。回を重ねる程に色は濃くなるが、限度があり、それは長年の勘によっている。この段階では茶色の勝った黄色で、まだ艶はない。カリヤス染めが終わったら、最後の工程である「灰汁かけ」をする。ここで用いる「灰」はツバキとサカキの焼葉を四分六分程度の割合で配合したものである。「灰」に七分目ほどの水を張ってそのままにして置くと自然に上澄み液ができる。それにカリヤス汁で染めた絹糸を浸すと、たちまち山吹色の鮮やかな黄金色に変色する。

樺染めの原料は八丈島では「マダミ」と呼んでいるイヌグスの樹皮を剝ぎ、砧で細かく打ったものを用いる。染め方は黄染めとほとんど同じだが、空気に触れると斑になってしまうので、細心の注意を払って、均一に漬け込む。煎汁に糸を漬け込むことを「ふしつけ」というが、これを一四〜一五回程繰り返してから、灰汁をかける。

黒染めの原料はシイの樹皮である。「くろふし」に一五〜一六回ほど漬けた後で「ぬまづけ」をする。これは泥染めで、鉄分の多い古田へ運んでの作業だが、このような古田は今では少なくなった。泥染めをすると、たちまち真黒になるが、よく水洗いしないと、残留の鉄分で、糸が切れやすくなるので、これも大変な作業である。

御用船に雇い上げられた新八船の江戸からの航路は次の通りであった。

四月十九日辰刻（午前八時頃）　江戸出帆
二十日　午刻（正午頃）　浦賀入津
二十一日午刻（正午頃）　出帆
申上刻（午後三時頃）　相州三崎町入津
二十二日卯上刻（午前五時頃）　出帆
酉上刻（午後五時頃）　小網代村入津
二十七日卯下刻（午前七時頃）　出帆
酉上刻（午後五時頃）　伊豆国川奈村入津
二十九日卯下刻（午前七時頃）　出帆
三十日　午刻（正午頃）　伊豆下田町入津
五月　三日辰刻（午前八時頃）　出帆
申中刻（午後四時頃）　新島持式根島中之浦入津

新八船は下田で三日間風待ちをしたものの、式根島までは一応順調に航海してきたことが分かる。

（3）遭難

五月三日、新八船が新島本村の前浜沖に姿を見せた。御用船であるため、新島の役人は漁船で出迎えた。しかし、風様が思わしくないので、数艘の漁船が先導して、式根島中之浦に停泊している。翌四日には雨に加えて北風が強まり、夕刻には波浪が激しさを増してきた。天然の良港である中之浦にも高波が押し寄せた。五日になっても波浪は激しさを増すだけであった。御用船は四日には、持っているすべての綱・碇で船を固定した。だが、自然の猛威には勝てず、綱は褶り切れ、船は岩場に打ち付けられて破壊した。船頭・水主および便船人一六人は、幸いなことに一人も怪我をせずに上陸した。八丈御用物、すなわち、「御召御用御端物嶋見本写」は地役人菊地左大夫がしっかり抱え、浦賀御番所切手および三宅島役所の船手形などの重要な書類は、船頭山三郎が命にかけて守り抜いた。この遭難の様子について、新島役所から江川代官所宛に、五月十五日付の「御注進」がある。

御注進

一　当寅五月三日、八丈嶋御雇三宅嶋新八船、新嶋前浜沖江乗懸申候間、拙者共漁船ニ而出迎申候処、風様悪敷罷成候ニ付、挽船数艘ニ而新嶋之内式根嶋中之浦江入津仕候、然処、翌四日雨天北風強、同日暮方ゟ風波強、高波ニ罷成申候ニ付、御雇船之義無覚束奉存候得とも、右奉申上候通高波ニ而、翌五日も漁船差出見合罷在候処、翌六日少々波静申候ニ付、漁船ニて拙者とも乗添、式根嶋江罷越様子相尋候処、船頭・水主幷便船人申候者、入津仕候翌四日之夕方ゟ大北風時化強ク、高波ニ罷成候ニ付、有丈ケ之綱・碇を以繋キ、種々相働候処、大風・高波ニ而諸方江取懸候綱褶切り、磯際江船被打付、翌五日之朝破船仕、水主・便船人ともに拾六人波に被打揚候へ共、無怪我陸江上り申候、八丈御用物幷浦賀　御番所御切手・御添触・船中日記・嶋出船手形共ニ大切ニ所持仕候（以下略）

海が荒れて本島からの船は式根島に渡ることができなかった。救援が来るまでの間、水主や便船人たちだけで、波に打ち上げられた積荷の回収作業に追われた。新島では御用船遭難を確認するや、漁船や村人を動員した。七日より破船した船中から積荷の陸揚げ作業と、流失した積荷の探索を本格的に開始している。船は難破を阻止するために、積荷を海中投棄するのが一般的であり、新八船も同様であった。その投棄された荷物なども、新島の村人たちによって懸命に回収されている。

破船当日、水主・便船人が波に打ち上げられた積荷を回収できたのは、

米九俵　大麦五〇俵　茶五本　水油小樽二樽　醬油小樽三樽

味噌小樽二樽　酒五樽　夜具一〇組　懸硯三箇　箇物七箇

であった。

七日からの新島島民による本格的な回収作業の結果は、次の通りである。

七・九・十二日に難破船から陸揚げされた積荷

米一一五俵　大麦一七二俵　鉄五箇　鍋二箇

十六日に海上や波で打ち上げられた品の回収は、次の通りであった。

帆柱一本　舵一羽　帆桁一本　木綿帆一〇端（但し切々）　舵柄一本

苧綱三房　水縄二房　うたせ一房　打廻し一筋　手縄二房　くくり一房

すくり綱三房（但し切々）　碇五頭（内三頭は痛）　藤綱三房（但し切々）艪六梃

舵道具七筋（但し切々）　ばんかかり三房（但し切々）　こぎ綱六房　艪床三本　水樽一つ　ちり二本

寄かかり二枚　船かす少々

および、

櫃四つ　衣類入れ（沖船頭山三郎・親仁与八・水主定吉・水主源吉）

柳こり　衣類入れ（沖船頭山三郎・水主七蔵・水主助四郎・炊佐吉）

新島役所は新八船沖船頭山三郎および水主たちからの事情聴取を行い、次のような口書証文を作成している。

船頭・水主口書証文之事

一　私共義、三宅嶋新八船沖船頭山三郎、船頭・水主七人乗、当寅三月廿三日、三宅嶋出帆、同月廿四日浦賀江入津、同廿五日同所出帆、同日江戸致入津候処、今度八丈嶋御雇船ニ而、江戸ゟ御用御織物御嶋本、幷同嶋急難為救夫食米弐百俵・麦三百俵、其外樽物・茶・箇物積入、江戸ゟ八丈嶋迄、便船人八丈嶋地役人菊地左大夫殿、御同人小者郡治、其外同嶋三根村名主仁右衛門、百姓弥八・善五郎、年寄喜蔵倅石次郎、中之郷組頭金右衛門、常使太郎作、　御船年寄与野右衛門倅政之助九人乗組、都合拾六人乗ニ而、当寅四月十九日江戸致出帆、同廿日浦賀江入津、　御番所御改を奉請、同廿一日浦賀出帆、同日三崎江入津、同廿二日三崎出帆、同日小網代江入津、同廿七日小網代出帆、同日川奈江入津、同廿九日川奈出帆、同晦日下田江入津、同五月三日下田湊致出帆、同日未之上刻頃新嶋前浜沖江乗懸ケ申候処、各様漁船ニ而御出迎ひ被成候処、風様悪敷罷成候ニ付、挽船数艘ニ而、新嶋之内式根嶋中之浦江、同日申之中刻頃致入津候、然所、翌四日雨天北風強、同日暮方ゟ大北風時化強、高波ニ罷成候ニ付、有丈ケ之綱・碇を以繋、種々相働候処、益大風高波ニ而、諸方江取懸ケ申候綱摺切り、磯際江船打附、翌五日之朝致破船、水主・便船人共々拾六人、波ニ被打揚候得共、無怪我陸江上り申候、八丈御用物幷　御切手　御添触・船中日記・嶋出船手形共ニ大切ニ所持仕、漸上り申候、同五日も大風雨高波ニ而本嶋ゟ通路無御座、流レ寄候苫杯引上ケ、風雨を凌罷在候処、翌六日様子為御尋、漁船ニ而各様御乗添、式根嶋江御出被成候処、其日ハ最早及暮候ニ付、遣ひ水被差置、本嶋江御戻り被成、翌七日ゟ漁船数艘・人足大勢被召連、各様幷拙者共乗添、捨り荷物懸ケ上ケ、又ハむくりを入、御取揚被成、七日ゟ十二日迄凪間見合、日々御越被成候而、御取揚させ被下候分、幷破船之刻、波ニ而打上ケ候分共ニ、左之通ニ御座候（中略）

天明二年寅五月

新嶋

神主　前田左近殿

名主　元右衛門殿

年寄　弥五兵衛殿

同　佐五左衛門殿

同　与五兵衛殿

同　藤右衛門殿

右、船頭・水主申立候趣、私承届候ニ付、奥書致印形候、以上

八丈嶋御雇

三宅嶋新八船

沖船頭　山三郎

親仁　与八

水主　定吉

同　七蔵

同　助四郎

同　源吉

炊　佐吉

八丈嶋　名主　仁右衛門

新島役所での事情聴取に、当事者である沖船頭山三郎・親仁与八・水主定吉・同七蔵・同助四郎・同源吉および炊佐吉が答弁し、書役がこれを文章化したものを、八丈島の三根村名主仁右衛門が証人として立ち会い、奥書・署名している。

沖船頭は船主により指定された者（船主が船頭の場合は直乗船頭という）である。親仁は船頭の顧問格で、船頭の経験者が「親仁」になるのが一般的であった。このため年齢的に、船頭よりは一〇歳以上年配者の場合が多い。「トモロ」とも呼び、船頭は親仁の意見を原則的に無視することはない。狩猟研究者の千葉徳爾博士と伊豆諸島の民俗調査で同行した時に、「マタギと同じ」と言っておられたことを思い出したところである。水主は船員、炊は炊事当番で、普通は最も若く、水主見習いというところである。

彼ら七人の答弁によると、新八船は三月二十三日に三宅島を出港し、二十五日に江戸に到着した。そこで御用の筋として八丈島役所に雇われた。「御用の筋」と言われたら、当時はよほどのことでなければ、まず断ることはできない。年貢の黄八丈見本と、緊急救援食糧（米二〇〇俵・麦三〇〇俵）や、その他荷物を積み込み、八丈島まで輸送する役目であった。これら御用の品々を守るために、乗船警護した者が、八丈島地役人菊地左大夫・三根村名主仁右衛門ら九人であった。八丈島には大賀郷・三根村・中之郷・樫立村および末吉村の五村がある。今回は三根村名主が地役人に随行して、その任にあたったというところである。

四月十九日に江戸を出帆した三宅島新八船は、伊豆国下田経由のコースで順調に航海し、五月三日未ノ上刻（午後一時頃）に新島の前浜沖に達した。新島では島役人らが漁船で出迎えているが、風模様が悪く、新島持ち式根島の中之浦に船泊まりすることになった。申ノ中刻に入津した。今でいう午後四時頃であり、旧暦であるから初夏の季節で、まだまだ真昼である。

翌日の五月四日は雨で北風が強まった。夕方には北風がさらに強まり、海は大時化になって、高波が押し寄せるという悪天候に襲われた。夏五月に北風は予想外だったのだろう。中之浦は天然の風待ち港だが、入江の開口部は北向きになっており、高波が直接襲来したようだ。彼らは持てるすべての綱と碇で船を固定した。しかし、さらに強まる大風と高波で綱は摺り切れ、五日の朝に船は岸壁に打ち付けられて破船した。乗組員や同乗者合わせて一六人はどうにか怪我もなく上陸できたのは不幸中の幸いといわねばならない。

当事者である船頭と八丈島三根村名主仁右衛門の連名で、代官所へ提出した注進状は次の通りである。ただし船頭は沖船頭山三郎ではなく、突然のように船主の新八になっている。船主が前面に出たという感じである。しかし、引用する史料は代官所へ提出した注進状の「控」的ものであって、単なる誤記とも思われる。八丈島地役人菊地左大夫が奥書している。

以書付御注進申上候

一　八丈嶋之内三根村名主仁右衛門、今度奉願、三宅嶋新八船相雇、夫食米積入、先月十九日江戸川出船仕候後、豆州下田湊ニ而日和待仕候処、当月三日同湊出帆仕、同日新嶋之内式根嶋へ着仕、日和見合罷在候処、同四日之夕方ゟ風浪強く、同夜中益大風雨大浪立ニ罷成、船中懸命種々相働候得共、繋留候義不相叶、同五日之朝破船仕候、然処、便船人乗組共々浪ニ被打揚候得共、怪我無之相助り申候、尚又、委細之義者、名主仁右衛門口上ニ而可奉申上候、以上

天明二寅年五月

船頭　新八

名主　仁右衛門

江川様

　　御役所

右段之趣、私義　御用御嶋本積入乗船仕、一同大風波ニ及、唯御嶋本海中不手放、諸共ニ波ニ被打上、破船候次第見届候処、書面之通相違無御座候、依之、名主仁右衛門義為御届、当嶋漁船ニ而出嶋為仕候間、可然様御下知奉願上候、以上

　　　　　　　　　　　　　　　　新嶋ニて
　　　　　　　　　　　　　　　　　八丈嶋地役人　菊地左大夫

御用船の難破という重大な事故が発生した。幕府からの救援支給の食糧を八丈島まで輸送するため、三宅島の新八船を雇船として手配した、直接的な責任者は、三根村名主仁右衛門である。それ故に両者の連名で代官所へ提出したものと思われる。この注進状によると、江戸―下田―新島までは無事に来たが、式根島で遭難したという事実を述べている。彼らは懸命に働いたものの、自然の猛威には勝てず難破した。しかし、大切な書類と食糧は守り通した。事情の詳細については、名主仁右衛門が代官所へ参上し弁明するとしている。

この遭難船に同乗していた八丈島地役人菊地左大夫は、「御用御嶋（縞）本」を守り抜き無事であることを述べている。このことについては、左大夫が別に代官所へ次のように報告している。

　　以書付申上候事

一　今度三宅嶋新八船破船仕候付、私義御用御嶋ノ本積入、八丈嶋へ片時も□意渡海仕度、当嶋舟相雇申候、尤此節御用御端物取扱候砌ニ付、御用繁多ニも有之、其上当夏八丈嶋困窮為救、積入候米麦之義ニ付、縦濡腐候共持参仕候得ハ、夫食之足合ニも相成候間、便船人之内、名主仁右衛門・政之助ハ出嶋為仕、残而中之郷百姓代金右衛門・同惣百姓太郎作・三根村百姓善五郎・同弥八・郡次、都合七人召連、当嶋ゟ直ニ帰嶋仕度奉存候、

依之、名主仁右衛門破船一件ニ付候而ハ、出嶋為仕候間、何分可然様ニ奉願候、以上

月日　　菊地左大夫

江川太郎左衛門様

御役所

地役人菊地左大夫は、現地の新島で陣頭指揮にあたっている。名主仁右衛門と御船年寄与那右衛門の倅政之助二人を江川代官所へ出頭させた。一方、三根村百姓代金右衛門ら五人を濡米とはいえ、食糧不足の八丈島へ輸送させるなどの対策を指示している。

江戸を出帆する際に積み入れた品目と量は分かっている。船に沈没の危険が迫った場合、積荷の海中投棄が行われる。しかし、この御用船の遭難は大海の真っ只中ではなく、無人島とはいえ入江の中だった。海中投棄は行われてはいるが、入江内であったので回収率は高いようである。また、破壊の際に流出した積荷もあったと思われる。これが「波ニ而打上候荷物」である。

荒磯の岩に打ち付けられた御用船は沈没した。ほとんどの積荷はまだ船中にあったようだが、汐濡れになっている。船中の積荷は新島島民の手によって陸揚げされ、流出したものも島民によってかなりの部分回収された。回収された品は積荷だけではなく、打ち砕かれた船の残骸や船具、および乗組員の手回り品などもあった。それらをまとめたのが表14である。

なお、回収された船の残骸・船具、および船員の身の回り品は別に記載されている。海中投棄されたものや沈船からの流出積荷は表15の通りである。

大海上での遭難であれば、回収率は限りなく○に近いが、入江であったために回収された率は高い。幕府からの救

表14　船積と回収された荷の比較表

積み入れた品目		回収物	陸揚げしたもの	回収計
米	二〇〇俵	九俵	一一五俵	一二四俵
麦	三〇〇俵	五〇俵	一七二俵	二二二俵
粟	五〇俵			〇俵
酒	一五樽	五樽		五樽
醤油	五樽	三樽		三樽
味噌	二樽	二樽		二樽
小間物	一〇箇			〇箇
木綿	五箇			〇箇
茶	一六本	五本		五本
油	一〇樽			〇樽
鍋	一〇枚		二枚	二枚
水油		二樽		二樽
夜具		一〇ツ		一〇ツ
懸硯		三ツ		三ツ
箇物	七箇	七箇		七箇
鉄			五箇余	五箇余
水樽		二ツ		二ツ

表15　回収不能の船荷

投棄・流出した品目と量		回収できなかった量
米	八五俵	七六俵
麦	一二八俵	七八俵
粟	五〇俵	五〇俵
酒	一五樽	一〇樽
醤油	五樽	二樽
味噌	二樽	〇樽
小間物	一〇箇	一〇箇
木綿	五箇	五箇
茶	一六本	一一本
油	一〇樽	一〇樽
鍋	八枚	八枚

済食糧である米二〇〇俵・麦三〇〇俵のうち、回収できた量は米一四二俵・麦二二二俵であった。しかし、すべてが汐濡れになり腐敗の恐れがあるので、直ちに本島に搬送して、島民が手分けし「干立」ている。すなわち、天日干しである。

かくして、「御用荷物幷干立候穀物積入」れた新島の権左衛門船は、五月二十八日に、新島を出帆している。「船中日記継添左之通」と、八丈島へ向けて出帆する三日前の五月二十五日付で、新島役所から八丈島へは、次のような書簡で伝えている。

一筆致啓上候、追日暑気之趣候得共、各様御揃御堅勝可被成御勤役珎重奉存知候、随而当嶋拙者共無為相勤罷在候、乍憚御安慮可被下候、然ハ、今度八丈嶋御雇三宅嶋新八船、当月五日当嶋式根嶋中之浦ニ而破船仕候、誠ニ気之毒ニ奉存候、併其御嶋菊地左大夫殿初、便船之衆御怪我無御座、其外乗組之水主無怪我重畳ニ奉存候、最元相済候而、今般当嶋権左衛門船ニ而、左大夫殿御帰嶋、其外便船之衆御帰嶋ニ御座候、委細之儀ハ左大夫殿御面談可有御座与奉存候、右之段可得其意如此御座候、恐惶謹言

幕府から支給されたものなどと、破船の部位・船具および手道具や乗組員の身の回り品などについては品目を列記し、「尤右荷物之内、八丈嶋江積送り之分ハ同嶋御役人衆中江相渡、破船道具・船具幷手道具之分ハ船頭・水主立会相改、船頭・水主江相渡申候、則船頭・水主方ゟ口書証文取之、浦証文差出申候」と区分している。その上で新島役所から八丈島役所および三宅島役所へ、浦証文を発給した旨を通知している。

すなわち、救済食糧の米八五俵・麦一二八俵、および江戸の島方会所を通じて購入した品物などは、八丈島役人へ引き渡した。一方、三宅島新八船にかかわる帆柱とその部品・綱縄・櫓櫂などの、船および船具並びに夜具や、乗組員の個人的な品物などは船頭・水主らに引き渡している。乗組員の身の回り品は全員の物が回収されたらしい。すなわち、

櫃　　四個　　沖船頭山三郎・親仁与八・水主定吉・同源吉分
柳こうり四個　沖船頭山三郎・水主七蔵・同助四郎・炊佐吉分

で、櫃や柳こうりは乗組員個人の衣類入れであった。

（4）事後処理

新島役所は難破した新八船の沖船頭山三郎、および水主らからの事情聴取を行った後で「浦証文」を発給している。内容は口書証文に沿っての浦証文であり、ほぼ同文になっている。そして、同様の内容で伊豆代官所へ「御注進」を提出し、併せて代官所の担当役人へ次のような書簡を送っている。

一筆奉啓上候、然者、八丈嶋御雇三宅嶋新八船、当月五日当嶋之内式根嶋ニて破船仕候ニ付、八丈嶋名主仁右衛門、当嶋年寄壱人為御注進、去ル十八日下田江向ヶ出帆仕候、右躰御注進之儀者、当嶋ニて者、嶋継キ之分者、便船を以追而御注進申上来候得共、此度之儀ハ八丈嶋　御織物急御用幷右嶋急難為凌積入之米麦も御座候ニ付、一刻も早く御注進申上度旨、八丈嶋役人も申之候、然上者、韮山御役所様江罷越候ハヽ、早速御下知も可有御座候哉、又韮山ニて御取計ひ難被下義ニ御座候ハヽ、直ニ江戸御役所江罷出候積ニて、下田湊江向ヶ出帆仕候、然所、八丈嶋仁右衛門者、江戸御役所様江罷出候処、心得違仕、当嶋年寄者当嶋へ帰嶋仕候ニ付、即刻仕立船を以、右御注進書持参、名主元右衛門出勤仕候、乍憚何分宜御下知被成下候様、奉願上候、以上

寅五月　二日

年寄　藤右衛門　印
同　与五兵衛　印
同　佐五左衛門印
同　弥五兵衛　印
神主　前田左近　印

江川太郎左衛門様
御役所

田中寿兵衛様
及川東蔵　様
柏木直左衛門様

伊豆代官江川氏の役宅は、江戸と伊豆韮山の二ヵ所にあった。伊豆代官所が江戸と韮山の二ヵ所に置かれていたことは、支配地の地理的利便性を考慮しての態勢であろう。しかし、時には島民にとって判断に逡巡するところがあったようだ。韮山は江川氏の本貫地であり、風様によっては江戸の役宅へ行くよりは便利であったが、韮山役宅では案件によって処理できかねることがあったらしい。右の書状によると、「然所、八丈嶋仁右衛門者、江戸御役所様江罷出候処、心得違仕、当嶋年寄役者当嶋へ帰仕候」と見え、付添として出頭するはずの新島年寄役との間に行き違いがあったらしい。そこで改めて新島からは名主青沼元右衛門を出頭させるので、よろしく御下知賜りたいと記している。二重手間がかかってしまったようだ。

御用船が難破したため、その代行として新島の権左衛門船が御用船として雇われた。それが次である。

御添触書断書左之通

三宅嶋新八船、当五月五日当嶋之内於式根嶋致破船候ニ付、右船為代、当嶋権左衛門船御雇船ニ罷成、御用物幷干立候米麦積入、今度当嶋致出帆候ニ付、為御断如是御座候、以上

寅五月　　新嶋　神主　前田左近
名主　元右衛門

代官所から預かっていた「船中日記」も引き継いでいる。このことは八丈島役所へも書簡形式で送られている。新島から八丈島までの費用について、八丈島地役人菊地左大夫と話し合い、費用は一四両で、船頭・水主の扶持米は新

島に帰島するまでの期間、一人一日宛米一升二合と定め、内金の七両を受け取っている。かくして、権左衛門船は五月二十八日に新島を出帆し、八丈島へ向かった。便船人は「御用御嶋本」を守護する地役人菊地左大夫のほか、中之郷百姓代金右衛門ら六人であった。

一方、新島役所からは三宅島役所へ書簡で次のように伝えている。

一筆致啓上候、追日暑気ニ趣候得共、各様御揃御健勝可被成御勤役、珎重奉存知候、次ニ当方拙者共無為ニ相勤罷在候、乍憚御安慮可被下候、然ハ、其御嶋新八船、八丈嶋御雇ニ相成、八丈　御用物幷右嶋夫食米麦積入、其外江戸ゟ八丈嶋迄便船人乗組、当四月十九日江戸出帆致シ、段々走参、当五月三日当嶋持之内式根嶋中之浦江致入津候処、翌四日ゟ大時化ニ相成、同五日之朝致破船候、扨々誠ニ気毒ニ奉存候、併乗組之船頭・水主・便舟人共ニ怪我無御座、先ツハ重畳ニ奉存候、最元相済、当嶋漁舟ニ而乗組之船頭・水主之五人相送り遣申候、乗組之内与八者八丈嶋江被相渡、七蔵ハ当嶋ニ相残度旨ニ而残り被申候、右之外ニ其御嶋甚介義、此度其御嶋江相渡旨申候ニ付、右船ニ便船為致遣申候、宜奉願候

一　此度送ニ遣候勘兵衛船人数五人乗組差遣候間、逗留中諸事御世話被下候様奉願候、右之外ニ当嶋十兵衛船五人乗組、是又、其御嶋江相渡申候、逗留中是又御世話奉願上候

右段可得貴意如是御座候、恐惶謹言

五月廿八日

惣年寄
青沼元右衛門
前田左近

笹本平兵衛様

石井八郎左衛門様
浅沼惣兵衛様

三宅島へは二艘の新島漁船（勘兵衛船・十兵衛船）で、沖船頭山三郎・親仁与八・水主定吉・同助四郎と炊佐吉の五人を送ることにした。新島に残ると申し出た水主七蔵は、皆が帰るという間際になって帰ることにしたらしい。彼は十兵衛船に乗ることになって、一人追加ということになったと、記録は細かい。

新島の二艘の漁船が出帆の準備中に、三宅島から漁船が来た。遭難事故を知った三宅島からその救難の礼と、船員の引き取りのため、派遣された船である。しかし、予定通り二艘の新島漁船は三宅島に向かって出港している。

以上のように伊豆諸島では、緊密な関係の元で海難処理が行われている。その締めくくりとして、伊豆代官所へ次のように報告している。

乍恐以書付奉申上候

一　八丈嶋御雇三宅嶋新八船、式根嶋於中之浦破船之様子、幷取揚物之儀、先達而御届申上候通ニ御座候、右取揚物之内、八丈嶋江積送り候方ハ、同嶋地役人菊地左大夫江相渡、舟道具・手道具之分ハ船頭・水主江相渡候、右之趣、船頭・水主ゟ口書取之、八丈嶋幷三宅嶋役人江浦証文差遣申候、尤八丈嶋役人ゟ当嶋権左衛門船相雇御用物幷汐濡之米麦、当嶋ニ而干立積入、菊地左大夫幷同嶋便舟之者六人、三宅嶋新八船水主之内壱人、外ニ当嶋ゟ壱人便船仕、都合拾五人乗ニ而、当五月廿八日八丈嶋江相渡り申候、船頭・水主七人之内壱人ハ八丈嶋江相渡り、六人ハ当月五日仕立船を以、三宅嶋江相送り遣申候処、海上無恙送り届、当月九日帰嶋仕候、依之、右之段奉申上候、以上

天明二年寅六月十五日　　伊豆国新嶋

年寄　藤右衛門
同　与五兵衛
同　佐五左衛門
同　弥五兵衛
名主　元右衛門
神主　前田左近

江川太郎左衛門様
　御役所

御用船新八船が遭難した天明二年（一七八二）から三五年後の、文化十四年（一八一七）九月十日に、新島大吉船が同じ式根島で遭難している。ただ避難した入江は中之浦ではなく、野伏浦であった。大吉船は滞船中に高波・時化に遭い破船した。幸いなことに沈没は免れたようだが、航行不能になった。その際の記録に次のような記事がある。

水揚荷物分一引取之割合、沈物十分一、浮物廿分一御定法に付、嶋方先例も有之候得共、船中ゟ取揚之荷物分一割、役人共聢与心得無御座候故、九ケ年已前文化六巳年、美濃国御米積□当嶋持式根嶋へ漂着仕候節、御米船中ゟ取揚候ニ付、右分一□□之砌、瀧川小右衛門様御支配ニ而、三拾分一引取可申旨被仰渡候(41)

遭難船の積荷を陸揚げした場合の取分である「分一」について記されたものが、文化十四年の時点では、

海底に沈んだ積荷を陸揚げした場合　一〇分の一
海上に浮いている積荷を回収した場合　二〇分の一
船中から積荷を運び陸揚げした場合　三〇分の一

であった。

これは文化六年（一八〇九）、伊豆代官瀧川小右衛門から指示された「分一」であり、新八船遭難の一三年前ということになる。「嶋方先例も有之候」とあるから、文化六年以前にも取分率は慣例として存在していたことが伺える。しかるに新八船の関係史料には、このような取分率について、まったく見られないのである。

「分一」については、それが幕府御米であれ、例外のない定率である。文化十四年の遭難事故は新島の大吉船であっても、取分率は例外ではなかった。新八船遭難時にはまだ定まっていなかったとしても、島方先例は存在していたと思われる。ちなみに、新八船遭難の翌年正月に起きた薩摩国川内船（薩摩藩江戸屋敷用米運送船）の場合、「捨り荷物取揚申候、右取揚米之十分一被下置候様奉願上候」[42]という記述が見える。新八船遭難のわずか七ヵ月後のことである。この問題を解明する古文書は、新島の史料からは、いまだ見つかっていないので、今後の課題にしておきたいと思う。ただし、八丈島方へ引き渡した米は八五俵・麦一二八俵とある。新島島民の手によって陸揚げされた米は一一五俵・麦は一七二俵で、その差は米三〇俵、麦四四俵である。ともに「分一」の数値と合致しない。御用代船になった新島の権左衛門船への賃銭（内金）とも考えられるが、断定することはできない。

2　天明四年平三郎船

(1) 記録

天明四年（一七八四）八月の「伊豆国三宅嶋平三郎船難船書留」[43]には次の史料がある。

①天明四年辰八月付　船頭・水主・便船人口書証文之事

江戸を出帆してから、新島の南方三里程の海上で舵が折れ漂流状態に陥った。新島漁船に救助されるまでの経緯を、船頭佐次兵衛ら七人が口書証文に署名し、新島役所へ提出した。

②天明四年辰八月付　浦証文之事

船頭佐次兵衛ら七人の口書証文に沿って作成された浦証文。新島役所から三宅島役所、および船主宛のもの。

③八月十九日付　書簡

平三郎船の遭難を新島役所から三宅島役所へ送る浦証文の添状。

（2）遭難

口書証文によると、三宅島平三郎船には沖船頭佐次兵衛・水主二人（助四郎・元吉）および便船人四人（勘六・藤蔵・平六・長助）の七人が乗っていた。船は江戸で米一〇俵・麦一三俵・茶大小二本・味噌一樽・醤油二樽などを積み入れて、天明四年七月二十九日に母港三宅島へ向けて江戸川（隅田川）を出帆した。その日に浦賀に入津し、塩七俵を積み加え、翌三十日には出帆している。ここには記載されていないが、浦賀に入津して、御番所の船改めを受けているはずである。

月も改まり、翌日の八月一日に伊豆下田湊に入津しているので、内海の航海は極めて順調な船足であった。下田湊では風待ち滞留し、八月九日の朝五ッ時（午前八時頃）過ぎに出帆し外洋へと出た。その日の夜八ッ時（十日の午前二時頃）には、新島を通過し南方沖三里まで来た。順調に行けばその日の午前中には三宅島に到着できる。しかし、ここで舵が折れるというアクシデントが起きた。その様子を次に掲げる。

> 同夜八ッ時頃、当嶋ゟ三里ほど南沖ニ而舵折レ候ニ付、帆を下ケ、色々相働候得共、檣難持候ニ付伐捨、碇壱頭ニ檜綱壱房たらしニ引セ、波風ニ任セ流漂仕、同夜明ケ方見候者、三宅嶋・新嶋之渡中ニ流レ居候[44]

八ッ時は深夜の午前二時頃で、いわゆる丑満時にあたる。闇の海上に漂う孤舟からは黒々と新島の島影を見るだけであったろうと思う。風波が特に強烈だったとの記述はないが、不運にも舵が折れ、航行不能に陥った。帆を下げて、舵の折れた原因やその修復に懸命になっていたことが窺える。帆柱を切り倒さなければ、船は転覆する危険性もあったので、帆柱を切り海に流した。風波が強くなってきたらしい。この当時船が漂流状態に入ると、帆柱は切り倒される。帆柱を切り倒す理由は、危険が迫ったからということだけではなく、別の要素もある。(45)三宅島船が帆柱を切り倒した理由は、船の転覆防止が主であったのだろう。船は風波と潮流で漂流状態に陥った。檜綱に碇をつけ、海中に垂らした。船の安定を確保するためである。碇が重しになって転覆だけは防ぐことはできたが、漂流状態に入った。

夜が明けると三宅島と新島の中間で漂流していることを知った。母港三宅島は目の前にあったが、自分たちが置かれた状況から、風や潮流などを考慮して、船頭の平三郎は引き返すことを決断し、新島へ向かうことにした。主柱を切り倒したので、桁柱に帆を広げて新島を目指した。

昼七ツ時（午後四時）頃には新島の東沖まで流されてきた。その時に一艘の漁船が近づいて様子を尋ねてくれた。舵が折れ、漂流していることを告げ、助けを求めた。追々漁船が集まってきた。かくして、三宅島船は新島の漁船に曳航されて、新島の北端に位置する若郷浦に無事収容されたのである。

漂流していた三宅島船に、たまたま海上にいた新島の漁船が見つけて、近づき様子を尋ねたのではなかった。それは次の史料が説明している。

当八月十日暮時頃、新嶋枝郷若郷村之者共申出候ハ、今十日昼七ッ時過、山ニ而見候得者、右村東沖ニ危船壱艘相見候間、漁船指出シ候段申聞候ニ付、早速人足・船弐艘、拙者共乗添罷越候(46)

新島若郷村の山番が八月十日の昼七ッ時（午後四時頃）過ぎのこと、村の東方沖に漂流しているらしい船を発見した。山番は流人である。山番からの知らせを受けた村役は、速やかに二艘の漁船を差し向けた。漁船は漂流している船に接舷して様子を尋ねた。村人は漂流船が三宅島の平三郎船であることを確認し、その場に集まってきた仲間漁船と協力して、若郷村に曳航し、保護したのである。

通報を受けた本村の陣屋から、島役人が出張して、船頭平三郎らから事情を聴取している。浦賀御番所切手・出船手形などの提示を求められるのは、遭難時にまず最初に尋ねられる。これら重要書類は船頭が命に代えて守るべき義務がある。さらに「打荷等仕候哉」と、積荷の海中投棄の有無も尋ねられている。船頭は「荷物之儀一切捨不申」と、海中投棄していない旨を答えている。ただ、帆柱を切り倒し海中投棄したこと、綱に碇を結わえて海中に垂らし船の安定を図ったが、引き上げることができなかったので、切り捨てた旨を答えている。

以上の事情は、船頭・水主・便船人七人の連名による、「口書証文」に記述されて、新島役所へ提出された。後日、その写は江戸の代官所へ進達されたものと推定される。「浦証文」は「口書証文」と内容は同じだが、若干の追加記述がある。その部分のみを次に引用する。

> 船之儀ハ本村幷若郷村漁船ニ而、同夜（八月九日）本村江引廻シ、前浜江揚ケ申候、楫檣之儀者、当嶋ニ而相調、船具相揃候ニ付、日和次第三宅嶋江相渡度段被申聞候ニ付、積荷物幷船具等無相違相渡申候

この追加記述から、三宅島船は新島本村の前浜で修復を行ったことが分かる。「浦証文」は新島役所から発給されるもので、三宅島役所および船主宛で、船頭に手渡されている。この「浦証文写」は後日、「口書証文写」とともに、江戸の代官所へ提出されたものと思われる。

「書簡」は新島役人の連名で、三宅島役所に送られている。文面は次の通りである。

> 一筆致啓上候、冷気相催候得共、各様御揃堅勝可被成御勤役珎重奉存候、次ニ当方拙者共無為相勤在候、乍憚御安慮可被下候、然者、其御嶋平三郎船、当月九日下田湊出帆、貴嶋江相渡候砌、灘ニ而楫折レ檣難持伐捨、桁檣

ニ帆を飾ひ、当月十日当嶋東沖江参候ニ付、早速当嶋江揚置、委細承糺、浦証文船頭衆江相渡、今般被致出帆候、唯々被致難儀候段、気之毒存候得共、悪風も無御座、当嶋迄着岸候段、先ッハ重畳ニ奉存候、且又、右浦証文之趣
御役所様江船便之節、御届申上候積ニ御座候、左様思召可被下候、右之段可得其意□御座候、恐惶謹言

八月十九日　　惣年寄

青沼元右衛門

前田左近

笹本平兵衛様

壬生兵部様

石井八郎左衛門様

浅沼惣兵衛様

書簡は八月十九日付で、「浦証文」に添付して送られたものであろう。ここでは「右浦証文之趣、江戸　御役所様江船便之節、御届申上候積ニ御座候」とあるように、この海難事故については、代官所へ報告するので、「左様思召可被下候」と、前もって断っている。笹本平兵衛は三宅島の地役人、壬生兵部は神主兼地役人、石井八郎左衛門と浅沼惣兵衛は名主である。

3　三宅島漁船

『文化九年（一八一二）新島役所日記』六月十七日条に、「夕方、前浜江三宅阿古村漁船、風ニ被放着岸、右ニ付三

宅嶋へ」云々とあるが、これは漂着ということではない。たまたま風に吹かれて新島の前浜に着岸したらしいが、遭難寸前といえる。

『文化十一年　新島役所日記』十月九日条を見ると次のような記事がある。

（十月）九日寅　西風　日和

一　三宅嶋伊豆村彦右衛門船、今朝五ツ時過、黒根ニ而漂着いたし候、乗組名前左之通り

船頭　五左衛門
水主　嘉兵衛
　　　七兵衛
便船人　定吉
　　　五兵衛
　　　文七
　　　彦右衛門
　　　与市

右八人之者、海中ニ游漂居候ニ付、当所若者共游行不残相助ケ、色々介抱いたし、当嶋宿浅右衛門方ニ罷居候

三宅島には五つの村がある。伊豆村はその一つで、彦右衛門船は漁船である。おそらく水主三人乗りであるから、普通の漁船であろうか。三宅島には七艘の廻船があるが、六人乗と五人乗で、三人乗の廻船はない。漁船に便船人五人を含め八人が乗り組んでいた船が、海上に漂っている様子に気づいた新島の若者たちが、海中に飛び込み全員を救

助し介抱している。船には薪や椎実などが積んであったところを見ると、江戸へ向かって航行中だったのであろう。汐濡れのために現地新島で売却している（十月十一日条）。沈んだ積荷は村人の手によって回収が行われている。彼らは二ヵ月後の十二月二十二日に、式根島に入津滞船した三宅島船で帰っていった。

文政三年（一八二〇）四月一日と五日に、鰹漁に出漁していた三宅島の漁船が、風に吹かれて新島に漂着した。一日に漂着した漁船は阿古村の船で、五日の船は神着村の漁船であった。おそらく好漁場の大野原辺りで操業中だったのであろうか。鰹は鮮度が命の魚である。一本一五〇文で買い取っている[47]。

次も大野原で操業中のことである。天保五年（一八三四）六月二十五日条に「三宅嶋阿古村与茂七直乗漁船、尾の原へ漁業ニ出候処、櫓痛、無余儀当嶋江漂着いたす、尤、乗組九人乗り、右ニ付飯米として、組ゟ麦四合ツヽ、取集メ遣ス」とある。「尾の原」は大野原のことである。二日後には与茂七漁船は無事三宅島へと帰っていった。

天保十三年十一月三十日

晦日戊　西風　日和

三宅嶋与惣兵衛舟、式根野伏浦滞舟之処、右浦ニ而破舟之様子印有之候、荷物流寄、檣等も流寄候ニ付、役人中・惣代之者迄出、所々見廻り番いたす、右流寄候荷物、人足出し、役所江取寄ル

この日も西風だが日和であった。特に西風が強かったということは書かれていない。数日前からの天候も、特に悪かったという記述もないのである。しかし、式根島の野伏浦では三宅島船が破船し、積荷が流失している。『新島役所日記』は本島の本村にある陣屋（現在新島村役場のある場所）で記録されたもので、新島持ちの無人島である式根島は、別の独立島である。その距離は四キロ程離れているが、天候の差異が大きいことを実感するのである。式根島から「印」とは「狼煙」が上がったことから、それを見て陣屋から島役らが急行している様子が分かる。動員された村人

が回収作業を行い、回収物を陣屋に集めている。文意からすると、回収作業は式根島ではなく、本島に流れ寄った荷物に限定されていたとも思われる。日和とはいえ、海上は荒れていたのかもしれない。月が改まって十二月二日に「右与惣兵衛舟様子為見届ケ漁舟遣ス、尤、三郎左衛門・市右衛門乗船いたす」とある。

明治元年の前年である慶応三年（一八六七）八月十三日のこと、三宅島から二艘の漁船が新島に来た。三宅島漁船が行方不明になり、その尋ね船であった。新島では消息が分からず、彼らはさらに大島から、房州方面へ尋ねていくのだという。[48]

表16　八丈島の耕地面積変遷表

耕地	寛政五年（一七九三）	文化七年（一八一〇）	文化十年（一八一三）
田	五七町七反八畝二四歩	六三町二反二畝　九歩	六三町二反二畝　九歩
畑	一八二町一反二畝一〇歩	二六一町九反六畝一九歩	二六八町二反九畝一〇歩
山畑			一一五五町二反〇畝二五歩
計	二四〇町〇反一畝一三歩	三二五町一反八畝二八歩	一四八六町七反二畝一四歩

六　八丈島船

八丈島は伊豆諸島中で唯一田地を持つ島であり、黄八丈の名で知られている。「伊豆国附嶋々様子大概書」によれば、田地は五七町九反六畝八歩とある。しかし、この数字は文化年間（一八〇四〜一八）に爆発的に変化している。「田畑書上帳」[49]などによって表16を作成してみた。耕地の爆発的な変化は、甘藷移植の成功によるもので、伊豆諸島に共通する社会現象である。基本的には島嶼民の生活は、その島で完結するのが原則であった。『八丈嶋年代記』に見られる「牛山」伝承は、飢餓に直面すると、当時の島民生活を緊縛していた仏教思想に背反せざるを得なかった離島社会の実態を知るのである。

人口は四七七〇人（男二三五二人・女二五一八人）と、ほかに浮田流人五二人、および一般流人は一〇五人であった。ちなみに、大島の人口は二一二九人、新島は一八八五人で、八丈島はその二倍以上の人口を抱えた島であった。浮田流人とは関ケ原の合戦で敗将になった宇喜多秀家の子孫をいう。秀家は八丈島に流刑され、二人の息子（孫九郎・小平次）を伴ってこの島に来た。彼は豊臣秀吉が後事を託した五大老の一人で、岡山四七万四〇〇〇石従三位権中納言であった。秀家が流刑になったのが慶長十一年（一六〇六）三四歳で、明暦元年（一六五五）に死去している。五〇年間八丈島で生きていたことになる。大賀郷の共同墓地に彼の墓がある。二人の息子の母親は前田利家の娘である。浮田流人の中で特に孫九郎系二家と、小平次系五家が中心的な家系であった。江戸時代を通して、加賀前田家から毎年食糧などが送り続けられていた。時には遭難もあって、食糧が届かない年もあったようである。浮田流人は明治新政府の大赦令まで赦免されることはなかった。秀家の子孫は流人のままで、一人も本国に帰ることがなかったのである。(50)

八丈島には大賀郷・三根村・樫立村・中之郷・末吉村の五村がある。属島の小島は人口四二三人（男一九五人・女二二八人）で、宇都木村・鳥打村がある。同じ属島の青ヶ島の人口は、三二七人（男一六一人・女一六六人）であった。

御用船（幕府貸付の廻船・一〇人乗）二艘、小船（廻船で八丈島と青ヶ島間の通船）と、漁船三〇艘（八丈島一九艘・小島八艘・青ヶ島三艘）であった。これは安永三年（一七七四）時点の数字である。ちなみに、新島は廻船九艘・漁船四六艘であった。

1　宝暦四年中国船漂着

八丈島の別名を「女護ケ嶋」、青ヶ島を「男嶋」という。中国秦の始皇帝のわがままな命を受けたのか、焚き付けたのかした徐福が、不老不死の霊薬を求めて船出し、東海へ向けて航海した。日本に至り霊薬「橘」を見つけた。しかし、彼はその地で精根尽きて死んだ。随行して来た男女は「橘」を持って二艘の船に分乗し、帰国の途についた。霊薬を持ち出すことに激怒した海神は、嵐を呼んで二艘の船を引き離し、男たちの船を青ヶ島へ、女たちの船を八丈島へ漂着させた。その後、男たちは一年に一度だけ、八丈島を訪れることになったという。もちろん歴史的事実ではない。奇想天外にして荒唐無稽な伝説であるが、今にして語り継がれているのが面白い。また、丹那婆伝説などのような津波や母子交会伝説などもあって、日本文化とは異なる始祖伝説の文化が混在しており、民俗学の面から注目されている。

島嶼の始祖伝説にはこのような海難にかかわるものが多い。時代が下がるにつれて、このような伝説の中に、史実が含まれる比率が高くなるので実に厄介である。

八丈島の大賀郷字楊梅原に小さな釈迦堂がある。堂内にマント風の衣装を纏った「木造南蛮風羅漢坐像」が安置されている。(51) この羅漢像は昭和三十五年（一九六〇）二月十二日に東京都の文化財に指定された。

水中出現の伝承を持つ仏像は多いが、この羅漢像も海中出現の伝承を持っている。おそらく中国からの伝来、あるいは漂着したものと東京都教育庁は説明している。(52) 釈迦堂に安置された由来は明らかではない。『支那文化史跡解説』によると、中国広東華林寺・杭州梵天寺・揚州天寧寺には同様な仏像があるそうだ。日本では長崎市の崇福寺と、盛岡市の報恩寺にも存すると文化財指定の際に説明している。

八丈島の羅漢坐像は一木造り、通肩に纏った法衣の上に、西欧風のマントらしい衣装を羽織っている。像高は二四・五ｾﾝ、作者は不明であるが、中国の明代に製作されたものではないかと推定されている。参考文献に『伊豆七島誌』をあげている。見たところ船の舳先に飾られた彫刻と思われる。東京都教育庁が、文化財に指定した際に付した説明に「あるいは漂着したものか」と推定しており、その点に興味を持った。

内閣文庫所蔵の『伊豆海島風土記』に、「宝暦三癸酉冬、此島へ南京船漂着し、年頃この寺（長楽寺）にやとし置けるに乗組の唐人七拾壱人にて、其破船の古木を以門を造り、建立しける」とある。解説で小林秀雄は伊豆七島巡見使の手になるものと推定し、代官江川太郎左衛門の手代であった、吉川義右衛門秀道（一説後姓皆川）の著作であろうとしている。(53)

この南京船の遭難について、新島村役場所蔵文書に『宝暦二―十年　新島役所日記』(54)という覚書風の古文書がある。宝暦四年（一七五四）五月条は次のように記述されている。

　　宝暦四年五月

一　八丈嶋江南京船漂着ニ付、御荷物積出御雇船被仰付、船三宅嶋四艘、新嶋船四艘、当嶋太左衛門舟・藤右衛門舟・権左衛門舟・長三郎舟、利嶋茂左衛門舟、大嶋弐艘、戌五月八日・九日ニ敷根嶋出船仕、（二・三日）能北風宜吹申所、八丈嶋着船致シ候、右船共八丈出船、太兵衛（ママ）舟、同五月廿五日弐根着舟、権左衛門舟ハ廿九日着舟、同六月五日太左衛門舟、藤右衛門舟ハ直ニ下田走通申候、下田ニ而逗留

また、次のような記録もある。

　　宝暦四年

一　南京船積物人数積出シ、御用船跡船、三宅嶋百助舟・神着理右衛門舟弐艘、六月廿五日新嶋走通申候、是ハ仕舞□□

宝暦四年に伊豆諸島の八丈島に中国船が漂着した。かなりの大型船であったらしく、八丈島だけでは処理できず、伊豆代官の命により、伊豆諸島全域に動員命令が出た。新島からは四艘の廻船（太左衛門船・藤右衛門船・権左衛門船・

長三郎船）が出ている。廻船ばかりではなく、船荷積出し人足も動員されている。

この海難事件より一一〇年前の正保元年（一六四四）にも、中国船が八丈島に漂着したという伝承的な記録がある。

正保元年甲申、唐船来ル、言語認不通ニシテ、何国ノ舟ニモ不知、此年九月十九日嶋代官豊嶋作□乗船、三宅嶋ト八丈ノ間ニテ大シケニ合テ、行衛不知失ル

島代官豊嶋作□は、代官豊嶋作右衛門（寛永三年）あるいは、代官豊嶋作十郎（寛永五年〜正保元年）であったことが知られている。この記録は「八丈嶋年代記」に見られるだけである。「八丈嶋年代記」は、近藤富蔵が『八丈実記』[55]に収録したもので、巻頭に「八丈嶋年代記　八丈事跡トモ題　古文書ノ儘　一与哲心写之、一ニ古覚集ト題セシハ、後人加筆偽文多シ」と、富蔵自身が書き入れており、信を置くだけの史料的価値はいたって低い。富蔵が採集した写本は大賀郷宗福寺に伝存したもので、「元禄六年　菊池武信」とある。

2　文化八年八丈島御船

文化八年（一八一一）の八丈島御船遭難についての経緯はまったく不明といえる。現存する古文書は「文化八年三月　御船破船具陸揚取調書」[56]だけで、遭難の経緯は何も語られていない。今後関係古文書が見つかることを期待するところである。現存する『文化八年　新島役所日記』[57]は八月以降で、それ以前の記録が欠失している。また、『文化八年　新島御用書物控』[58]は後代に寄せ集められたらしく、この遭難についての記述が見当たらないのである。ここでは「御船破船具陸揚取調書」に限定せざるを得ない。その上、この古文書も完全なものではなく、前欠文書で全体像は不明のままである。ただ、江戸時代の廻船が、どのような材質から建造されていたかという研究の一助となろう。

（1）回収船具

回収された船具は総計九〇点で、船の破片のみである。記載様式について見ると、たとえば、

壱番

一　水押　　壱本　但　楠の木大痛　形チ計ニ而

御用立不申候

五拾番

一　寄り掛り　壱枚　但　楠折レ痛　形チ計ニ而

御用立不申候

など、船の各部材・破損状況および数量のみであり、回収した船の破片の、詳細な書き上げに終始している。ただ、八丈島船遭難について、「右御船具散乱之節、陸揚取調、漁船数艘ニ而元嶋江積廻シ、囲置申候」とあることから、おそらく漂着破船の場所は新島持ちの無人島式根島であったのではないかと思われる。さらに絞り込むと、野伏浦または中之浦の入江内と推定されるところである。

表17は「書上」を見やすくしたものである。最後に次のような記述がある。

右、御船具散乱之節、陸揚取調、漁船数艘ニ而、元嶋江積廻シ、囲置申候処、書面之通相違無御座候、以上

文化八年未三月

伊豆国附新嶋

若郷村　年寄　市左衛門　印

名主　勘兵衛　印

他出ニ付印形不仕候

表17　回収した船の破片

番号	品名	数量	材質	再利用	備考
1	水押	一本	クス	×	大痛み　形ばかり
2	床	一本	ケヤキ	×	
3	筒	一本	ケヤキ	×	大痛み
4	敷	一本	クス	×	裂け折れ　形ばかり
5	梶木板	一枚	クス	×	折れ痛み
6	台	一本	ヒノキ	×	折れ痛み
7	作キ揚ケ	一本	クス	×	折れ痛み
8	梶木板	一枚	クス	×	折れ痛み
9	棚板	七枚	スギ	×	痛み切れ切れ
10	大まい	一枚	スギ	×	折れ痛み
11	檣	一本	スギ	○	少々痛み
12	楫	一羽	白カシ	○	無疵
13	大まい	一枚	クス	×	折れ痛み
14	台	一枚	ヒノキ	×	折れ痛み
15	敷のはぎ	一枚	クス	×	
16	台	一枚	ヒノキ	×	折れ痛み
17	一ノ間屋とい船張	一本	ヒノキ	×	大痛み
18	一ノ間船張	一本	ヒノキ	×	大痛み　形ばかり
19	滝櫓座船張	一本	ケヤキ	×	大痛み
20	二ノ間船張	一本	ヒノキ	×	
21	筒挟ミ車立	二本	ケヤキ	×	
22	積山船張	一本	ケヤキ	×	大痛み　形ばかり
23	あや美	一本	ヒノキ	×	折れ痛み
24	腰当下船張	一本	ヒノキ	×	折れ痛み
25	三ノ間船張	一本	ヒノキ	×	
26	切船張	一本	クス	×	
27	戸立はぎ	一枚	クス	×	折れ痛み
28	蹴揚ケ船張	一本	ヒノキ	×	大痛み　形ばかり

29	作キあぶ	一枚	クス	×	折れ痛み
30	表垣立切レ		ヒノキ	×	大痛み
31	桁		ヒノキ	○	無疵
32	作キ揚ケ	一枚	クス	×	折れ痛み
33	真向キけセう板	一枚	ヒノキ	×	大痛み
34	つるノ折レ	一枚	クス	×	折れ
35	戸立	一枚	クス	×	折れ痛み
36	台ノ折レ	一本	ヒノキ	×	折れ
37	梶木ノ折レ	二枚	クス	×	折れ
38	大まいノ折レ	一枚	クス	×	折れ
39	腰当テ船張	一本	ヒノキ	×	大痛み
40	表垣立		ヒノキ	×	大痛み切れ切れ
41	作キ揚ケ	一枚	クス	×	折れ痛み
42	台	一本	ヒノキ	×	
43	作キ揚ケ折レ	一枚	クス	×	折れ
44	切船張	一本	ヒノキ	×	大痛み　形ばかり
45	表車立	二本	ケヤキ	×	
46	櫓車立	二本	ケヤキ	×	大痛み切れ切れ　形ばかり
47	作キ揚ケ折レ	一本	クス	×	
48	のふ棚	二枚	クス	×	
49	作キ揚ケ折レ	三枚	クス	×	折れ
50	寄り掛り	一枚	クス	×	折れ痛み　形ばかり
51	台ノ折れ	二枚	ヒノキ	×	折れ
52	大まい折レ	二枚	クス	×	折れ
53	つる切れ切レ	五枚	クス	×	切れ切れ
54	艀水押	一本	クス	×	大痛み　形ばかり
55	艀敷	一枚	サクラ	×	
56	艀棚板	三枚	スギ	×	切れ切れ
57	ごしゃく上縁	一本	ヒノキ	×	
58	かっは板	三枚	スギ	×	大痛み　形ばかり
59	楫柄	一本	イツ・カシ	○・×	イツ一本○、カシ一本×（貼紙）

60	つがへ	六本　スギ	○	
61	水棹	四〇本　スギ	○	二〇〇本うち四〇本残、一六〇本流失
62	なぶいり	一五本　ヒノキ	×	大痛み　形ばかり（貼紙）
63	かっは板	六枚　スギ	×	切れ切れ
64	板子	四五枚　スギ	○	無疵
65	かっは下やとへ船張	一本　ヒノキ	×	
66	ごしゃく筋	二本　ヒノキ	×	
67	台ノ切	一本　ヒノキ	×	
68	ごしゃく取付張	一本　ヒノキ	×	大痛み　形ばかり
69	あや美	一枚　ヒノキ	×	折れ　痛み　切れ切れ
70	かっは切レ切れ		×	切れ切れ
71	櫓添船張	三本　ヒノキ	×	大痛み　形ばかり
72	淦間下船張	一本　ヒノキ	×	
73	表二両下船張	一本　ヒノキ	×	
74	かっは大ひかへ	一本　ヒノキ	×	折れ　痛み
75	かめの甲板	一枚　スギ	×	
76	八重檣	一本	×	
77	樫車	三ツ	○	南蛮
78	樫巻棒	六本	○・×	二本○、四本流失
79	樫檣飛車	三本	○	
80	樫胴木	八本	○・×	六本○、二本流失
81	樫	四本	○	二本艀巻込、二本梶巻込、ともに南蛮
82	杉木わに	一ツ	○	
83	杉赤身	一本	○	淦引　いっほう
84	板（れんげ）	一枚		流失
85	檜（はつほうしん木）	二本	○	一本流失
86	檜（淦引樋木）	一本	○	
87	杉板（荷踏差板）	一枚	○	
88	戸の類	七枚　ヒノキ	×	折れ　痛み
89	がう板	五枚　クス	○	無疵
90	鉄古釘（大小）	八五貫目		抜落散乱釘取集等　扱方不宜

本村　年寄　市右衛門　印
同　嘉兵衛　印
同　惣左衛門　印
同　利左衛門　印
名主　青沼儀右衛門印
地役兼帯
神主　前田数馬　印
御船便乗
八丈嶋　名主　秀右衛門　印
同所取締役　高橋与野右衛門印
御船　水主惣代　勘右衛門印
御船　年寄　笹本平三郎　印
同　年寄　玉置左吉　印
御船預り　高橋長左衛門印

嶋方
御役所様

文化八年三月付で、新島役人と八丈島役人の連名をもって、江戸の島方役所宛に報告している。いうまでもなく、当然のことながら同文のものが伊豆代官所へも報告されているはずである。

差出人として署名捺印した新島役所方は、他出中の若郷村名主勘兵衛を除き、年寄五人と本村名主、そして新島の統轄者である地役人前田数馬である。八丈島方は便船人の名主と取締役がおり、御船の乗組員として御船預かり・年寄・水主惣代が署名捺印している。「同所取締役」は八丈島の地役人であるかは詳らかではないが、それと同格者と思われる。

この「書上」を見ると、遭難は式根島で、風待ち停泊中と推定される。散乱した船具などは新島島民の手によって回収され、本島へ移送の上で取調べ、「書上」としてまとめられたと考えられる。一見して再利用し得ないものがほとんどであり、この遭難は徹底した海難事故だったことが窺える。

(2) 八丈島御船

再利用できない品々まで書き上げられた理由は、「御船」と呼ばれる八丈島船の性格から来ている。御船が近海を通過するだけでも、その島の役人は、ご機嫌伺いに出頭する義務があった。御船が停泊する場合には、番船など警護船を出す義務もあった。各島にとっては重い負担になっていた。

特に江戸と八丈島の中間地に位置する新島では、「八丈島両艘之御用船渡海之節、此島へ乗懸候得者、漁船ニ而役人共罷出申候、若順風無之、此島之枝島式根島之入江ニ御用船留メ候得ハ、挽船・番船附置候、出入之注進、支配御代官役所江申届候」(59)と、かなり気を配っている。八丈島御船が通過する度に、江戸の代官所へ報告をしている。「御船」と敬称が付けられているように、八丈島船は幕府貸付の船なのである。この「御船」が新島に来た時の記録を、八丈島御船遭難事故のあった、文化期の一部に絞って、『新島役所日記』から数例、次に引用してみよう。

文化九年十月十一日条

一　八丈嶋山下宗十郎御預り御船、未上刻頃、沖江被乗掛候ニ付、漁船ニ而役人出向、御用窺候処、日和宜即刻

乗被通候、右之趣、出帆之船江御注進申上候
文化十一年四月三日条
一　一昨朔日申上刻、八丈嶋山下惣十郎御預り御船、式根嶋沖通行被致候ニ付、漁船ニ而出向、同御様子申候
文化十一年九月十八日条
一　八丈嶋笹本平三郎御預り御船、今巳之下刻、前浜沖通行被致候処、折節北風烈敷、岸波強、番船下ケ兼候内、遙沖乗被通候
文化十一年十月十一日条
一　八丈嶋山下惣十郎御預り御船、申之上刻前浜沖乗被通候ニ付、番船拾弐人乗ニ而役人出向申候、且八丈嶋出生幸助、嶋ニ滞留いたし居候処、右御船御船頭差図ニよって乗参いたし候
文化十三年十月二十一日条
一　今夜四ツ時頃、地内切レ間江八丈嶋笹本平三郎御預り御船掛留候由、夜鯖釣漁船届ケ参候ニ付、早速役人共漁舟ニ而出向、御用向相窺、番船壱艘・増水主弐人付置申候
文化十三年十月二十二日条
一　同日明ケ方、風様悪敷相成候故、式根嶋野伏浦御乗廻し被成度旨被申聞候ニ付、引船として漁舟三拾七艘ニ而、式根嶋野伏浦江、辰ノ下刻引込滞船被成候ニ付、番船付置申候
文化十三年十月二十三日条
一　御船江番船更代いたし候
文化十三年十月二十四日条

一　西風強番船更代無之候
文化十三年十月二十五日条
一　右同断
文化十三年十月二十六日条
一　右同断
文化十三年十月二十七日条
一　右同断
文化十三年十月二十八日条
一　右同断
文化十三年十月二十九日条
一　岸波強、右同断
文化十三年十月三十日条
一　番船為更代と、年寄利左衛門・百姓頭太次右衛門・若郷村（名主）勘兵衛参候処、風順宜敷故、出帆可致旨
　被申聞候ニ付、漁船三拾七艘幷番船とも三拾八艘ニ而、式根野伏浦より、辰ノ上刻御出帆被成候

八丈島御船は二艘あって、ともに一〇人乗り廻船であった。ちなみに、新島の大型廻船は八人乗り一二反帆である。八丈島御船は新島の廻船より、一廻り大型の廻船と推定される。

七　青ヶ島船

文政四年（一八二一）九月一日、「式根嶋ニ而火を立候ニ付」とある。おそらく枯草などを集め、火を付け狼煙を上げたのだろう。本島ではそれに気付き、早速村役人が村人を伴い漁船で急行した。狼煙を立てたのは、「青ヶ島廻船」で、「あかの道出来ゆへ、当嶋陸上ケ」した。浸水したので「作事いたし度」[60]と船を修理したいというのである。記録はこれだけだが、要請を受けた新島では、船の修理に協力し、無事に出帆させたことはいうまでもないことである。

青ヶ島は八丈島の南方洋上遥かに離れた、文字通り絶海の孤島である。八丈島の属島になっているが、独立した村で、廻船を保持している。この廻船は「伊豆国附嶋々様子大概書」から推定すれば、八丈島と青ヶ島間の通船であったらしい。

宝暦三年（一七五三）の「伊豆七島調書」には、青ヶ島には家数四六軒、人数は男一四三人・女一二七人とある。[61]青ヶ島は火山島で、江戸時代に入っても安永九年（一七八〇）六月・同十年（天明元年）・天明三年・同四年・同五年にも噴火があった。天明五年には約一三〇人が死亡し、一六三人が八丈島からの救助船でからくも脱出し、八丈島へ移住している。以後青ヶ島は無人の島になった。[62]

寛政年間（一七八九〜一八〇一）に入って、噴火が収まりつつあり、島の復興が始まった。元年には無人の村の名主三九郎が青ヶ島の様子を見るために渡島し、復興計画を立案、四年に再度渡島した。この時に同行した一二人がそのまま島に残った。その後、このうち五人が八丈島へ連絡のため向かう途中に行方不明になっている。六年に穀物や種を持って三艘の漁船が渡島、さらに二艘も渡島したが、この時に青ヶ島近くで大時化に遭って破船した。

名主三九郎は、江戸の島会所から一五〇両を拝借して、小型廻船を江戸で建造した。青ヶ島へ向かう途中に大時化に遭い、流されて房州に漂着した。再度の渡海でようやく青ヶ島に到着している。しかし、寛政七年（一七九五）にこの船は八丈島三根村の神湊で破船、全員が溺死している。

名主三九郎の努力は続けられた。寛政九年には在島者は九人であった。その年の六月のこと、「異様な小舟」[63]が八丈島とは反対側の南から、青ヶ島に漂着した。一四人が乗っていた。青ヶ島のさらに南方洋上の無人島である鳥島に、漂着した長平たちであった。彼らは壊れた船を継ぎ合わせて造った、筏のような舟に乗って、ようやく青ヶ島に到着したのである。この異様な小舟の水先案内人として、七三郎・吉三郎の二人が同乗して八丈島に着岸している。

同じ年の七月二十九日に船頭徳兵衛の船で、名主三九郎ら男女二四人が乗り組み青ヶ島へ向かった。しかし、この船は時化に遭い紀州二木島（現在の和歌山県熊野市二木島）に漂着した。船には生存者は男二人・女一人の三人だけであった。名主三九郎を含め二一人が死亡した。[64]この遭難事故については、橘南渓『東西遊記』に「ヲガ島」という題で載っている。

寛政十一年（一七九九）青ヶ島の火山活動も弱まり、復興の兆しが見えてきた。九月四日、男女三三人が八丈島から帰島するために、船頭彦太郎船で八重根湊を出た。しかし、またもや紀州まで漂流し、ようやく八丈島まで戻ったが、青ヶ島には渡ることができなかった。青ヶ島に在島の七人は食糧も底を尽いて生活ができず、廃屋の柱材などを使って小舟を造り、享和二年（一八〇二）八丈島にたどり着き、青ヶ島は再び無人島になった。

文化年間（一八〇四～一八）には避難先の八丈島生まれの子も青年になり、青ヶ島は徐々に忘れ去られようとしていた。文化十四年（一八一七）佐々木次郎大夫伊信が名主に選ばれた。その時彼はすでに五〇歳になっていた。のちに彼を「青ヶ島中興の祖」[65]と称している。彼は直ちに青ヶ島の復興を八丈島陣屋に願い出て、同意を受けると江戸へ出て、伊豆代官へ「青ヶ嶋起返ニ付相定条々」を提出している。

八丈島に避難していた青ヶ島島民の全員還住を完了したのが文政七年（一八二四）であった。天保六年（一八三五）幕府の検地竿入れを、八丈島地役人高橋長左衛門為全が行っている。全島民避難から五〇年にして、復興を手にしたのである。『青ヶ嶋大概書』（東京都公文書館所蔵）は高橋為全が、代官羽倉外記に提出したものである。

注

（1）『宝暦二―十年　新島役所日記』新島村役場所蔵文書　整理番号A2―1。
（2）安政三年（一八五六）三月に、代官江川太郎左衛門英征が幕府に提出したもの。
（3）寛政三年（一七九一）秋山富南の著、東京都公文書館所蔵。
（4）『宝暦二―十年　新島役所日記』新島村役場所蔵文書　整理番号A2―1。
（5）享保十二年閏正月十三日付「差上申証文之事」御蔵島村役場所蔵文書。
（6）『文化十四年　新島役所日記』九月十三日条（新島村役場所蔵文書　整理番号A2）。
（7）『文化九年　新島役所日記』（新島村役場所蔵文書　整理番号A2―19）。
（8）『文化九年　新島御用書物控』（新島村役場所蔵文書　整理番号A1―34）。
（9）『文政五年　新島役所日記』九月十五日条。
（10）『文政五年　新島御用書物控』。
（11）『文政六年　新島御用書物控』。
（12）『文政六年　新島役所日記』。
（13）『天保五年　新島役所日記』。
（14）『元治二年　新島役所日記』。

(15)「天保四年付　口書手形」（新島村役場所蔵文書　整理番号M2―34）。
(16)文政十二年十一月付「乍恐以書付御届奉申上候」（『文政十二年新島御用書物控』整理番号A1―20）。
(17)文政十二丑年十二月付「乍恐以書付御届奉申上候」（『文政十二年新島御用書物控』整理番号A1―20）。
(18)文政十三寅年正月付「乍恐以書付御届奉申上候」（『文政十三年新島御用書物控』整理番号A1―19）。
(19)文政十三寅年正月付「乍恐以書付奉願上候」（『新島御用書物控』）。
(20)文政六年「覚」。文政十一年にも同様な「覚」はあるが、後欠文書のため、文政六年の「覚」を引用した。
(21)文政十三寅年正月付「乍恐以書付奉申上候」（『文政十三年新島御用書物控』整理番号A1―19）。
(22)『文政十三年　新島御用書物控』。
(23)『天保十四年　新島役所日記』。
(24)『万延元年　新島役所日記』九月十日条。
(25)『文化九年　新島役所日記』三月二十九日条。
(26)『文化九年　新島役所日記』四月十九日条。
(27)『文化九年　新島役所日記』四月二十七日条。
(28)文化十二亥年九月付「乍恐以書附奉御届候」（『文化十二年　御用書物控』）。
(29)嶋方役所の頭取は三井為右衛門。
(30)新島の漁船も帆掛けで、四反帆であると「伊豆嶋々様子大概書」に見える。
(31)『弘化三年　新島役所日記』。
(32)『天保十四年　新島役所日記』閏九月二日条。
(33)『天保十五年　新島役所日記』二月二日条。
(34)『万延元年　新島役所日記』四月七日条。
(35)新島村役場所蔵文書　整理番号A2―1。
(36)『天保十年　新島役所日記』九月十三日条。

(37)『弘化三年　新島役所日記』八月二十九日条。
(38)右同九月二日条。
(39)『安政二年　新島役所日記』。
(40)新島村役場所蔵文書　整理番号M2―3。
(41)『文化十四年　新島御用書物控』の「十月付　乍恐以書附奉御窺候」。
(42)天明二年寅十二月付「乍恐口上」(新島役場所蔵文書　整理番号M2―5)。
(43)新島村役場所蔵文書　整理番号M2―11。
(44)「船頭・水主・便船人口書証文之事」。
(45)漂流中に外国人と接触すると、直ちにキリシタンの嫌疑がかけられる。帆柱をそのままにしておくと、漂流そのものが故意と見なされ、キリシタンとの接触を目的にしての、疑似漂流として、処罰されることがあった。
(46)「浦証文之事」。
(47)『文政三年　新島役所日記』四月一日条。
(48)『慶応三年　新島役所日記』八月十三日条。
(49)長戸路武夫家所蔵文書・八丈町役場所蔵文書等。
(50)「浮田一類書状留」(長戸路武夫家所蔵文書)、近藤富蔵『八丈実記』所収「宇喜田由緒」。
(51)現在は八丈町立郷土資料館に保管。
(52)東京都教育委員会『東京都の文化財』一九七一年。
(53)小林秀雄『伊豆海島風土記』(緑地社、一九七四年)。
(54)新島村役場所蔵文書　整理番号A2―1。
(55)近藤富蔵編『八丈実記』東京都公文書館所蔵。
(56)新島村役場所蔵文書　整理番号M2―28。表紙には「文化八年未三月　御船破船具陸揚取調書上　新嶋八丈嶋役人立会」とある。

(57)　新島村役場所蔵文書　整理番号A２—６。
(58)　新島村役場所蔵文書　整理番号A１—15。
(59)　「伊豆国附嶋々様子大概書」新島の項。
(60)　『文政四年　新島役所日記』九月一日条。
(61)　長戸路武夫家所蔵文書。
(62)　「青ヶ嶋山焼一件書留」（長戸路武夫家所蔵文書）、小林亥一『青ヶ島島史』（緑地社、一九八〇年）、青ヶ島村教育委員会編『青ヶ島の生活と文化』（一九八四年）。
(63)　『長平物語』。
(64)　長戸路武夫家所蔵文書。
(65)　「佐々木次郎大夫肖像画」は東京都指定有形文化財。青ヶ島教育委員会編『青ヶ島の生活と文化』（一九八四年）の小林亥一執筆の「歴史」に、柳田国男が「青ヶ島のモーゼ」と称している旨を紹介している。

終章　孤島から世界へ

一　祈　禱

大きな海難事故で死者が出ると、新島では総鎮守や大寺長栄寺などで祈禱が行われる。文化八年（一八一一）十一月十七日の夜のこと、尾張国の野間栄助菱垣廻船が、式根島で破船し、「乗組拾壱人之内六人溺死」した。二十九日には溺死人六人のうち「船頭永助・水主万平死骸拾ひ」、長栄寺に埋葬している。救助された五人は十二月二十四日、年寄利左衛門に付き添われて江戸へ帰っていった。ついに残る四人を見つけることはできなかった。[1]

年が改まり文化九年六月二日条に「式根島難船菱垣船、溺死人施餓鬼供養、明三日長栄寺ニ而修行」をするので、入用品は役所で支度し、大寺（長栄寺）へ御布施三貫文、社務（惣鎮守）へ弐貫五〇〇文を祈禱料として役所が献じている。神社には「式根嶋御清メ」料としてである。

三日の朝には「大寺ニ而施餓鬼修行」が執行された。それが終わってから「式根嶋へ地家衆三人」が渡海し、役所からも年寄役らが同行、ほうり衆（祝衆）四人も相渡り、「式根明神様へ御祈禱、万事御清メ御祓事」と見える。[2]無人島式根島は聖地と見なされていたらしい。このような御清め祈禱の執行は、時々『新島役所日記』などに見られることである。

『弘化四年（一八四七）新島役所日記』の二月四日条に次のような記事がある。

□ゟ当春迄海山共変死人之分并ほうかい之□□為施餓鬼、明五日彼岸中故、於長栄寺供養有之、右ニ付、小前一統并惣株方ゟ為御布施青銅八貫弐百文、外ニ支度代・施餓鬼米・紙代として、青銅弐貫三百文奉納有之候、但、小前両町軒別拾文ツヽ、株方惣躰一株ニ付、銭四拾八文ツヽ、廻船株方一艘ニ付二百文ツヽ、取集メ、書役弐人十六文ツヽ出ス

書役は流人の村役である。そして翌日の二月五日条には、

右、施餓鬼有之候ニ付、沖山共渡世留メ、右銭今日取集メ、昼時頃ゟ施餓鬼始り候積り、浜共相済

とある。今春までとあるが、法事の対象になっている海難が、いつからの海難であるかは定かではないが、満一年前の弘化三年二月からの海難事故を列記する。

弘化三年

二月二十四日　大津郡代都筑金三郎代官所河内国天領米船遭難、乗組一六人全員救助される。

四月七日　新島漁船前浜に出漁中に烈風に遭い散り散りになる。伊豆下田や利島まで流される。

七月二十八日　新島若郷村淡井浦に漂着船、五人救助、赤根に溺死人一人

九月二日　新島漁船難破、溺死人一人。

九月九日　越後国新潟湊船　若郷村淡井浦に漂着、溺死人あり。

九月二十三日　まゝ下浦に溺死人漂着。

九月二十五日　三河国平坂湊船、羽伏浦に漂着、艀にて一三人上陸。

九月二十六日　遠江国材木船漂着、一二人怪我なく全員上陸。

十月十二日　遠江国惣塚村船漂着。

十月十六日　　　御用船（流人船）新島小不動丸、江戸を出帆後漂流し、この日に式根島に入津。

弘化四年

正月七日　　　夕方、摂州大坂小西新六船沈没、乗組一〇人艀にて上陸。

正月二十五日　新島漁船、式根島よりの帰りに「さじた浦」にて破舟、怪我人出る。

正月二十六日　右舟、地内島小崎に沈んでいるのを見つける。五人行方不明。

施餓鬼供養当日（二月五日）は沖山共（農漁業）休みになっている。翌年の『弘化五年　新島役所日記』の二月二十三日条にも施餓鬼供養が執行されている記述が見える。

長栄寺ニおゐて地内嶋破船之節溺死之者共、幷ニ当所先々水死之面々、無縁ふしかい之精霊江施餓鬼供養有之、参詣之事

地内嶋破船は前年の十二月二十六日に、式根島からの帰りの漁船が見つけたという、新島の沈没漁船のことである。これとは別に、正月二十七日に五人組から二人ずつが動員され、沈没船の残骸を回収した。回収したものは船具・切々の苧綱・米・材木と、三人の死骸で、長栄寺に仮埋葬された。

正月二十八日には両町(3)から漁船四艘ずつ、五人組から二人ずつを動員して、溺死人を引き上げ、同じく長栄寺に仮埋葬している。陸揚げした濡米の天日干しは、本村ばかりではなく若郷村にも割り当てられた。回収作業はその後も続いている。

二月三日には「むくり船」を出して死骸尋ねをしている。二月七日には島のさざえ積船が式根島へ向かう途中、「さじま」の沖で溺死人一人を拾い、船で「縄ニ而引参り」とある。死体はかなり傷んでいたらしい。胴より下がなくなっていたとある。同じように長栄寺に仮埋葬された。その後も二人の溺死人を収容した。(4)

かくして、二月二十三日に長栄寺で施餓鬼供養が行われた。執行後に「所安泰幷漁業凪待信心供養」が惣鎮守・三宝様・浜宮様や、「かんな法師」で行われている。「かんな法師」は、海で死んだ精霊のことで、「海難坊主」が訛ったともいう。「かんな法師」は毎年正月二十四日の夜、海難に遭って死んだ人の霊が島に上陸し、村内を歩き廻るという伝承がある。「亡霊の友呼び」で、伊豆諸島の年中行事になっていた。家の玄関口の外に「油揚げ」（油で揚げた餅）を供え、この夜だけは雨戸を固く閉め、光明が外に漏れないようにする。その上、声を出さないように息をひそめ、「かんな法師」が通り過ぎるのを待つのである。その晩に夜歩きすると、「かんなん坊主」（かんな法師）に海に引かれるといい、島民は外に出ない。神津島ではこの晩に神主が供人一人を連れて道祖神巡拝をし、島民に難が及ばないように祈禱する。また、御蔵島などでは何時何分に何家の前を「かんなん坊主」が通るというような伝承もある。『嘉永三年（一八五〇）新島役所日記』正月二十四日条に「かんな法師様江御洗米、重箱、すゝ神酒上ル」とあり、また、『嘉永七年　新島役所日記』の正月二十四日条にも、「かんのんぼうし神元、仁左衛門・七兵衛両家へ神酒・洗米、重箱ニ而、錫神酒上る、□難除上ケ物」とある。「神元」は別の箇所では「禰宜」とあり、神官に属する家系で、新島には二家系があった。

正月二十四日は海難に遭って死んだ者の霊を慰める日で、戸外に光明が漏れると亡霊が家の中まで入ってくるという。「発電所の機械を止めろ」という村人が何人もいた。「そこまではね、どうだろう」と村当局者が言っていた。私が五〇年前に訪れた時に耳にした話である。その頃はまだ、海に生きる島民の素朴な感情があった（神津島）。

正月二十三日の夜は二十三夜講で、寝ていては良からぬことが生ずるといい、一晩中寝ずの夜である。「次の晩が『かんのんほうし様』で、起きておれと言われても、眠りこけるわサ」と、島の古老が笑い、語ってくれたものである（新島）。

『慶応二年（一八六六）　新島役所日記』三月二十三日条に、

当十九日流着之破船之者、於前浜精餓鬼供養（施）ス

とある。十九日条を見ると、「前浜江流れ居候水船」とあり、この漂着船内に死者がいたのかは記していないが、現地で供養したという事実からみて、その可能性はある。もしくは無人の船の漂着で、乗組員の全員が死亡していたことも考えられる。

二　慶応四年異国船遭難

伊豆諸島に残っている海難最後の記録が新島にある。それはきわめてシンボリックな外国船の事故で、日本の封建社会の終止符にふさわしいものと思われる。

『慶応四年（一八六八）　新島役所日記』(5)は、なぜか正月一日から二月十六日までで終わっている。明治元年は九月八日からであるから、二月十六日はまだ慶応四年のままであるが、新島でも政変の影響を受けていたことは、容易に推定し得るところである。『日記』は二月十六日の後は白紙になっている。すなわち、新島の近世（江戸時代）最後の日の記述は次のようになっている。

二月十六日　北風　天気

一　昨日四ッ時頃、異国船沖合ニおゐて破船之よしニて、異人拾人式根嶋釜之下へ漂着致ス、今日藤右衛門漁船ニて召連、艀上りニ而積荷物一切無之、船者ヲロシヤ船ニ而、船名ヲルガ、乗組者イギリス人也、内女弐人、妻子由、南京人壱人、日本長崎出生之徳太郎与申者之由、通シ也、船将者タマス申候、残四人マトロス之様子

ニ有之候

この異国船漂着事件については、ほかにもう一つ記録が現存している。それが「慶応四年イギリス人漂着差添御用留」(6)という史料である。表紙に「青沼元右衛門手控」とあり、新島名主青沼元右衛門の手控帳である。この中に「一札之事」という、次の記録がある。

一札之事

一　此度、伊豆国附新嶋江魯西亜蒸気船廿三人乗ニ而、当辰二月十三日横浜出帆いたし候処、沖合ニおゐて損シ出来、難乗凌候ニ付、漂着いたし候哉難相知、壱艘十壱人乗、内女弐人、右之内日本人長崎之者徳太郎与申者壱人乗組、当二月十五日、新嶋之内式根嶋江漂着いたし候ニ付（後略）

この二つの記録は若干の相違はあるが、大略はほぼ同じである。両者を突き合わせると、二月十三日に横浜を出たロシア船が、十四日に新島近海でエンジン・トラブルまたは破船にでもなったらしい。そこで艀（救命ボート、ハッテイラ）で一一人が式根島釜之下に漂着した。艀には女性二人（親子）・中国人一人・日本人一人（通詞）と船長・船員とあるが、『日記』には一〇人、『御用留』には一一人、しかも記述の中では九人という箇所もあり、人数は不統一である。ともあれ、式根島に漂着した外国人たちから、救助を求められた藤右衛門漁船は、漂着人を救助し、本島へ連れて戻り陣屋に届け出た。ここまでは二つの記録はほぼ一致している。以降については『御用留』のみの記録になる。陣屋では漂着人を介抱手当した上で上陸させた。この海難事故については、支配代官江川太郎左衛門役所へ注進している。しかし、この処理にあたったのは江川代官役所ではなかった。

「当月（二月）廿八日巳之上刻、蒸気船当嶋前浜沖へ被乗掛候間、役人共漁船ニ而出向候処、各様方被成御越、各様御立会」とあるように、二月二十八日には本土から蒸気船で役人が新島沖合に来た。そこで島役人が漁船にて出迎えている。本土から来た役人の事情聴取に島役人も立会っている。本土からの役人は伊豆代官江川太郎左衛門役所の役人ではなく、神奈川奉行所の役人であった。廃藩置県により実質的に徳川幕府が崩壊し、明治維新前ながら新政府の役人が、実質的な支配者として、初めて新島に姿を現したのであろうか。

漂着船が「魯西亜船故御引合之上、右魯西亜人可被成御請取候段被仰聞候」とて、漂着人を受け取り、本土へ連れて行くことになった。「右十人之内、長崎之者徳太郎共無相違御渡申候」と、神奈川奉行所役人の命令によって、徳太郎を含め漂着人全員を新島は引き渡したのである。しかし、その後も新島からの書類は、江川役所へ提出されている。

ロシア船は新島沖合で航行不能になり、艀で新島持ち式根島に漂着した。艀以外は「一切揚り不申候」て、異国人の所有物は次の通りであった。

一　ハツテイラ　　壱艘　但痛
一　かい　　四梃
一　緒綱網物　　三ひろ程

ロシア船の本船についての記録はない。船長や船員も共に本土に伴っているが、まだ本船には一〇人程の船員が残っていたらしい。

海上漂流について、新島としては知るところではないが、通詞徳太郎の言うことに従って、書き上げたと述べている。日付は慶応四辰年二月二十八日で、新島役所から、神奈川御定役南条源太郎宛の「一札之事」である。

当初新島役所からの注進状は、伊豆代官江川太郎左衛門役所宛に提出されたが、神奈川奉行が、この異国船遭難の処理を行っている。支配は大きく転換していることを、離島新島でも時代の変化を実感したところである。この時点で権力移行が行われたのは、権力機構の上部であって、離島・僻地は従来の権力組織を引きずっている。

翌月の慶応四年三月十一日付「乍恐以書付奉申上候」は、江川太郎左衛門様御役所宛、三月付「出嶋御届」は嶋方御役所宛で、全く従来の通りであった。

乍恐以書付奉申上候

新嶋名主青沼元右衛門外壱人奉申上候、当嶋漂流異人共御積出シニ付、私共差添被仰付出嶋仕候、神奈川方へ一同御引取被遊候上ニ而、在嶋中食料其外手当入用金御下ニ相成、御用済被仰渡候ニ付、出府仕候間、此段書付を以、御届奉申上候、以上

慶応四辰年三月十一日

伊豆国附新嶋

年寄　十兵衛

名主　青沼元右衛門

江川太郎左衛門様

御役所

出嶋御届

伊豆国附新嶋

年寄　与五兵衛

名主　青沼元右衛門

今般私共儀、異人漂着有之、右差添として横浜迄異人同船仕、出嶋同断ニ而、御用相済候ニ付、此段御届奉申上

候、以上

辰三月

新嶋

名主　青沼元右衛門

嶋方

御役所

新政府と旧政府との微妙な区分けは詳らかではないが、地方支配には両者の共同連帯的な部分もあるようである。ただ、離島新島からの上申書は、一貫して旧政府に向けている。上申された案件が、上部機関で処理され、別の機関から下達されている様子が見られるところである。

三　海難の歴史的意義

戦国時代に入り、地方都市が注目されてきた。それらを結ぶ海路が発達し、領域を越える流通手段である船舶を確保しようとする戦国大名の姿が顕著になり、同時に他の分国船舶の航行保護が打ち出されている。分断された領域の権力構造と、拡大化する経済活動の体制矛盾の一つに数えられる。

東国の代表的都市江戸の品川湊に、天妙国寺という寺院がある。そこに「紙本着色妙国寺絵図」があり、東京都指定有形文化財（絵画）になっている。縦一四五チセン・横一四六チセンで、天正年間を下らない時期に制作されたものである。この寺院は品川の豪商鈴木道印の再建とされ、再建後の寺院伽藍を描いたものとされている。道印にかかわる古文書もある。

当時の品川を知る古文書に「瑞雲院周興印判状[7]」がある。

新夫銭為詫言百姓罷上候、江戸近辺之諸郷以其郷之田地之積、令配分相済由被聞召及候、諸郷幷品川南北之事も、町人・百姓散田衆懸田地三貫三百十文、□（新）夫銭可相□（済）者也、仍如件

（印判）　瑞雲印

十二月十五日　周興（花押）

品川南北町人衆

同　百姓衆

同□□之衆

品川郷内には、南北の宿場があり、百姓とともに町人が課役の義務を果たしていることが分かる。これより一世紀以上前の宝徳二年（一四五〇）「足利成氏判物[8]」には、

武蔵国品河住民道印（鈴木）蔵役事、所免除之也、可申合其旨之状、如件

宝徳二年十一月十四日　（足利成氏）（花押）

梁田中務少輔殿

品川住民鈴木道印の蔵役を免除するという内容である。なお、寛永十八年（一六四一）の梵鐘銘にも大檀那沙弥道印の文字が見られることから、数代にわたって、品川湊の豪商鈴木氏の存在が確認されている[9]。鈴木氏は紀州の出で武州品川を拠点とした商人といわれ、太田道灌と親しく、戦国時代には戦火を逃れて、京都から東国に来る文人墨客に頼られた人物と伝えられている。『東路のつと』の柴屋宗長、『江亭記』の龍統などがその例に挙げられている。序章で取り上げた八丈島や御蔵島での遭難船は江戸品川湊などを目指して、上方から来た船と推定される。

江戸時代の日本の航海は陸地を見ながら船を進める方法であった。潮流や風に流されて陸地を見失うとたちまち遭難する。世界はすでに羅針盤を使っての大航海時代もほぼ終わりに来ていたが、侵略者に対する恐怖が、日本を鎖国させ、外界の航海技術の進展はほとんど日本に影響せず、完全に埒外へ弾き飛ばされていた。日本の物流は世界の趨勢からはるかに遅れた旧式な木造船に頼っている。鎖国政策を墨守する封建社会の矛盾は顕著になっており、それに伴う当然の技術発展が権力者によって阻害されていた。いわばその矛盾が海難事故の多発を生んだ。歴史学の中で海難は体制矛盾の産物と位置づけられる。

『新島役所日記』は宝暦二年（一七五二）からのものが現存している。離島の平穏な記述である。しかし、一七八九年にはフランス革命があり、ヨーロッパの情勢は専制君主から脱却し、名実ともに近代化へと向かって、最後の詰めが行われている。隣国中国ではヨーロッパ列強国が不当な要求を行い、それらの侵略に対して必死に抵抗していた。日本はまだ外国からの強い圧力が及んでおらず、歌舞伎の中村座で「京鹿子娘道成寺」の初演が行われ、巷の喝采を博していたのが宝暦三年であった。安藤昌益の『自然真営道』が出たのが同五年である。幕府は各地で蜂起している農民の動きに対して、断固弾圧すべく鎮圧令を同年の五月に発した。また、この年には東北地方は深刻な冷害状況に陥り、多数の餓死者を出している。江戸などの封建都市は、農村の飢饉に連動し、米価高騰による不穏な動きが見られ、幕藩体制の矛盾が顕著になっている。しかし、まだ日本は太平楽の中にあった。

江戸幕府は諸藩統治の目的から、全国各地に幕府直轄領「天領」を配置している。それら天領年貢米（御城米）を江戸に集めるため、航路の整備を行っている。それにもかかわらず、海上遭難は後を断っていない。船舶は民間所有のもので、運送は入札による請負形式になっていた。今流行の言い方によると「民活」である。この利権が御用商人に握られていたが、江戸への搬送には常に危険が伴っていた。輸送請負は投機的商行為であった。これは全国諸藩米の江戸搬送も同様であり、体制に寄生する御用商人の体質を窺わせる。

商い船には極めて野心的色彩の強いものが見られる。一獲千金的パイオニアで若者の冒険心を垣間見る感が強い。元来、冒険には危険性を伴うのは当然のことである。船には冒険心旺盛な若者の船頭をセーブする親仁（舵取・ともろ）が必ずいる。親仁は船頭の経験者で、船頭の顧問だが、最終決定権者は船頭にある。バランスの取れた構成員でも、遭難という悲劇に見舞われることがある。その一因が「有視界航法」という、未発達な段階に、まだ日本が置かれていることである。これが「感」という前近代的考え方でもあった。

島嶼に不可欠な船は、外界とを結ぶ廻船と、生産活動の漁船がある。離島でありながら、首都江戸の経済動向は最も知りたい情報であった。江戸から帰帆する船がもたらす情報の中で、米相場は最も早く知りたい情報なのである。食糧生産の乏しい離島で江戸の米相場に一喜一憂するのは、離島住民の生活に直結することだったのである。元来、島嶼は島そのものが全宇宙的存在で、島内ですべてが完結する。封建社会の制約にかかわらず、すでに島社会が本土の影響下に置かれていた。地域ごとに分断されるべき封建制度が、江戸時代には生産技術が多様化・複合化しており、外界の情報が必要になっていた。

伊豆諸島を吹き抜ける西風のすさまじさは今でも体感できる。江戸時代の木造船は遭難事故を恐れて、島船は西風の吹き荒れる冬期には、ほとんど出船することはなく、島は冬眠に入っている(10)。しかし、流通の大動脈は眠ることはなく、上方からの船舶は江戸を目指して航海している。未熟な航海技術で、遠州灘を乗りきる冒険心旺盛な若者の群像を思い描くと切ない気持ちにさせられる。そして、その中の幾人かは歴史的矛盾の狭間に消えていった。

文化年間頃から異国船の襲来に脅かされる。江戸を守る国策によって、地理的見地から、特に伊豆諸島が重視された。幕府はこの海域の情報網の確立に気を配っている。その中核が伊豆代官所であった。伊豆代官所は異国船を発見次第、早船を仕立てて通報する義務を各島に命じている。それと同時に異国船が島を攻撃した場合には、海岸近くの平坦地で戦うことを避け、女・子ども・流人などを山中に隠し、登山道の要所に「石」を備えておき、大きな石は侵略者を目がけて落とし、小さな石は飛礫として、敵の攻撃を防ぐ。いわば時代錯誤的戦略を伝授している。小学児童の頃、竹槍を持って通学したことを思い出す。アメリカ兵がパラシュートで降りてきたら下から突き殺せと狂気じみた時代であった。

海防のため、各島には鉄砲を配備し、食糧庫の設置を命じている。島には鉄砲場を備え、代官所から指導者を派遣して射撃練習を行っている。伊豆代官が幕命を受けて巡島する年にはその成果を検分している。島民にとってなじみのない鉄砲は、その時のみ練習しているのが実態になっている。

異国船襲来に備える各島には穀物の備蓄が行われた。

大島	籾一二〇石
新島	籾一六〇石
神津島	籾　五五石二斗
三宅島	籾一八四石四斗

などであった。新島では本村と若郷村の二ヵ所に囲穀蔵を建てた。目立たぬ場所に建てるよう命ぜられたのである。若郷村では指示通り山陰に建てたが、日当たりが悪く穀物の保存には適していなかった。このため代官所から名主ら村役が罰せられた。責めを受けた名主は罷免された。このことがあって備蓄穀物は、幕府支給の本土の籾米に替わって、島実生の穀物でもよいということになった。鉄砲は六四梃が新島に配置されたとある。(11)その後若干の配置替えがあった。火縄をネズミに齧られて使い物にならなかったという記録もある。

文化十二年（一八一五）十二月二十八日、新島で二人の村人が山仕事をしていた。申ノ上刻（午前十時）頃、東浦から「四・五里程沖ニ、大船壱艘走参候、□見請候処、日本地之船躰と者違□□相見へ候故、早々私共（島役人）江為知候」ということがあった。早速島役人が確認したところ、「檣三本建テ」の船で、「異国船之様ニも被存候」たが、遠目鏡で見ると、式根島と神津島の間を走り、次第に遠ざかったと、代官所へ御注進に及んでいる。(12)

文政八年（一八二五）の『新島御用書物控』の中に「酉二月付　触書」(13)がある。

（前略）弥堅相守、聊無油断、時々海辺見廻り、上陸不致様心附、鉄炮其外江手入いたし、差支無之様、可申合候、尤唐船・阿蘭陀船之儀者、長崎表江通船御免之国々ニ候得共、船形難見分、打誤候而も不苦段、御書付ニ有之候得共、可成丈見□□様□□漂流ニ事寄（後略）

と、敵国も友好国も共に外国船で区別しにくいので、誤って射撃してもよろしいとは実に無責任なものである。

安政二年（一八五五）二月、大島を通して新島へ鉛・火薬・火縄が届いた。配置されている鉄砲用の二ヵ年分（鉛一〇貫八〇〇目・合薬一五貫五五二目・火縄一〇八筋）を新島が受け取った。しかし、火縄の中には虫食いで、使いものにならないものが含まれており、九八筋を受け取ったとある。(14)離島では国策の海防は、あまり切実感がないようである。代官所からは度々海防対策の引き締めはあったが、幸いにも異国船の襲来はなく、平穏に経過していった。江戸時代の最末年慶応四年（一八六八）に、新島では初めて異国人と接触している。ロシア船の遭難事故である。人命救助という人道的接触であったが、離島民が直接ヨーロッパ人と接触した瞬間であった。

極度に混乱する幕末に、平穏な離島は翻弄され続けた。外国船の海難事故を通して歴史が大きな転換期に差しかかったことを島民は直接知った。小さな宇宙であり続けた離島が、大きな世界と直結していることを実感したのである。

注

(1)『文化八年　新島役所日記』(新島村役場所蔵文書)。

(2)『文化九年　新島役所日記』六月四日条(新島村役場所蔵文書)。

(3)新島の本村は原町と新町の二町から構成されている。

(4)『弘化四年　新島役所日記』二月十五日条。

(5)新島村役場所蔵文書。

(6)『慶応四年　イギリス人漂着差添御用留』(新島村役場所蔵文書　整理番号A1—81)。

(7)『武州古文書』荏原郡六五文書。

(8)天妙国寺文書。

(9)段木『中世村落構造の研究』四六〇頁(吉川弘文館、一九八六年)。

(10)段木「天保八年『日記』に見る新島の一年」(東京都教育委員会『学芸研究紀要』三集、一九八六年)。

(11)「武器幷御囲穀御預証文」(『文化五年　新島非常御用書物控』)。

(12)「文化十三年子正月付　乍恐以書附御注進奉申上候」(『文化十三年　新島御用書物控』新島村役場所蔵文書　整理番号A—20)。

(13)『文政八年　新島御用書物控』(新島村役場所蔵文書　整理番号A1—29)。

(14)「文化六年　覚」(『寛延二年—文化十三年　新島御用留』新島村役場所蔵文書　整理番号A1—1)。

あとがき

本書は序章と本論の七章及び終章という構成になっている。新たに稿を起こしたものがほとんどである。すでに発表したものが若干含まれているが、それもかなり加筆修正しており新稿に等しいが、一応その区分けを次に列記する。

序章　中世末期伊豆諸島の漂着船

文章構成上『中世村落構造の研究』（吉川弘文館、一九八六年）の「第五章　戦国時代の地方商業活動」と重複する部分がある。

第一章　天領年貢米輸送船の遭難

「三　文化八年越後国天領米御用船」は『平成二十五年度新島村博物館年報』（二〇一四年）に概要を発表。その他は新稿。

第二章　藩米等輸送船の遭難

「一　天明三年薩摩国川内船」は『平成二十五年度新島博物館年報』（二〇一四年）に概要を発表。

「三　寛政二年摂津国大坂船」については『学芸研究紀要』第四集（東京都教育委員会、一九八七年）に概要を発表。

その他は新稿。

第三章　御役船の遭難

「二　文政十年新島御赦免船」は『平成二十三年度新島村博物館年報』（二〇一二年）に発表。その他は新稿。

第四章　商い船の遭難　　新稿。
第五章　北からの船　　概要を『平成二十六年度新島村博物館年報』（二〇一五年度）に記述。
第六章　人間の漂流　　新稿。
第七章　伊豆諸島船の遭難　　新稿。
終章　孤島から世界へ　　新稿。
なお、全体の概要は『新島村史資料編Ⅸ』（二〇一三年）に簡潔に述べている。

私が生まれ、そして幼児期を過ごした故郷は、房総半島の外洋に面した僻村である。弓なりに撓んだ九十九里浜の真ん中で、旧片貝町（現在の千葉県山武郡九十九里町片貝）という、静かで小さな半農半漁の村である。弓ケ浜とも呼ばれる海岸は、文字通り白砂青松の明るく陽光の降り注ぐ温暖な地方である。父方の祖父母は緑海村大字松ケ谷（現在の山武市松ケ谷）字中谷ノ下という、さらに鄙びた片田舎にあった。片貝町と緑海村の間には、鳴浜村（山武市と九十九里町に分割）が挟まっていた。

九十九里浜の細切れになっている村々では、隣村の子が一人か少人数だけで歩くと、よくからんで来る。いわば「子供のテリトリー」があった。私はからまれるのが嫌で、祖父母の家へ行く時には、人気のない砂丘の裾を洗う、波打ち際を歩いたものであった。小さな川が三本あって、そこは素足で渡った。二里（約八㌔）の行程である。

ようやく二里の道を歩けるようになった頃の、強烈に記憶の一隅を占め、人間の平均年齢を超えた今でも、消えない一つの情景がある。それはほとんどが砂に埋没しかかった難破船の姿であった。

私の故郷にこんな民話がある。昔のこと、沖の巌根に一艘の船が座礁した。船からは「まね」が上がった。助けを求めたが、荒れ狂う嵐の夜のことで、多くの村人は海岸に集まり、篝火を焚いてただ見守るだけであった。村人は助船を出すことができなかったのである。嵐は二昼夜荒れ狂った。三日目になってようやく激浪は少し凪いだ。村の男衆はまだ荒れている海に飛び込み、難破船にたどり着いた。水主は七人いて半死半生の態であった。地獄で仏に会ったように安堵し、感謝して手を合わせるのであった。積荷の多くは波で流されていたが、まだ大量に残っていた。

突然、村長（むらおさ）の息子が大きなどら声で「生き残りは一人もいない」と叫んだ。一瞬、村人たちの手が止まった。無人の難破船が積んでいる品物はすべて村のものになる。有人の難破船は船主のもので、村にはわずかな謝礼が入るだけである。村人たちは村長の息子の命令に背けず、水主は波の洗う甲板に放置され、積荷は一物も残さずに持ち去られた。

それから数日の後に、村長の息子は意味不明なことをわめき散らしながら死んだ。その家系は絶えた。

その後、嵐が来る前夜には七つの人魂がその漁村を飛び交うのだという。元来、巌根のまったくない九十九里浜の民話ではないが、私はこの民話と、ほとんど砂に埋もれた難破船が、なぜか結び付いて、記憶の中の情景になっているのである。

幼い頃の化石情景を時々思い起こす。学業を終えてから、そのまま東京で就職した。仕事でよく伊豆諸島を訪れる機会に恵まれた私の深層心理の奥底に、眠り続けていたその化石情景に、ほんのりとした色彩が付けられた。強い西風の冬季、荒涼とした島の海岸に、海で死んだ遭難者の供養塔を目にする。潮風でほとんど文字が消えかかり、傾いたままの姿で立っている。供養塔の前には、島の人たちが供えた草花が、風で千切れそうになりながらも、鮮やかな色彩を留めている。

私が遭難船の小論を、いつかは書いてみたいと考えたのは、この化石情景がきっかけになっていたからである。

本書作成に当って多くの方々から多大なご教示・ご協力を賜わりました。新島の市川文三元村長、出川長芳村長をはじめ、歴代教育長、新島村博物館の方々にはひとかたならぬご援助をいただき厚く御礼申上げます。

東京都三宅支庁・八丈支庁、新島村・三宅村・八丈町などの行政機関所蔵古文書の閲覧を許可され、ありがとうございました。

新島の前田健二先生とご子息の明水・宗佑氏や前田長八先生、三宅島の浅沼悦太郎・和夫先生、八丈島の長戸路武夫先生、その他の方々からの計り知れないご教示を受けました。衷心から御礼申し上げます。

二〇一五年六月

段木一行

索　　引

凡例 1　索引は，事項，地名，人名，史料名，研究者名に分類した。
　　 2　漢数字は「はじめに」のページを示す。

事　　項

あ　行

か　行

さ　行

ま　行

や　行

ら・わ行

地　　名

あ　行

ま　行

や・ら・わ行

人　　名

史　料　名

研究者名

著者略歴
一九三一年、千葉県に生まれる
一九五八年、國學院大学文学部史学科卒業
一九六六年、法政大学大学院人文科学研究科日本史学専攻修士課程修了
法政大学教授を経て、
現在、秋山庄太郎写真芸術館名誉館長、文学博士

〔主要著書〕
『江戸の町とくらし』学生社、一九八二年
『伊豆七島文書を読む』雄山閣出版、一九八四年
『中世村落構造の研究』吉川弘文館、一九八六年
『博物館資料論と調査』雄山閣出版、一九九八年

近世海難史の研究

二〇一五年(平成二十七)九月一日　第一刷発行

著者　段木一行（だんぎかずゆき）

発行者　吉川道郎

発行所　株式会社 吉川弘文館
郵便番号一一三―〇〇三三
東京都文京区本郷七丁目二番八号
電話〇三―三八一三―九一五一〈代〉
振替口座〇〇一〇〇―五―二四四番
http://www.yoshikawa-k.co.jp/

印刷＝株式会社 理想社
製本＝株式会社 ブックアート
装幀＝山崎 登

ISBN978-4-642-03471-5